Lecture Notes in Mathematics

A collection of informal reports and seminars
Edited by A. Dold, Heidelberg and B. Eckmann, Zürich

Series: Institut de Mathématique, Université de Strasbourg
Adviser: M. Karoubi and P. A. Meyer

258

Séminaire de Probabilités VI
Université de Strasbourg

Springer-Verlag
Berlin · Heidelberg · New York 1972

AMS Subject Classifications (1970): 60–xx

ISBN 3-540-05773-0 Springer-Verlag Berlin · Heidelberg · New York
ISBN 0-387-05773-0 Springer-Verlag New York · Heidelberg · Berlin

Offsetdruck: Julius Beltz, Hemsbach/Bergstr.

SEMINAIRE DE PROBABILITES VI

Ce volume contient à la fois les exposés du Séminaire de Probabilités de Strasbourg pour l'année 1970 - 71, et les conférences des Journées Probabilistes de Strasbourg (31 Mars - 3 Avril 1971), organisées par P. CARTIER et C. DELLACHERIE avec le concours du Centre National de la Recherche Scientifique.

Les titres de ces dernières conférences sont précédés d'un astérisque dans la table des matières.

Comme chaque année, plusieurs mathématiciens non strasbourgeois ont bien voulu nous confier la publication de résultats nouveaux.
Nous les en remercions vivement.

TABLE DES MATIÈRES

ECHANTILLONS ET COUPLES INDÉPENDANTS DE POINTS ALÉATOIRES PORTÉS PAR UNE SURFACE CONVEXE

Philippe ARTZNER (*)

Résumé. - L'étude des χ^2 généralisés conduit à chercher des ensembles S dans R^p tels que si le milieu de deux points aléatoires, indépendants, également distribués, portés par S, a même loi que le milieu de deux points aléatoires indépendants portés aussi par S, ces derniers soient eux aussi également distribués. Les surfaces convexes ont cette propriété.

L'étude des formes quadratiques positives aléatoires et la notion de variable aléatoire du χ^2 généralisé, conduit naturellement au problème suivant :

Soit (Y, Z) un couple indépendant de vecteurs aléatoires dans l'espace R^k, $k>1$; si la forme quadratique aléatoire de matrice Y^tY+Z^tZ admet pour loi celle d'un χ^2 généralisé à deux degrés de liberté, c'est-à-dire celle d'une matrice $X_1{}^tX_1 + X_2{}^tX_2$, où (X_1, X_2) est un couple indépendant de vecteurs aléatoires équidistribués dans R^k, est-il vrai que les vecteurs Y et Z, ou au moins les matrices Y^tY et Z^tZ, ont même distribution ?

En termes de lois de probabilité la question est de savoir si, pour trois lois μ, μ', μ'' portées par l'ensemble des matrices x^tx où x est un vecteur de R^k, l'égalité de convolution $\mu * \mu = \mu' * \mu''$ entraîne l'égalité de μ, μ' et μ''.

Nous sommes conduits à chercher des "ensembles d'unicité" dans R^p, c'est-à-dire des parties boréliennes S de R^p telles que si μ, μ', μ'' sont

---

(*) Ce travail a été en partie exposé aux Journées Probabilistes de Strasbourg, 1971, et contient les démonstrations des résultats annoncés dans une Note aux Comptes-Rendus ([1]).

des lois de probabilité sur S, l'égalité $\mu * \mu = \mu' * \mu''$ entraîne l'égalité de μ, μ' et μ''. Nous ne résolvons pas ici le problème initial mais montrons que les surfaces convexes (cf. [2]), sous des conditions très générales, sont des ensembles d'unicité.

Le plan de ce travail est le suivant

Première Partie : CONVOLUTION DE MESURES PORTEES PAR LE GRAPHE D'UNE FONCTION STRICTEMENT CONVEXE

1. INTRODUCTION

Dans R^{p-1} il est facile de trouver trois mesures de probabilité μ, μ', μ'', deux à deux distinctes, telles que $\mu * \mu = \mu' * \mu''$. Mais supposons maintenant que μ, μ', μ'' soient des mesures de probabilité portées par le graphe d'une fonction non affine dans R^{p-1} ; on peut dire que l'égalité $\mu * \mu = \mu' * \mu''$ est une égalité entre mesures "à p dimensions", alors que, prises individuellement, les mesures μ, μ', μ'', portées par un graphe, ne "dépendent" que de $(p-1)$ dimensions. On peut alors penser que pour une fonction f bien choisie l'égalité de convolution est assez contraignante pour imposer l'égalité $\mu = \mu' = \mu''$.

Remarque. - Pour $p = 2$ et $f(x) = \cos x$, par exemple, on ne peut espérer atteindre le résultat : soient ε' et ε'' les masses unités placées aux points $(2\pi, 0)$ et $(-2\pi, 0)$ respectivement ; pour toute mesure positive bornée μ portée par le graphe de f on trouve que

$$\mu * \mu = \mu' * \mu'' \quad \text{avec} \quad \mu' = \varepsilon' * \mu \quad , \quad \mu'' = \varepsilon'' * \mu \quad ,$$

les mesures μ, μ', μ'' étant nécessairement distinctes deux à deux.

Puisque l'opération de convolution de mesures dans R^p fait intervenir avec deux points x, y de R^p, leur somme $x + y$ ou, ce qui revient au même, leur milieu $\frac{1}{2}(x + y)$, nous somme fondés à nous intéresser aux graphes de fonctions convexes, la convexité d'une fonction f s'exprimant précisément en termes de milieux de cordes joignant des points du graphe f.

En rappelant que pour $S \subset R^p$, $2 . S$ désigne l'ensemble des éléments $2 . x$ où x décrit S , nous pouvons énoncer le résultat que nous avons obtenu, au paragraphe suivant.

2. ENONCE DU RESULTAT ET SCHEMA DE LA DEMONSTRATION

PROPOSITION 1. - Soient S le graphe d'une fonction strictement convexe f définie sur un ouvert convexe Ω de R^{p-1} , et μ , μ' , μ'' trois mesures sur S , positives et bornées. Supposons vérifiée l'une des conditions suivantes (où ν , ν' , ν'' désignent les mesures sur Ω , dont les images par l'application $\bar{f} : x \to (x , f(x))$ sont respectivement μ , μ' , μ'') :

i) les mesures μ , μ' , μ'' sont portées respectivement par trois ouverts U , U' , U'' de S , les mesures ν , ν' , ν'' admettant sur les images réciproques par $\bar{f}$ de ces ouverts, des densités continues par rapport à la mesure de Lebesgue, et U étant contenu dans $U' \cap U''$;

ii) les mesures ν , ν' , ν'' sont absolument continues par rapport à la mesure de Lebesgue et la fonction f admet une forme hessienne non dégénérée, en presque tout point d'un ouvert Ω_o de Ω , tel que $U = \bar{f}(\Omega_o)$ porte la mesure μ .

On peut alors affirmer que si les produits de convolution $\mu * \mu$ et $\mu' * \mu''$ sont égaux au voisinage du graphe $2 . S$ (ou même simplement au voisinage de $2 . U$), alors pour tout borélien B de S on a l'inégalité :

$$(\mu(B))^2 \leq \mu'(B) . \mu''(B) \quad ,$$

et que si, de plus, les masses totales de μ , μ' , μ'' sont égales, ces mesures sont égales.

Remarques. - 1) Si les masses totales $|\mu|$, $|\mu'|$, $|\mu''|$ des trois mesures, vérifient a priori la relation

$$|\mu|^2 = |\mu'| . |\mu''|$$

les mesures normalisées déduites de μ , μ' , μ'' sont égales d'après la fin de la proposition. Il serait intéressant d'obtenir ce résultat sans supposer à priori la relation précédente satisfaite.

2) La proposition précédente établit par exemple que si (X_1 , X_2) est un couple de variables aléatoires réelles indépendantes également distribuées, et (Y , Z) un couple de variables aléatoires réelles indépendantes, toutes les lois étant à densité continue, alors si les deux égalités suivantes sont vraies, en loi :

$$X_1 + X_2 = Y + Z \qquad\qquad X_1^2 + X_2^2 = Y^2 + Z^2$$

on peut affirmer que X_1 , X_2 , Y , Z sont également distribuées.

3) La seconde partie de la condition ii) n'est pas automatiquement vérifiée. On peut en effet trouver sur $I =]0 , 1[$ une fonction strictement convexe g ayant une dérivée seconde presque partout nulle. Prenant alors $\Omega = I^{p-1}$ et $f(x_1, x_2, \ldots, x_{p-1}) = g(x_1) + g(x_2) + \ldots + g(x_{p-1})$ on trouve même pour f une forme hessienne presque partout nulle.

Pour construire g il suffit de trouver une loi de probabilité π sur $[0 , 1]$ qui soit

i) non discrète

ii) singulière par rapport à la mesure de Lebesgue

iii) de support fermé $[0 , 1]$.

On prend alors par définition :

$$g(x) = \int_0^x \pi([0 , t])dt \quad ;$$

la fonction g admet presque partout pour dérivée la fonction continue

$$F(x) = \pi([0 , 1]) \quad ,$$

et puisque π est singulière la fonction F admet presque partout une dérivée nulle.

Pour construire π on va considérer sur $\Omega = \{0 , 1\}^{\mathbb{N}}$, la famille des lois de probabilité P_p , $0 < p < 1$, définies ainsi :

P_p est le produit de la loi de Bernouilli : $\underset{0}{\overset{(p)}{+}}$ —— $\underset{1}{\overset{(1-p)}{+}}$

placée sur chacune des copies de $\{0 , 1\}$. Puisque Ω est un produit de compacts l'existence de P_p ne pose pas de problèmes.

Pour chaque p , posons

$$\Omega_p = \{x \in \Omega \; ; \; \lim_n \frac{x_1 + x_2 + \ldots + x_n}{n} = p\} \; .$$

La loi forte des grands nombres assure que pour le borélien Ω_p on a

$$P_p(\Omega_p) = 1 \quad , \quad \text{alors que} \quad \Omega_p \cap \Omega_{p'} = \emptyset \quad \text{si} \quad p \neq p' \; .$$

Nous avons ainsi sur Ω une feuille de lois de probabilité deux à deux étrangères, ayant cependant toutes même support fermé, à savoir Ω , produit des supports de chaque loi de Bernouilli.

On sait que par l'application continue de Ω dans $[0 , 1]$:

$$x = (x_1, x_2, \ldots, x_n, \ldots) \to \sum_{n \geq 1} x_n \cdot 2^{-n} \quad ,$$

la mesure $P_{1/2}$ a pour image la mesure de Lebesgue sur $[0 , 1]$; les images des P_p , $p \neq \frac{1}{2}$, sont donc des mesures sur $[0 , 1]$ singulières par rapport à la mesure de Lebesgue, de support fermé $[0 , 1]$ puisque l'image d'une mesure par une application continue a pour support fermé l'adhérence de l'image du support fermé de la mesure initiale.

On peut aussi établir que les mesures P_p dépendent continument de p : pour toute fonction continue sur Ω , $\int_\Omega f(u) \, dP_p(u)$ est une fonction continue de p .

La démonstration de la proposition se fera selon le schéma suivant :

- l'hypothèse signifie que par l'application φ de $\Omega \times \Omega$ dans $\Omega \times R$, définie comme suit :

$$(x , y) \to \frac{1}{2}(x + y , f(x) + f(y)) \quad ,$$

les mesures $\nu \otimes \nu$ et $\nu' \otimes \nu''$ ont des images égales au voisinage de S (image de la diagonale du produit $\Omega \times \Omega$), ou de U. Puisque f est strictement convexe l'application φ est injective sur la diagonale de $\Omega \times \Omega$ et nous montrerons que tout point (a , a) de $\Omega \times \Omega$ possède un système fondamental de voisinages ouverts W_n qui sont des images réciproques par φ d'un système fondamental de voisinages ouverts de $\varphi(a , a) = (a , f(a))$ dans R^p. On saura donc que $\nu \otimes \nu(W_n) = \nu' \otimes \nu''(W_n)$ pour n grand. Lorsque la condition ii) sera vérifiée on saura que les W_n convergent "régulièrement" vers (a , a)

- pour les densités m, m', m'' de ν, ν', ν'' on déduira de ce qui précède, que, presque partout dans Ω :

$$(m(x))^2 = m'(x)\, m''(x)$$

en utilisant, dans le cas ii), la théorie de la dérivation des fonctions d'ensemble

- l'inégalité de Cauchy-Schwarz suffira alors pour conclure.

Remarque. - La première étape de la démonstration conduit à se demander si deux mesures de Radon μ et μ' sur un espace localement compact X telles que tout point de X possède un système fondamental $(V_i(x))_{i \in I}$, de voisinages ouverts vérifiant

$$\mu(V_i(x)) = \mu'(V_i(x)) \qquad \text{(pour tout } x \text{, tout } i\text{)} ,$$

ne sont pas égales. Il n'en est rien comme nous le montrerons à la fin de ce travail (cf. Annexe).

3. ETUDE DES MILIEUX DES CORDES JOIGNANT DES POINTS DU GRAPHE D'UNE FONCTION STRICTEMENT CONVEXE

Fixons d'abord quelques notations : si f est une fonction définie sur une partie Ω de R^{p-1}, $\bar{f}$ sera l'application de Ω dans $\Omega \times R$ définie par $\bar{f}(x) = (x , f(x))$, et φ l'application de $\Omega \times \Omega$ dans $\Omega \times R$ définie par

$$(x , y) \to \frac{1}{2}(x + y , f(x) + f(y)) .$$

Pour $x , y \in \Omega$, le segment d'extrémités $\bar{f}(x)$ et $\bar{f}(y)$ sera appelé la corde $(\bar{f}(x) , \bar{f}(y))$, ou encore la corde déterminée par x et y ; la flèche de cette corde sera le nombre

$$\frac{1}{2}(f(x) + f(y)) - f(\frac{x + y}{2})) .$$

Si Ω est une partie convexe de R^{p-1}, et f une fonction strictement convexe dans Ω, toutes les cordes obtenues ont des flèches strictement positives, sauf les cordes réduites à un point ; pour $p = 2$ il est facile de vérifier que deux cordes distinctes ont toujours des milieux distincts, autrement dit que l'application φ est injective modulo l'identification de (x , y) avec (y , x).

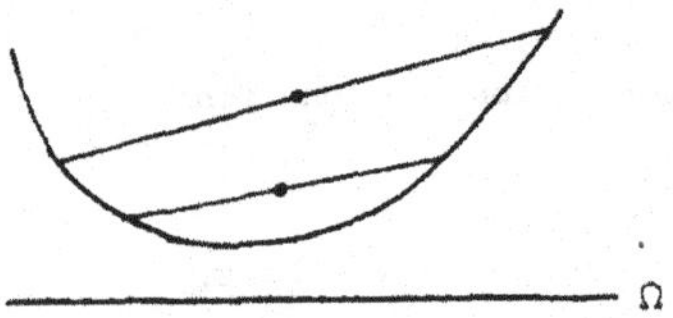

Pour une fonction strictement convexe de plusieurs variables réelles le résultat est plus nuancé :

PROPOSITION 2. - *Soit f une fonction strictement convexe définie sur un ouvert Ω de R^{p-1}. L'application φ de $\Omega \times \Omega$ dans R^p définie par :*

$$\varphi(x , y) = \frac{1}{2}(x + y , f(x) + f(y))$$

a la propriété suivante :

pour tout a de Ω il existe un système fondamental dénombrable (V_n) de voisinages ouverts du point $\varphi(a, a) = (a, f(a))$ dans R^p, dont les images réciproques par φ forment un système fondamental de voisinages ouverts de (a, a) dans $\Omega \times \Omega$.

Si de plus la fonction f possède au point a une forme hersienne non dégénérée, on peut trouver une suite (V_n) et un nombre $\alpha > 0$ tels que, pour tout n assez grand on ait :

$$B(a, \frac{\alpha}{n}) \times B(a, \frac{\alpha}{n}) \subset \varphi^{-1}(V_n) \subset B(a, \frac{3}{n}) \times B(a, \frac{3}{n}) ,$$

en désignant par $B(a, r)$ la boule euclidienne fermée de centre a et de rayon r dans R^{p-1}.

Remarque. - Cette proposition signifie donc que le milieu de la corde joignant deux points $\bar{b}$ et $\bar{c}$ du graphe de f, est voisin d'un point $\bar{a}$ de ce graphe, si et seulement si $\bar{b}$ et $\bar{c}$ sont eux-mêmes voisins de $\bar{a}$; une démonstration intuitive de ce fait s'obtient en plaçant une aiguille dans un bol (vide).

DEMONSTRATION. - a) Etude des flèches des cordes voisines de $(a, f(a))$. Soit $a \in \Omega$ et $r > 0$ assez petit ; définissons l'ensemble $C(r)$ par :

$$C(r) = \{(x, y) \in \Omega \times \Omega \ ; \ \|x - a\| = 3r \ , \ \|y - a\| = r \ , \ [x, y] \cap \overset{\circ}{B}(a, r) \neq \emptyset\} ,$$

en désignant par $\| \ \|$ la norme euclidienne dans R^{p-1}.

Nous repérons la variation des flèches au voisinage de a par la fonction g définie ainsi :

$$g(r) = \inf_{(x,y)\in C(r)} \left(\frac{1}{2}(f(x) + f(y)) - f(\frac{x + y}{2})\right) .$$

Puisque l'inf est minoré par l'inf calculé sans la condition d'intersection non vide, et que f, convexe dans l'ouvert convexe Ω, y est continue on trouve que g est strictement positive, de limite nulle à l'origine.

Il résulte de ce qui précède que les ensembles

$$V_n = \{\xi \in R^{p-1}, u \in R \; ; \; \|\xi - a\| < \frac{1}{n}, f(\xi) - g(\frac{1}{n}) < u < f(\xi) + g(\frac{1}{n})\}$$

forment une base, dénombrable, de voisinages ouverts de $(a, f(a))$ dans R^p. Leurs images réciproques par φ sont des ensembles de couples de points de Ω déterminant des cordes de flèches petites et de milieux se projetant près de a sur Ω.

b) Passage du local au global : pour montrer que les ouverts $\varphi^{-1}(V_n)$ sont assez petits nous remarquons que si $(x, y) \in \varphi^{-1}(V_n)$, tout segment $[x',y']$ contenant $[x,y]$ a ses extrémités déterminant une corde de flèche plus grande que celle de la corde définie par x et y. De façon précise on établit le

LEMME 1. - Soit f une fonction réelle convexe sur un intervalle $[a, b]$ qui ne soit pas la restriction à cet intervalle d'une fonction affine. Quels que soient $a \leq c \leq d \leq b$, la flèche de la corde joignant $(a, f(a))$ et $(b, f(b))$ est strictement plus grande que celle de la corde joignant $(c, f(c))$ et $(d, f(d))$, sauf si $a = c$ et $d = b$.

Il suffit d'établir le lemme dans le cas où $a = c < d < b$.

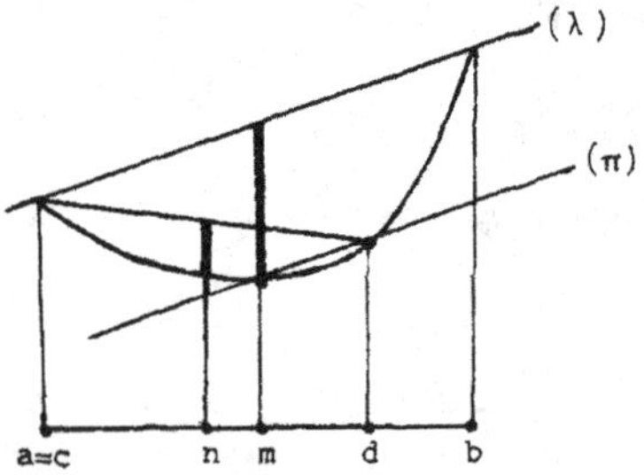

Posons $2m = a + b$, $2n = a + d$; nous allons montrer que si

$$2\alpha = f(a) + f(b) - 2f(m)$$

$$2\beta = f(a) + f(d) - 2f(n) \text{ , on a } \alpha > \beta .$$

Pour cela on note $y = \lambda(x)$, $y = \pi(x)$, les équations des droites passant par $(a, f(a))$ et $(b, f(b))$ d'une part, $(m, f(m))$ et $(d, f(d))$ d'autre part (ceci suppose que $m \neq d$, mais le résultat dans le cas $m = d$ pourra par exemple se déduire du résultat pour $m \neq d$, par continuité).

Nous avons alors

$$\alpha = \lambda(m) - \pi(m) \quad \text{et} \quad \beta \leq \frac{1}{2}(f(a) + f(d)) - \pi(n)$$

puisque la fonction f est convexe et que n est extérieur au segment $[m , d]$. Nous savons donc que $2\beta \leq \lambda(a) - \pi(a)$, n étant le milieu de $[a , d]$, et il nous suffit d'établir que

$$\lambda(a) - \pi(a) < 2(\lambda(m) - \pi(m))$$

c'est-à-dire, puisque

$$2(\lambda(m) - \pi(m)) = \lambda(a) + \lambda(b) - \pi(a) - \pi(b)$$

que l'on a $\lambda(b) - \pi(b) > 0$. Par convexité de f on sait que $\lambda(b) \geq \pi(b)$; si on avait $\lambda(b) = \pi(b)$, la fonction f serait affine sur $[m , b]$ et l'on aurait donc nécessairement les relations suivantes :

i) $\lambda(a) > \pi(a)$

ii) $\beta < \frac{1}{2}(\lambda(a) + \pi(d)) - \pi(n)$ si $d > m$

iii) si $d < m$, il n'est pas exclu que f soit affine sur le segment $[a , d]$ et alors $\beta = 0 < \alpha$.

A l'aide de ii) on trouve que $\beta < \alpha$ si $d > m$, et le lemme est ainsi démontré.

c) <u>Etude des ouverts</u> $\varphi^{-1}(V_n)$ <u>dans le cas général.</u>

Nous allons montrer que pour n assez grand, $\varphi^{-1}(V_n)$ est contenu dans le produit $B(a , \frac{3}{n}) \times B(a , \frac{3}{n})$.

Soit $(x , y) \in \varphi^{-1}(V_n)$; nous savons que le milieu du segment $[x , y]$ appartient à $\overset{\circ}{B}(a , \frac{1}{n})$ et que la flèche de la corde joignant les points $\bar{x} = (x , f(x))$ et $\bar{y} = (y , f(y))$ du graphe de f , est strictement inférieure à $g(\frac{1}{n})$. Dans le seul cas intéressant où $x \neq y$, nous notons les intersections de la droite passant par x et y avec les sphères de centre a et de rayons $\frac{1}{n}$ et $\frac{3}{n}$, selon la figure :

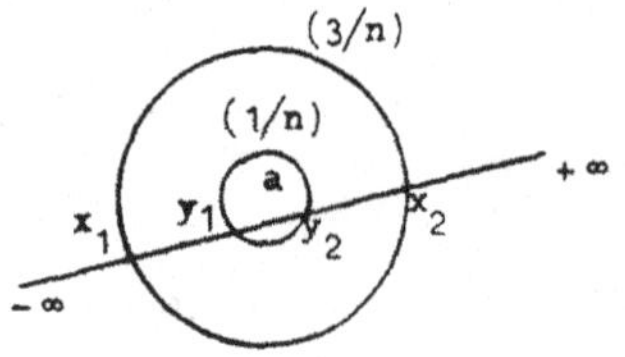

dans l'ordre, figurent $-\infty$, x_1 , y_1 y_2 , x_2 , $+\infty$ avec les relations

$\|x_1 - a\| = \|x_2 - a\| = \frac{3}{n}$

$\|y_1 - a\| = \|y_2 - a\| = \frac{1}{n}$, $y_1 \neq y_2$.

La distance de y_1 à y_2 est majorée par le diamètre $\frac{2}{n}$ de $B(a , \frac{1}{n})$, alors que $\|x_1 - y_1\|$ et $\|x_2 - y_2\|$ sont minorées par $\frac{2}{n}$; si donc le point x était extérieur à $B(a , \frac{3}{n})$, par exemple situé sur $]-\infty , x_1]$, le point y serait obligatoirement sur la demi-droite $]y_2 , +\infty[$, puisque le milieu de $[x , y]$ appartient à $]y_1 , y_2[$.

Dans cette hypothèse on trouverait donc que la flèche de la corde $[\bar{x} , \bar{y}]$ serait strictement plus grande que celle de la corde $[\bar{f}(x_1) , \bar{f}(y_2)]$, c'est-à-dire strictement plus grande que $g(\frac{1}{n})$, par définition de la fonction g . Cette contradiction établit le résultat énoncé au début de cet alinéa c).

d) <u>Etude des ouverts</u> $\varphi^{-1}(V_n)$ <u>dans le cas où</u> f <u>admet en</u> a <u>une forme hessienne non dégénérée.</u>

Nous supposons que pour $h \in R^{p-1}$, assez petit, on puisse écrire :

$$f(a + h) = f(a) + L(h) + Q(h) + \varepsilon(h) . \|h\|^2$$

où L est une forme linéaire, Q une forme quadratique, positive puisque f est convexe, non dégénérée, et où $\lim_{h \to 0} \varepsilon(h) = 0$. Nous noterons respectivement m et M le minimum et le maximum de Q sur la sphère unité de R^{p-1} ; on a $0 < m \leq M < +\infty$.

Nous allons d'abord montrer qu'il existe $\gamma > 0$ tel que pour $r > 0$ assez petit on ait $g(r) > \gamma r^2$.

Dans le calcul de $g(r)$ interviennent des points x et y dont la distance est toujours supérieure à $2r$; pour de tels points, on trouve, puisque

$$\frac{1}{2}(f(x)+f(y)) - f(\frac{x+y}{2}) = Q(\frac{x-y}{2}) + \frac{1}{2}(\varepsilon(x-a)\|x-a\|^2 + \varepsilon(y-a)\|y-a\|^2)$$

$$- \varepsilon(\frac{x+y}{2} - a)\|\frac{x+y}{2} - a\|^2 ,$$

une mineration du premier membre de l'égalité. Plus précisément, pour tout r tel que $\sup_{\|h\|<3r} \|\varepsilon(h)\| < \frac{m}{4}$, on obtient l'inégalité $g(r) \geq \frac{1}{2} mr^2$.

Montrons ensuite, inversement, qu'il existe $\beta > 0$ tel que, pour r assez petit, les flèches des cordes $[\overline{f}(x) , \overline{f}(y)]$, avec x et y dans $B(a , r)$, soient inférieures à βr^2 . Puisque l'on a :

$$\frac{1}{2}(f(x) + f(y)) - f(\frac{x+y}{2}) \leq Q(\frac{x-y}{2}) + \sup_{\|h\|\leq r} \|\varepsilon(h)\| . 2r^2 ,$$

on trouve pour tout r tel que $\sup_{\|h\|<r} \|\varepsilon(h)\| \leq M$, que

$$\frac{1}{2}(f(x)+f(y)) - f(\frac{x+y}{2}) \leq 2M r^2 .$$

On peut alors conclure : soit $\alpha = \sqrt{\frac{m}{4M}}$; pour n assez grand on trouve que

$$B(a , \frac{\alpha}{n}) \times B(a , \frac{\alpha}{n}) \subset \varphi^{-1}(V_n) .$$

Remarque. - On a utilisé sur ε la seule propriété suivante : pour r assez petit, $\sup_{\|h\|<r} \|\varepsilon(h)\| < \frac{m}{4}$.

La proposition 2 est alors complètement démontrée. Si nous reprenons le paragraphe " schéma de la démonstration (de la proposition 1)" , nous voyons que nous avons un problème du type suivant : deux mesures π et π' sur un espace X ont même image par une certaine application φ de X dans un espace Y ; circonstances particulières : X est un espace produit, π et π' sont des mesures produits, φ est injective sur une partie Δ de X , remarquable puisque c'est la diagonale de X , et de plus φ est "presque injective" au voisinage de Δ , la proposition 2 servant à préciser cette expression. L'hypothèse d'existence de densités va nous permettre d'établir que π et π' sont égales. Nous laisserons au lecteur le soin d'établir un énoncé résumant la démonstration du paragraphe suivant.

4. RELATION ENTRE LES DENSITES DE ν , ν' , ν''

Dans l'hypothèse i) la proposition 1, les densités m , m' et m" de ν , ν' , ν'' sont continues sur les ouverts $W = \bar{f}^{-1}(U)$, $W' = \bar{f}'^{-1}(U')$, $W'' = \bar{f}''^{-1}(U'')$ respectivement.

Pour pouvoir raisonner de façon générale nous conviendrons, dans l'hypothèse ii) de désigner aussi par W l'ouvert Ω_o .

Soit a un point quelconque de W , et soit (V_n) une suite de voisinages ouverts de (a , f(a)) comme dans la proposition 2. Pour n assez grand , $2.V_n$ est contenu dans le voisinage ouvert de 2.U sur lequel $\mu * \mu$ et $\mu' * \mu''$ sont des mesures égales ; posons $W_n = \varphi^{-1}(V_n)$: pour n assez grand nous trouvons que $\nu \otimes \nu(W_n) = \nu' \otimes \nu''(W_n)$; de ces relations nous allons déduire que pour presque tout a de W on a l'égalité

$$(m(a))^2 = m'(a) \ . \ m''(a) \quad .$$

Nous notons pour cela que $(x , y) \to m(x) \, . \, m(y)$ et $(x , y) \to m'(x) \, . \, m''(y)$ sont des densités de $\nu \otimes \nu$ et $\nu' \otimes \nu''$ par rapport à la mesure de Lebesgue produit sur $\Omega \times \Omega$. Si m , m' , m" sont continues dans W , l'égalité ci-dessus est évidente pour tout point a de W .

Dans l'hypothèse ii) nous aurons recours aux résultats de la théorie des dérivées de mesures, tels qu'on peut les trouver dans l'ouvrage [3], aux pages duquel nous renverrons.

D'après la fin de la proposition 2, nous savons que pour presque tout a de W (égal à Ω_o ici), les ouverts $W_n = \varphi^{-1}(V_n)$ convergent régulièrement vers (a , a) ([3] p. 221, définition 2), puisque le rapport des volumes euclidiens de $B(a , \frac{3}{n}) \times B(a , \frac{3}{n})$ et de $B(a , \frac{\alpha}{n}) \times B(a , \frac{\alpha}{n})$ est indépendant de n .

Nous allons établir que pour presque tout a de W , le point (a , a) est un point de Lebesgue pour les fonctions $m \otimes m : (x , y) \to m(x) . m(y)$, et $m' \otimes m'' : (x , y) \to m'(x) . m''(y)$ ([3] p. 220, définition 1).

Il en résultera, d'après le théorème 6 de [3] p. 222, et l'égalité $\nu \otimes \nu(W_n) = \nu' \otimes \nu''(W_n)$ valable pour n grand, que l'égalité $(m(a))^2 = m'(a) . m''(a)$ sera valable pour presque tout a de W .

Puisque nous savons ([3] p. 220, théorème 5), que presque tout point de W est point de Lebesgue de m , m' et m'' il nous suffit d'établir le lemme suivant, dans l'énoncé duquel nous utiliserons des notations analogues à celle de [3] .

LEMME 2. - <u>Si</u> x_o <u>est un point de Lebesgue pour la fonction</u> μ-<u>sommable</u> φ <u>et</u> y_o <u>un point de Lebesgue pour la fonction</u> ν-<u>sommable</u> ψ , <u>alors si les nombres</u> $\varphi(x_o)$ <u>et</u> $\psi(y_o)$ <u>sont finis</u>, (x_o , y_o) <u>est presque sûrement un point de Lebesgue pour la fonction</u> $\mu \otimes \nu$-<u>sommable</u> $\varphi \otimes \psi : (x , y) \to \varphi(x) . \psi(y)$.

Nous n'établirons le lemme que dans le cas (suffisant ici) où μ et ν sont les mesures de Lebesgue d'espaces euclidiens R^p et R^q .

Soit $C_{\varepsilon_n}(x_o , y_o)$ un ensemble de Vitali contenant (x_o , y_o) , de volume inférieur à ε_n ; il est le produit de cubes $A_\varepsilon(x_o)$ et $B_{\varepsilon'}(y_o)$ de volumes inférieurs à $\varepsilon_n^{\frac{p}{p+q}}$ et $\varepsilon_n^{\frac{q}{p+q}}$ respectivement.

Quand ε_n tend vers zéro, la suite des $A_\varepsilon(x_o)$ converge régulièrement vers x_o et celle des $B_\varepsilon(y_o)$ vers y_o . Ces points étant des points de Lebesgue on trouve que

$$\varphi(x_o) = \lim \frac{1}{\mu(A_\varepsilon(x_o))} \int_{A_\varepsilon(x_o)} \varphi(x)\, \mu(dx) \quad ,$$

$$0 = \lim \frac{1}{\mu(A_\varepsilon(x_o))} \int_{A_\varepsilon(x_o)} |\varphi(x) - \varphi(x_o)|\, \mu(dx)$$

$$0 = \lim \frac{1}{\nu(B_\varepsilon(y_o))} \int_{B_\varepsilon(y_o)} |\psi(y) - \psi(y_o)|\, \nu(dy) \quad .$$

Ecrivant l'égalité

$$\varphi(x)\, \psi(y) - \varphi(x_o)\, \psi(y_o) = \varphi(x)(\psi(y) - \psi(y_o)) + \psi(y_o)(\varphi(x) - \varphi(x_o))$$

on déduit le lemme du théorème de Lebesgue-Fubini.

Nous avons ainsi établi, avec les notations de la proposition 1, que pour presque tout point a de l'ouvert W de Ω , tel que $\bar{f}(W) = U$ porte la mesure μ , les densités m , m' , m'' de ν , ν' , ν'' vérifient l'égalité

$$(m(a))^2 = m'(a) \,.\, m''(a) \,.$$

5. DEMONSTRATION DU RESULTAT

Nous sommes en mesure d'établir la proposition 1. Soit Σ la partie borélienne de $W(= \bar{f}^{-1}(U))$, sur laquelle m ne s'annule pas. Pour tout borélien C de Ω , ne rencontrant pas Σ, on a évidemment

$$(\nu(C))^2 \leq \nu'(C) \,.\, \nu''(C) \quad .$$

Pour établir cette inégalité pour tout borélien de Ω , il suffit donc de l'établir lorsque C est contenu dans Σ .

On peut trouver une partie mesurable Σ_o de Σ et une fonction mesurable strictement positive α sur Σ_o, de telle façon que l'ensemble $\Sigma - \Sigma_o$ soit de mesure nulle et que sur Σ_o on ait

$$m' = \alpha . m \qquad m" = \frac{1}{\alpha} . m$$

Pour établir l'inégalité nous pouvons supposer que C est contenu dans Σ_o ; d'après l'inégalité de Cauchy-Schwarz nous obtenons

$$\left(\int_C \sqrt{\alpha m} . \sqrt{\frac{1}{\alpha} . m}\right)^2 \le \nu'(C) . \nu"(C) \quad ,$$

c'est-à-dire $(\nu(C))^2 \le \nu'(C) . \nu"(C)$.

Supposons maintenant les masses totales de ν , ν' , $\nu"$ égales, et prenons $C = \Sigma_o$: nous avons le cas d'égalité dans l'inégalité de Cauchy-Schwarz ; il en résulte qu'il existe une constante c avec presque partout dans Σ_o

$$\frac{1}{\alpha} . m = c\alpha . m$$

et donc que m , m' , $m"$ sont presque partout égales dans Σ_o ; puisque cet ensemble porte la mesure ν , nous en déduisons que ν , ν' , $\nu"$ sont égales dans Ω_o ; la transcription en termes de μ , μ' , $\mu"$ est immédiate et la proposition 1 est ainsi établie.

Remarque. - Dans ce dernier cas, l'égalité de convolution s'étend à tout l'espace R^p naturellement. Peut-être peut-on résoudre le problème posé dans la première remarque suivant l'énoncé de la proposition 1 en cherchant à établir directement que si une égalité $\mu * \mu = \mu' * \mu"$ (μ , μ' , $\mu"$ portées par S) a lieu au voisinage de $2 . S$, elle s'étend automatiquement à R^p tout entier.

Seconde Partie : CONVOLUTION DE MESURES PORTEES PAR UNE SURFACE CONVEXE

1. INTRODUCTION

Nous allons étendre le résultat de la première partie à des sous-ensembles de R^p localement "représentables" comme des graphes de fonctions strictement convexes. Pour cela nous aurons à composer les opérations de restriction et de convolution de mesures, pas toujours dans le même ordre et donc à comparer les résultats. Nous devrons aussi définir des ensembles et des mesures suffisamment réguliers.

2. PREMIERES PROPRIETES DES SURFACES CONVEXES

A la différence de la note [1] nous n'utiliserons que les surfaces convexes complètes, selon BUSEMANN ([2]) .

DEFINITION 1. - On appelle surface convexe dans R^p , $p > 1$, la frontière supposée non vide et connexe, d'un ensemble convexe d'intérieur non vide.

On démontre dans [2] qu'une surface convexe de R^p est homéomorphe soit à la sphère unité S^{p-1} de R^p , soit à R^{p-1} , soit à un produit $R^r \times S^{p-1-r}$ avec $1 \leq r \leq p-2$.

Dans [1] on s'intéresse aux parties ouvertes des surfaces convexes ; les graphes de fonctions convexes entrent dans ce cadre, comme nous le montrera le lemme 4 .

Soit K un ensemble convexe ; on appelle cône asymptote de K en l'un de ses points a , la réunion des demi-droites fermées d'extrémité a , contenues dans K . Les cônes asymptotes en deux points différents de K se déduisent l'un de l'autre par translation, si K est fermé, comme le montre le

LEMME 3. - Soient K un ensemble convexe et fermé, D_a et D_b deux demi-droites parallèles et de même sens, issues de deux points a et b de K ; si D_a est contenue dans K il en est de même de D_b.

En effet pour tout $b' \in D_b$, et tout voisinage V de b' il existe un point a' de D_b tel que le segment $[a', b]$ rencontre V ; puisque K est supposé convexe et fermé le lemme est établi.

LEMME 4. - Soient S une surface convexe de R^p et G le graphe d'une fonction continue f définie sur un ouvert convexe Ω de R^{p-1}. On peut affirmer que f ou $-f$ est une fonction convexe et que G est une partie ouverte de S.

DEMONSTRATION. - Pour tout x de $\Omega \in R^{p-1}$, la droite $\{x\} \times R$ rencontre l'ouvert convexe C dont S est la frontière, selon un intervalle dont $(x, f(x))$ est un point frontière. D'après le lemme précédent deux cas seulement sont possibles :

- tous ces intervalles sont de la forme $](x, f(x)), +\infty[$
- tous ces intervalles sont de la forme $](x, g(x)), (x, h(x))[$.

Dans le premier cas la convexité de $C \cup S$ prouve immédiatement la convexité de f.

Dans le second cas nous notons, toujours d'après la convexité de $C \cup S$, que g est une fonction convexe sur Ω, donc continue, et h une fonction concave sur Ω, donc continue elle aussi. Puisque pour tout x de Ω on a simultanément

$$g(x) < h(x) \quad , \quad f(x) = g(x) \text{ ou } f(x) = h(x) \quad ,$$

on conclut que, dans Ω, $f = g$ ou $f = h$.

La fin du lemme peut d'établir par des considérations géométriques de même type, mais c'est une conséquence directe du théorème de l'invariance du domaine de BROUWER. Montrons le dans cas où S est homéomorphe à R^{p-1} ; il suffit d'établir que dans un homéomorphisme transformant S en R^{p-1} , G est transformé en un ouvert de R^{p-1} et donc cette image de G est homéomorphe à un ouvert de R^{p-1} ; or, f étant continue, G est homéomorphe à l'ouvert Ω .

Nous appellerons <u>surface strictement convexe</u> une surface convexe dont trois points distincts quelconques ne sont jamais alignés.

Nous pourrons exprimer qu'une surface convexe est localement analogue à un graphe de fonction convexe à l'aide de la

DEFINITION 2. - <u>On appelle carte convexe (resp. strictement convexe) dans</u> R^p , <u>la donnée</u> (u , Ω , f) <u>d'une transformation linéaire isométrique</u> u <u>de</u> R^p <u>dans lui-même, d'un ouvert convexe non vide</u> Ω <u>de</u> R^{p-1} , <u>et d'une fonction convexe (resp. strictement convexe)</u> f <u>définie dans</u> Ω . <u>L'ensemble</u> $u^{-1}(\overline{f}(\Omega))$ <u>est appelé le support de la carte</u> (u , Ω , f).

L'étude locale d'une surface convexe se fonde alors sur le résultat (1.12) de [2] , qui est le

LEMME 5. - <u>Soit</u> S <u>une surface convexe de</u> R^p . <u>Pour tout point</u> a <u>de</u> S <u>et tout voisinage ouvert</u> U <u>de</u> a <u>dans</u> R^p , <u>convexe, assez petit, il existe une carte convexe dont le support égale</u> $U \cap S$.

Le lemme 4 assure inversement que si le support d'une carte convexe est contenu dans une surface convexe, c'est un ouvert de celle-ci.

Du lemme 5 nous déduisons que si G est une partie ouverte d'une surface convexe S , telle que trois points de G ne soient jamais alignés, alors tout point a de G est extrêmal dans l'enveloppe convexe fermée $\overline{C}$ de S : il suffit de trouver une carte strictement convexe dont le support V contienne a , et soit de la forme $U \cap S$, U voisinage de a dans R^p : on ne peut pas avoir $a = \alpha a' + \beta a''$, $\alpha > 0$, $\beta > 0$, $\alpha + \beta = 1$, $a' \in U \cap \overline{C}$ et $a'' \in U \cap \overline{C}$, et cette égalité est donc impossible avec $a' \in \overline{C}$, $a'' \in \overline{C}$.

3. CONVOLUTION ET RESTRICTION DE MESURES PORTEES PAR UNE SURFACE CONVEXE

Pour pouvoir utiliser le résultat de la première partie il convient de montrer que si μ et ν sont deux mesures portées par une surface convexe S, les restrictions de μ et ν à un voisinage d'un point a de S, déterminent le produit de convolution $\mu * \nu$ au voisinage du point $2 \cdot a$.

La clef de la démonstration est la propriété géométrique suivante :

LEMME 6. - Soit a un point de la frontière d'un ensemble convexe C de R^p, d'intérieur non vide. Si a est un point extrêmal de l'adhérence $\bar{C}$ de C, on peut affirmer que pour tout voisinage U de a dans R^p, il existe un voisinage V de a dans R^p ayant la propriété suivante :

pour tout s dans V, l'intersection de $\bar{C}$ et de son symétrique par rapport à s, est contenue dans U.

DEMONSTRATION. - En raisonnant par l'absurde on trouverait un point a de la frontière ∂C de C, un nombre $r > 0$, une suite s_n de points de la boule ouverte $\overset{\circ}{B}(a, r)$, de limite a, et deux suites (x_n) et (x'_n) de points de $\bar{C}$, symétriques deux à deux par rapport à s_n, n variant, et n'appartenant ni les uns ni les autres à $B(a, 2r)$:

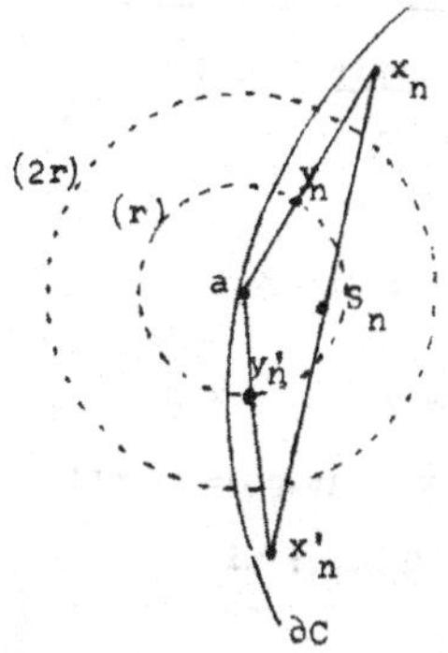

$$2s_n = x_n + x'_n$$

$$x_n - a = \lambda_n(y_n - a), \quad \lambda_n \geq 2, \quad \|y_n - a\| = r$$

$$x'_n - a = \lambda'_n(y'_n - a), \quad \lambda'_n \geq 2, \quad \|y'_n - a\| = r.$$

Quitte à extraire par deux fois une sous-suite, on peut supposer, la boule $B(a, r)$ étant compacte, que les suites y_n et y'_n définies par les égalités ci-dessus, ont des limites y et y' ; nous obtiendrons alors une contradiction en montrant que $2a = y + y'$: le point a ne sera pas extrêmal dans $\bar{C}$.

Il nous faut montrer que les deux circonstances suivantes sont exclues

∘ les vecteurs $y - a$ et $y' - a$ sont linéairement indépendants : pour $n \to \infty$ les coordonnées de $s_n - a$ par rapport à la base $(y_n - a, y'_n - a)$ tendant vers les coordonnées $(0, 0)$ de $\lim_n s_n$ par rapport à $y - a$ et $y' - a$: c'est impossible puisque $\lambda_n \geq 2$, $\lambda'_n \geq 2$;

∘ les vecteurs y et y' sont confondus : puisque

$$\|s_n - a\|^2 = \left(\frac{\lambda_n}{2}\right)^2 \|y_n - a\|^2 + \left(\frac{\lambda'_n}{2}\right)^2 \|y'_n - a\|^2 + \frac{1}{2} \lambda_n \lambda'_n \langle y_n - a, y'_n - a\rangle$$

on trouve encore une contradiction, le produit scalaire du second membre ayant pour limite r^2, et le second membre une limite inférieure au moins égale à $3r^2$.

Nous avons ainsi établi que y et y' sont symétriques par rapport à a.

Du lemme précédent, nous déduisons, en notant $\mu_{|Y}$ la restriction d'une mesure μ définie sur un espace X à un sous-espace Y de X, le

COROLLAIRE 1. - Soient C un ouvert convexe de R^p et a un point frontière de C, extrêmal dans $\bar{C}$. Pour tout voisinage U de a dans R^p il existe un voisinage ouvert V de a dans R^p, tel que pour tout couple (μ_1, μ_2) de mesures positives et bornées sur $\bar{C}$, on ait l'égalité :

$$\mu_1 * \mu_{2|2.V} = (\mu_{1|U} * \mu_{2|U})_{|2.V}$$

Notons en effet σ l'application $(x, y) \to x + y$ de $\bar{C} \times \bar{C}$ dans $\bar{C} + \bar{C}$. Le lemme permet, U étant donné, de trouver un voisinage ouvert V de a dans R^p, tel que $\sigma^{-1}(2.V)$ soit contenu dans $U \times U$: si $x \in \bar{C}$, $y \in \bar{C}$, $x + y \in 2.V$, alors $x \in U$ et $y \in U$.

On trouve par conséquent pour tout borélien B contenu dans $2.V$, les relations :

$$\mu_1 * \mu_2(B) = \mu_1 \otimes \mu_2(\sigma^{-1}(B)) = (\mu_1 \otimes \mu_2)_{|U \times U}(\sigma^{-1}(B))$$

$$\mu_1 * \mu_2(B) = \mu_{1|U} \otimes \mu_{2|U}(\sigma^{-1}(B)) = \mu_{1|U} * \mu_{2|U}(B) \quad .$$

COROLLAIRE 2. - <u>Soient</u> μ, μ', μ'' <u>trois mesures positives bornées sur une surface convexe</u> S, <u>telles que les produits de convolution</u> $\mu * \mu$ <u>et</u> $\mu' * \mu''$ <u>soient égaux au voisinage d'un ensemble</u> $2.T$, <u>où</u> T <u>est une partie ouverte de</u> S, <u>portant la mesure</u> μ <u>et dont trois points distincts ne soient jamais alignés. Pour tout ouvert</u> G <u>de</u> S <u>on peut affirmer que si</u> π, π', π'' <u>désignent les restrictions de</u> μ, μ', μ'' <u>à</u> $T \cap G$, <u>les produits de convolution</u> $\pi * \pi$ <u>et</u> $\pi' * \pi''$ <u>sont égaux au voisinage de</u> $2.(T \cap G)$.

On peut en effet écrire $T \cap G = S \cap U$ où U est un ouvert de R^p, tel que $\mu * \mu$ et $\mu' * \mu''$ aient même restriction à l'ouvert $2.U$. Le corollaire précédent montre que pour tout a de $G \cap T$ il existe un voisinage ouvert $V(a)$ de a dans R^p, tel que

i) $V(a) \subset U$.

ii) $\mu * \mu_{|2.V(a)} = (\mu_{|T\cap G} * \mu_{|T \cap G})_{|2.V(a)}$

iii) $\mu' * \mu''_{|2.V(a)} = (\mu'_{|T\cap G} * \mu''_{|T\cap G})_{|2.V(a)}$

L'ouvert $V = \bigcup_{a \in T \cap G} V(a)$ est un voisinage de $T \cap G$, contenu dans U et, puisque $\mu * \mu$ et $\mu' * \mu''$ sont égales sur $2.U$, on a :

$$\pi * \pi_{|2.V} = \mu * \mu_{|2.V} = \mu' * \mu''_{|2.V} = \pi' * \pi''_{|2.V} \quad ,$$

ce qui établit le corollaire.

<u>Remarque</u>. - Le cas où $T = G$ est plus particulièrement intéressant.

4. DIFFERENTIABILITE DES SURFACES CONVEXES

Nous allons dans ce paragraphe justifier une définition de mesures à densités continues sur une surface convexe, généralisant la condition i) de la proposition 1 de la première partie. L'hypothèse de convexité intervient de façon si remarquable que nous referons dans notre cadre, une théorie qui est en fait celle des mesures lebesguiennes.

Par une étude géométrique sont établies dans [2] les propriétés suivantes pour une fonction convexe f définie sur un ouvert convexe Ω de R^{p-1} :

a) f est différentiable en $a \in \Omega$, si le graphe de f admet en $(a , f(a))$ un seul hyperplan d'appui et seulement si l'ensemble des points situés au-dessus du graphe de f, admet au point $(a , f(a))$ un seul hyperplan d'appui.

b) si f est différentiable dans Ω, elle y est continûment différentiable.

Remarque. - A propos d'hyperplans d'appui nous signalerons le facile

LEMME 7. - Soient C un ensemble convexe, V un ensemble ouvert et a un point de $C \cap V$; si un hyperplan H passant par a est un hyperplan d'appui de $C \cap V$, c'est aussi un hyperplan d'appui de C.

Pour comparer la "différentiabilité" de diverses cartes convexes nous établissons le

LEMME 8. - Soient (u , Ω , f) et (u' , Ω' , f') deux cartes convexes de supports V et V' tels que $V \cap V'$ soit une partie ouverte de $V \cap V'$, et μ une mesure positive et bornée sur $V \cap V'$. On a les résultats :

i) si f est différentiable au point a de $\Omega_o = \overline{f}^{-1} \circ u(V \cap V')$ alors f' est différentiable au point a' de $\Omega'_o = \overline{f}'^{-1} \circ u'(V \cap V')$ défini par l'égalité $u^{-1}(\overline{f}(a)) = u'^{-1}(\overline{f}'(a'))$.

ii) <u>si</u> f <u>est différentiable dans</u> Ω_o <u>elle l'est continûment et il en est de même de</u> f' <u>dans</u> Ω'_o .

iii) <u>dans l'hypothèse de</u> ii) <u>on peut affirmer que si l'image de</u> μ <u>par</u> $\bar{f}^{-1} \circ u$ <u>admet dans</u> Ω_o <u>une densité continue, il en est de même de l'image de</u> μ <u>par</u> $\bar{f}'^{-1} \circ u'$ <u>dans</u> Ω'_o .

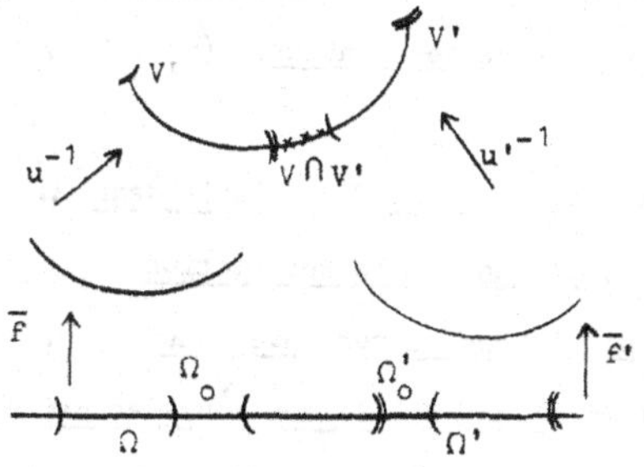

DEMONSTRATION. - i) Soit H' un hyperplan d'appui du graphe de f' , passant par le point $\bar{f}'(a')$; son image par $u \circ u'^{-1}$ est un hyperplan d'appui H du graphe de f restreinte à Ω_o , passant par $\bar{f}(a)$, donc aussi du graphe de la restriction g de f à un voisinage ouvert convexe de a dans Ω_o ; puisque g , comme f , est différentiable en a , cet hyperplan H est bien déterminé et H' est bien déterminé lui aussi : f' est différentiable en a' .

ii) le résultat b) cité plus haut montre que sous l'hypothèse de ii) la fonction f est de classe C^1 dans Ω_o et donc que $V \cap V'$ est une sous-variété de classe C^1 de R^p , de codimension 1 ; il en est de même du graphe de la restriction de f' à Ω'_o , et, d'après le théorème des fonctions implicites, la fonction f' est alors de classe C^1 dans Ω'_o puisque la restriction à $\bar{f}'(\Omega'_o)$ de la projection p de R^p sur $R^{p-1} \times \{0\}$ y est de rang maximum, la fonction f étant convexe l'ouvert Ω'_o . Il est plus rapide en fait d'appliquer à nouveau les résultats de a) et b), dans cet ordre, à f' .

iii) l'application $h = p \circ u' \circ u^{-1} \circ \bar{f}$ est, sur Ω_o, de classe C^1, ainsi que son inverse, définie sur Ω'_o. Si la mesure $\bar{f}^{-1} \circ u(\mu)$ admet une densité continue m dans Ω_o, son image par h admet la densité continue $(m \circ h^{-1}) \cdot |\mathrm{Jac}\, h^{-1}|$.

PROPOSITION 3. - *Soient* S *une surface convexe de* R^p, U *un ouvert de* S, μ *une mesure positive et bornée sur* S, (V_i) *un recouvrement (ouvert nécessairement) de* U *par des supports de cartes convexes* (u_i, Ω_i, f_i). *Supposons que :*

i) *pour chaque* i, f_i *soit différentiable dans* Ω_i.

ii) *pour chaque* i, *l'image de la restriction* μ_i *de* μ *à* V_i, *par l'application* $\bar{f}_i^{-1} \circ u$, *soit à densité continue dans* Ω_i.

On peut alors affirmer que U *est une sous-variété de classe* C^1 *de* R^p, *et que pour toute carte convexe* (u, Ω, f) *de support* V *contenu dans* U *on a les propriétés :*

i) f *est continûment différentiable dans* Ω.

ii) *l'image par* $\bar{f}^{-1} \circ u$ *de la restriction* π *de* μ *à* V *est à densité continue dans* Ω.

DEFINITION 3. - *On dira qu'une mesure* μ *positive et bornée sur une surface convexe* S *est à densité continue dans un ouvert* U *de* S, *s'il existe une famille de cartes convexes* (u_i, Ω_i, f_i) *dont les supports recouvrent* U, *et qui vérifient avec* μ *les conditions* i) *et* ii) *de la proposition précédente.*

DEMONSTRATION DE LA PROPOSITION. - Puisque, pour tout i, $V_i \cap V$ est ouvert dans V_i et dans V, il suffit d'établir que si $V_i \cap V \neq \emptyset$, f est différentiable dans l'ouvert $\Omega_o = \bar{f}^{-1} \circ u(V \cap V_i)$ et que l'image par $\bar{f}^{-1} \circ u$ de la restriction de π à $V \cap V_i$ est à densité continue dans Ω_o, ce qui résulte du lemme précédent.

En vue de les distinguer de celles étudiées au paragraphe suivant nous appellerons <u>surface convexe de type 1</u> les surfaces convexes qui sont des sous-variétés de classe C^1 de R^p. Le lemme 4 et la proposition 3 permettent de les caractériser en termes de cartes convexes différentiables.

5. ENSEMBLES DE MESURE NULLE SUR UNE SURFACE CONVEXE

Puisqu'il existe des surfaces convexes qui ne sont pas des sous-variétés de classe C^1 on ne peut pas y définir les ensembles "de mesure nulle" à l'aide d'une mesure lebesguienne : par ailleurs utiliser la mesure donnée par la courbure de Gauss (cf. [2] p. 25-26) amènerait à se poser la question : le support de la partie singulière de cette mesure est-il "de mesure nulle" ?

Nous démontrerons un lemme d'un type déjà vu dans le cas différentiable :

LEMME 9. - <u>Soient</u> (u, Ω, f) <u>et</u> (u', Ω', f') <u>deux cartes convexes de support</u> V <u>et</u> V', <u>telles que</u> $V \cap V'$ <u>soit un ouvert de</u> V <u>et de</u> V'. <u>Soient</u> B <u>une partie mesurable de</u> $V \cap V'$ <u>et</u> μ <u>une mesure positive et bornée sur</u> $V \cap V'$. <u>On a les résultats</u> :

i) <u>si l'ensemble</u> $C = \overline{f}^{-1} \circ u(B)$ <u>est de mesure nulle dans</u> $\Omega_o = \overline{f}^{-1} \circ u(V \cap V')$, <u>il en est de même de l'ensemble</u> $C' = \overline{f'}^{-1} \circ u'(B)$ <u>dans</u> $\Omega'_o = \overline{f'}^{-1} \circ u'(V \cap V')$.

ii) <u>si l'image de</u> μ <u>par</u> $\overline{f}^{-1} \circ u$ <u>est absolument continue dans</u> Ω_o, <u>il en est de même de l'image de</u> μ <u>par</u> $\overline{f'}^{-1} \circ u'$ <u>dans</u> Ω'_o.

DEMONSTRATION. - Puisque $\overline{f}$ et $\overline{f'}$ sont des homéomorphismes de Ω et Ω' sur $\overline{f}(\Omega)$ et $\overline{f'}(\Omega')$ respectivement, l'application $p \circ u' \circ u^{-1} \circ \overline{f}$, où p désigne la projection de R^p sur $R^{p-1} \times \{0\}$, est un homéomorphisme de Ω_o sur Ω'_o, qui échange C et C'. Ceci ne suffirait pas à assurer que C' soit de mesure nulle, mais nous remarquons que f étant convexe sur l'ouvert Ω, l'application $\overline{f}$ est localement lipschitzienne et donc aussi l'application $p \circ u' \circ u^{-1} \circ \overline{f}$ de Ω_o sur Ω'_o ; l'image par cette dernière application d'une partie C de mesure nulle dans Ω_o est alors une partie de mesure nulle dans Ω'_o : le point i) est établi.

Pour établir ii) il suffit de noter que l'application inverse, soit $p \circ u \circ u'^{-1} \circ \bar{f}'$ de Ω'_o sur Ω_o est elle aussi localement lipschitzienne, et d'appliquer le critère d'absolue continuité fourni par le théorème de Radon-Nikodym.

PROPOSITION 4. - Soient S une surface convexe, U un ouvert de S, B une partie mesurable de S, μ une mesure positive et bornée sur S, (V_i) un recouvrement (ouvert nécessairement) de U par des supports de cartes convexes (u_i, Ω_i, f_i). Supposons que :

i) pour tout i, l'image par $\bar{f}_i^{-1} \circ u_i$ de $B \cap V_i$ soit de mesure nulle dans Ω_i.

ii) pour tout i, l'image par $\bar{f}_i^{-1} \circ u_i$ de la restriction μ_i de μ à V_i soit absolument continue dans Ω_i.

Alors pour toute carte convexe (u, Ω, f) de support V contenu dans U, on peut affirmer que

i) l'image par $\bar{f}^{-1} \circ u$ de $B \cap V$ est de mesure nulle dans Ω

ii) l'image par $\bar{f}^{-1} \circ u$ de la restriction π de μ à V est absolument continue dans Ω.

DEFINITION 4. - On appelle ensemble (mesurable) de mesure nulle dans un ouvert U d'une surface convexe S, toute partie mesurable B de S telle qu'il existe un système de cartes (u_i, Ω_i, f_i) dont les supports recouvrent U et qui vérifient avec B la condition i) de la proposition 4.

On appelle mesure absolument continue dans un ouvert U d'une surface convexe S toute mesure positive et bornée μ sur S, telle qu'il existe un système de cartes (u_i, Ω_i, f_i) dont les supports recouvrent U et qui vérifient avec μ, la condition ii) de la proposition 4.

DEMONSTRATION DE LA PROPOSITION. - L'espace V étant paracompact comme Ω, on peut le recouvrir par les traces d'une sous-famille dénombrable (V_{i_n}) ; le lemme précédent montre alors pour tout n, que $\overline{f}^{-1} \circ u(V \cap V_{i_n} \cap B)$ est de mesure nulle dans Ω et que la restriction de $\overline{f}^{-1} \circ u(\pi)$ à $\overline{f}^{-1} \circ u(V \cap V_{i_n})$ est absolument continue dans cet ouvert ; la proposition en résulte.

Nous appellerons surface convexe de type 2, toute surface convexe S telle que, sauf pour les points d'un ensemble de mesure nulle dans S, en tout point de S existe une indicatrice dont la frontière soit une quadrique propre (cf. [2] p. 23). Pour toute carte (u, Ω, f) dont le support est contenu dans une telle surface, f est presque partout dans Ω à forme hessienne non dégénérée. Il suffit inversement de trouver un recouvrement d'une surface convexe S par des supports de cartes (u_i, Ω_i, f_i) avec f_i presque partout à forme hessienne non dégénérée, pour assurer que S soit de type 2.

6. ENONCE ET DEMONSTRATION DU RESULTAT PRINCIPAL

PROPOSITION 5. - Soient S une surface convexe de R^p, π, π', π'' trois mesures positives et bornées sur S, de même masse totale, T un ouvert de S portant la mesure π et n'ayant jamais trois de ses points alignés.

Supposons vérifiée une des conditions de régularité suivantes :

i) π est à densité continue dans l'ouvert T, π' et π'' sont à densités continues dans des ouverts contenant T.

ii) π, π', π'' sont absolument continues dans l'ouvert T et il existe un recouvrement de T par des supports de cartes convexes (u_i, Ω_i, f_i) où chaque f_i est presque partout, dans Ω_i, à forme hessienne non dégénérée.

Alors si l'égalité $\pi * \pi = \pi' * \pi''$ a lieu au voisinage de $2.T$, on peut affirmer que $\pi = \pi' = \pi''$.

Un énoncé moins précis mais plus bref est celui du

RESULTAT PRINCIPAL. - Soient S une surface strictement convexe de R^p, de type 1 (resp. de type 2), (X_1, X_2) un couple indépendant de points aléatoires équidistribués portés par S, (Y, Z) un couple indépendant de points aléatoires portés par S, les lois de ces points étant à densités continues dans S (resp. absolument continues dans S).

Si les lois des milieux de X_1, X_2 d'une part et de Y, Z d'autre part, sont égales au voisinage de S elles sont égales dans R^p et l'on peut affirmer que X_1, X_2, Y, Z sont équidistribués.

DEMONSTRATION. - a) D'après le lemme d'existence de cartes (strictement) convexes, on peut recouvrir T par une suite V_n d'ouverts, supports de cartes strictement convexes (u_n, Ω_n, f_n), chaque f_n étant de classe C^1 dans Ω_n sous la condition i), ou presque partout à la forme hessienne non dégénérée sous la condition ii).

b) Notons π_n, π'_n, π''_n les restrictions de π, π', π'' à V_n : le corollaire 2 du lemme 6, appliqué à T, $G = V_n$, prouve que

$$\pi_n * \pi_n = \pi'_n * \pi''_n \quad \text{au voisinage de } 2 . V_n .$$

c) Soit $\mathcal{S}$ le graphe de la fonction strictement convexe f_n, et ν, ν', ν'' les mesures sur Ω_n dont les images par $u_n^{-1} \circ \overline{f}_n$ sont π_n, π'_n, π''_n respectivement. Sous la condition i) ces mesures ont des densités continues dans Ω_n ; sous la condition ii) elles sont seulement absolument continues. Puisque la transformation u_n est linéaire, on trouve que

$$\overline{f}_n(\nu) * \overline{f}_n(\nu) = \overline{f}_n(\nu') * \overline{f}_n(\nu'')$$

au voisinage de $2 . \mathcal{S}$.

La proposition 1 (Première Partie) appliquée à $\mathcal{S}$, f_n, Ω_n, $\overline{f}_n(\nu)$, $\overline{f}_n(\nu')$, $\overline{f}_n(\nu'')$ prouve que pour tout borélien B de S, contenu dans

V_n , on a l'inégalité :

$$(\pi(B))^2 \leq \pi'(B) \cdot \pi''(B)$$

Nous allons montrer que cette inégalité s'étend à tous les boréliens de S .

d) l'inégalité entre la moyenne arithmétique et la moyenne géométrique permet de déduire de l'alinéa précédent que la mesure (abstraite) $\frac{1}{2}(\pi' + \pi'') - \pi$ sur S , est positive sur chaque ouvert V_n . Pour établir quelle est positive sur S, nous utiliserons la correspondance entre mesures abstraites et mesures de Radon fournie par le théorème de Riesz, et le

LEMME 10. - Soit σ une mesure de Radon sur un espace localement compact et paracompact X , telle que tout point de X possède un voisinage ouvert sur lequel la restriction σ soit une mesure positive ; la mesure σ est alors une mesure positive.

Considérons en effet un recouvrement ouvert localement fini (V_i) tel que pour tout i la restriction de σ à V_i soit positive ; soit (φ_i) une partition continue de l'unité, subordonnée à (V_i) :

$$0 \leq \varphi_i \leq 1 \quad , \quad \text{support } (\varphi_i) \subset V_i \quad , \quad \sum_i \varphi_i = 1 \quad .$$

La fonction $\varphi_i \cdot f$, continue sur f , a un support compact comme celui de f , fonction test continue à support compact dans X . Le support de $\varphi_i \cdot f$ est contenu dans V_i comme celui de φ_i ; c'est donc un compact de V_i et $\sigma(\varphi_i \cdot f) \geq 0$ d'où $\sigma(f) \geq 0$.

La mesure $\frac{1}{2}(\pi' + \pi'') - \pi$ est donc positive sur S , et de masse nulle ; elle est donc nulle.

e) pour tout borélien C de S on a donc

$$\pi(C) = \frac{1}{2}(\pi'(C) + \pi''(C)) \quad ,$$

si de plus C est contenu dans V_n on a

$$\pi(C) \leq (\pi'(C) \, . \, \pi''(C))^{1/2} \quad ,$$

d'où l'on déduit que sur chaque V_n , π , π' , π'' sont égales, ce qui établit l'égalité de π , π' , π'' . Le résultat principal est ainsi établi.

ANNEXE : UN CONTRE-EXEMPLE EN THEORIE DE LA MESURE

Pour répondre au problème posé dans la remarque suivant le schéma de la démonstration de la proposition 1, nous allons construire sur la partie de $[0,1]$ formée des nombres à développement dyadique "illimité", deux mesures de probabilité distinctes telles que tout point de cet espace possède un système fondamental de voisinages ouverts ayant même masse pour l'une et l'autre mesure.

Reprenons (cf remarque 3 suivant l'énoncé de la proposition 1, 1è partie, § 2) l'espace $\Omega = \{0,1\}^{\mathbb{N}}$, et soit D l'ensemble, dénombrable, des $x = (x_1, x_2, \ldots)$ de Ω tels que $x_n = x_{n+1}$ pour tout n assez grand.

Pour $0 < p < 1$ et $p \neq \frac{1}{2}$, notons μ et ν les restrictions de P_p et P_{1-p} à $X = \Omega - D$.

Puisque pour $0 < p < 1$, P_p ne charge aucun point de Ω, on a $P_p(D)=0$; μ et ν sont bien des mesures de probabilité, distinctes car $p \neq \frac{1}{2}$.

Soit $x \in \overline{X}$; les traces sur X des ouverts V_n de Ω, définis par

$$V_n = \{y \in \Omega \ ; \ x_1 = y_1, \ x_2 = y_2, \ldots, x_n = y_n\}$$

forment un système fondamental de voisinages ouverts de x dans X ; notons $U_n = V_n \cap X$.

Montrons que pour tout n assez grand, on peut définir un voisinage ouvert A_n de x dans X, tel que

$A_n \subset U_n$, $\mu(A_n) = \nu(A_n)$; nous aurons alors le contre-exemple cherché avec (X, μ, ν).

Soit i et j les nombres de 0 et de 1 respectivement parmi les éléments $x_1, x_2, \ldots, x_n$: on a, bien sûr,

$$i+j = n \ , \ \mu(U_n) = p^i (1-p)^j \ , \ \nu(U_n) = (1-p)^i \, p^j \ .$$

Si n est assez grand, i et j sont tous deux non nuls, puisque $x \notin D$. Pour la même raison on peut trouver des indices :

$$n < n_1 < n_2 < n_3 < \ldots < n_i < m_1 < m_2 < \ldots < m_j$$

tels que :

$$x_{n_1} = x_{n_2} = \ldots = x_{n_i} = 1 \quad \text{et} \quad x_{m_1} = x_{m_2} = \ldots = x_{m_j} = 0 \ .$$

Posons alors

$$B_n = \{y \in \Omega \ ; \ x_1 = y_1, \ldots, x_n = y_n, \ x_{n_1} = y_{n_1}, \ldots, x_{n_i} = y_{n_i} \ , \ x_{m_1} = y_{m_1}, \ldots, x_{m_j} = y_{m_j} \} \ ,$$

$$\text{et} \quad A_n = B_n \cap X \ ;$$

on trouve naturellement que

$$P_p(B_n) = p^i(1-p)^j(1-p)^i p^j = (1-p)^i p^j p^i (1-p)^j = P_{1-p}(B_n)$$

et donc que $P_p(B_n \cap \complement D) = P_{1-p}(B_n \cap \complement D)$, soit $\mu(A_n) = \nu(A_n)$, ce que nous voulions démontrer.

REFERENCES

[1] Ph. ARTZNER, Comptes-Rendus, 272, Série A, 1971, p. 1735 - 1738 .

[2] H. BUSEMANN, Convex Surfaces, Interscience, New-York, 1958 .

[3] G.E. SHILOV et B.L. GUREVICH, Integral, Measure and Derivative : a unified approach, Prentice-Hall, 1966.

INSTITUT DE RECHERCHE MATHEMATIQUE AVANCEE
Laboratoire Associé au C.N.R.S.
7, rue René Descartes

67 - STRASBOURG

UNE REMARQUE SUR LES TEMPS DE RETOUR
TROIS APPLICATIONS

par J. AZÉMA

8.0. - DEFINITIONS ET NOTATIONS. - Soit $(\Omega, X_t, \theta_t, \underline{\underline{F}}_t, \zeta, P_x)$ un processus de Hunt à valeurs dans l'espace d'états E, localement compact à base dénombrable. On utilisera dans ce travail des résultats de la théorie générale des processus dus à différents Strasbourgeois. Je me référerai à l'exposé de Dellacherie (qui est à paraître chez Springer) pour ce qui concerne ces résultats. Les références à ce travail seront notées [TGP] . Je renvoie aussi à la bibliographie de ce livre pour l'attribution des différents résultats utilisés à leurs pères respectifs. Je pense que les lecteurs Strasbourgeois s'y retrouveront d'eux-même.

Comme il est courant dans la théorie des processus de Markov, nous aurons à considérer l'espace $(\Omega, \underline{\underline{F}}_\infty)$, muni d'une famille de probabilités. Nous ferons donc les conventions suivantes :

Soit m une probabilité sur E . Nous dirons que deux processus Z et Z' sont P_m- indistinguables si Z et Z' sont indistinguables par rapport à l'espace probabilisé $(\Omega, \underline{\underline{F}}_\infty, P_m)$. Nous dirons que deux processus Z et Z' sont indistinguables si, quelle que soit la mesure initiale m, Z et Z' sont P_m-indistinguables. On fera une convention analogue pour la notion d'ensemble négligeable : deux variables aléatoires sont dites presque sûrement égales si, quelle que soit la mesure initiale m, elles sont P_m-presque sûrement égales.

Les tribus $\underline{\underline{H}}^g$ et $\underline{\underline{H}}^d$. Nous appellerons $\underline{\underline{H}}^g$ (resp. $\underline{\underline{H}}^d$) la tribu sur $\Omega \times R_+$ engendrée par les processus mesurables Z, continus à gauche et limités à droite (resp. continus à droite), nuls sur $]\zeta, \infty[$ (resp. sur $[\zeta, \infty[$) et vérifiant la propriété suivante

(*) $\forall\, t \in R_+$ les processus $s \to Z_{s+t}$ et $s \to Z_s \circ \theta_t$ sont indistinguables sur $]0, \infty]$.

(resp. (* *) les processus $s \to Z_{s+t}$ et $s \to Z_s \circ \theta_t$ sont indistinguables).
On remarquera que si Z est $\underline{\underline{H}}^g$ (resp $\underline{\underline{H}}^d$)-mesurable, Z est constant sur $]\zeta,\infty[$ (resp. sur $[\zeta,\infty[$), et que $Z 1_{]o,\zeta]}$ (resp. $Z 1_{[o,\zeta[}$) vérifie la propriété (*) (resp. (**)). Dans la suite tous les processus $\underline{\underline{H}}^g$ (resp. $\underline{\underline{H}}^d$)-mesurables seront supposés être à support dans $]0,\zeta]$ (resp. dans $[0,\zeta[$) .

On définirait de même les processus $\underline{\underline{H}}^g$ et $\underline{\underline{H}}^d$ mesurables parfaits : ce sont les processus engendrés par les processus mesurables continus à gauche limités à droite (resp. continus à droite) nuls sur $]\zeta,\infty)$ (resp. sur $[\zeta,\infty)$) et vérifiant la propriété suivante :

Il existe un sous-ensemble N de Ω tel que si $\omega \notin N$, alors
$\forall\ t \geq 0 \forall s > 0\ Z_{s+t}(\omega) = Z_s \circ \theta_t(\omega)$ (resp. $\forall t \geq 0 \forall s \geq 0\, Z_{s+t}(\omega) = Z_s \circ \theta_t(\omega)$).

<u>TEMPS DE RETOUR</u>. Nous modifierons un peu la définition, due à NAGASAWA [6], d'un temps de retour. On appellera temps de retour une v.a. τ telle que $\forall t \in R_+$
$\tau \circ \theta_t = (\tau - t)^+$. p.s.
et on appellera temps de retour parfait ce que l'on appelle usuellement un temps de retour : il existe N, sous-ensemble négligeable de Ω, tel que

$$\forall\, \omega \notin N,\ \tau(\theta_t(\omega)) = (\tau(\omega) - t)^+ \text{ quelque soit } t \text{ dans } R_+ .$$

PROPOSITION. - <u>Une variable aléatoire</u> τ <u>est un temps de retour</u> $\leq \zeta$ <u>si et seulement si</u> τ <u>est la fin</u> *) <u>d'un ensemble</u> $\underline{\underline{H}}^g$ <u>mesurable</u> (<u>resp</u>. $\underline{\underline{H}}^d$<u>-mesurable</u>).

<u>DEMONSTRATION</u>. - Si τ est un temps de retour $\leq \zeta$, les ensembles $]0,\tau]$ et $[0,\tau[$ sont respectivement $\underline{\underline{H}}^g$ et $\underline{\underline{H}}^d$ - mesurables. Réciproquement il est facile de voir que la fin d'un ensemble $\underline{\underline{H}}^g$ ou $\underline{\underline{H}}^d$ mesurable est un temps de retour.

<u>Remarque</u>. - On peut énoncer la même proposition avec des ensembles $\underline{\underline{H}}^g$ et $\underline{\underline{H}}^d$ mesurables parfaits et des temps de retour parfaits.

*) La fin τ d'une partie A de $\Omega \times R_+$ est définie par
$$\tau(\omega) = \sup\{t \geq 0 \ :\ (\omega,t) \in A\} \quad (\text{avec } \sup \emptyset = 0)$$
c'est une variable aléatoire si A est mesurable.

DEFINITION. - *Si τ est un temps de retour, la tribu $\hat{\underline{\underline{F}}}_\tau$ des événements postérieurs à τ sera la classe des événements A de $\underline{\underline{F}}_\infty$ tels que*

$$\forall t \in R_+ \quad \theta_t^{-1}(A) \cap \{\tau > t\} = A \cap \{\tau > t\} \quad \text{p.s.}$$

Si τ est un temps de retour $\leq \zeta$ et Z un processus $\underline{\underline{H}}^d$ ou $\underline{\underline{H}}^g$ mesurable (ou même simplement vérifiant la propriété (*)), Z_τ et $\hat{\underline{\underline{F}}}_\tau$ - mesurable ; en effet

$$Z_\tau \circ \theta_s \, 1_{\{\tau > s\}} \underset{\text{p.s.}}{=} Z_{(\tau - s)^+ + s} \, 1_{\{\tau > s\}} \underset{\text{p.s.}}{=} Z_\tau \, 1_{\{\tau > s\}}$$

DEFINITIONS. - *Si $A \in \hat{\underline{\underline{F}}}_\tau$ et si τ est un temps de retour, $\tau 1_A$ est un temps de retour, que l'on notera τ^A. Si τ et τ' sont deux temps de retour $\leq \zeta$ on appellera cointervalle stochastique $]\tau, \tau']$ le sous-ensemble $\{(\omega,t) : \tau(\omega) < t \leq \tau'(\omega)\}$ de $\Omega \times R_+$; on définit de même les intervalles $[\tau, \tau'[$, $]\tau, \tau'[$, etc... On peut toujours supposer $\tau \leq \tau'$ quitte à remplacer τ par τ^A ; avec $A = \{\tau \leq \tau'\}$.*

8.1. - UNE HYPOTHESE DE TRANSIENCE

On fera l'hypothèse suivante :

Il existe une suite croissante σ_n de temps de retour parfaits tels que

a) $\forall_n \; \sigma_n < \infty$. p.s. b) $\lim\limits_n \uparrow \sigma_n = \zeta$. p.s. c) $\{\sigma_n < \zeta < \infty\} \downarrow \emptyset$ p.s.

Il est clair que cette hypothèse est vérifiée dès que ζ est fini (prendre $\sigma_n = \zeta$ pour tout n) ou même dès que le processus transie dans les compacts (prendre les derniers temps de visite d'une suite K_n de compacts convenable).

PROPOSITION. - *La tribu $\underline{\underline{H}}^g$ (resp. $\underline{\underline{H}}^d$) est engendrée par les co-intervalles stochastiques fermés à droite ouverts à gauche (resp. fermés à gauche ouverts à droite) et par l'intervalle $]\zeta, \infty)$ (resp. $[\zeta, \infty)$) .*

DEMONSTRATION. - Etudions le cas de $\underline{\underline{H}}^g$; il est clair que les co-intervalles $]\tau,\tau']$ sont dans $\underline{\underline{H}}^g$; il nous reste à montrer que tout processus $\underline{\underline{H}}^g$-mesurable Z continu à gauche, limité à droite, est engendré par les co-intervalles. Etudions tout d'abord le cas particulier suivant :

$$A \in \hat{\underline{\underline{F}}}_\tau \quad \text{et} \quad Z = (A \times R_+) \cap]0,\tau]$$

Dans ce cas $Z =]0,\tau^A]$, c'est donc un co-intervalle convenable ; on tire de là sans difficulté que si $(\tau_n)_{0 \leq n \leq \infty}$ est une suite décroissante de temps de retour et (Y_n) une suite de variables aléatoires $\hat{\underline{\underline{F}}}_{\tau_n}$-mesurables, le processus $Z = \sum_n Y_n 1_{]\tau_{n+1},\tau_n]}$ est dans la tribu engendrée par les co-intervalles stochastiques fermés à droite ouverts à gauche. Donnons nous alors un processus $\underline{\underline{H}}^g$-mesurable Z continu à gauche et limité à droite, et définissons par récurrence les temps de retour suivant :

$$\tau_0 = \sigma_0 \ldots\ldots \tau_{n+1} = \sup\{t \,;\, t \leq \tau_n \,;\, |Z_t - Z_{\tau_n}| > \varepsilon\} .$$

Le fait que les τ_n sont des temps de retour peut se montrer par récurrence de la manière suivante : supposons que τ_n soit un temps de retour et considérons τ_{n+1}. Le processus $|Z - Z_{\tau_n}| \, 1_{]0,\tau_n]}$ est $\underline{\underline{H}}^g$-mesurable ; τ_{n+1} est alors la fin d'un ensemble $\underline{\underline{H}}^g$-mesurable et est un temps de retour d'après la proposition 8.0. Comme Z est continu à gauche, $\tau_n > 0 \Rightarrow \tau_{n+1} < \tau_n$ p.s., et puisque Z est limité à droite, on a $\lim_n \tau_n = 0$ p.s. Posons $Z^\varepsilon = \sum_n Y_{\tau_n} 1_{]\tau_{n+1},\tau_n]}$; Z^ε étant mesurable par rapport à la tribu engendrée par les co-intervalles, il en est de même pour le processus $Z\, 1_{]0,\sigma_0]} = \lim_{\varepsilon \to 0} Z^\varepsilon$. Un raisonnement analogue prouverait le même résultat pour $Z\, 1_{]0,\sigma_n]}$ quelque soit n, donc pour $Z = \lim_{n \to \infty} Z\, 1_{]0,\sigma_n]}$.

b) En ce qui concerne le tribu $\underline{\underline{H}}^d$, la démonstration est plus simple : si Z est continu à droite $\underline{\underline{H}}^d$-mesurable on posera

$Z^\varepsilon = \sum_n Y_{(\sigma_0 - n\varepsilon)^+} 1_{[(\sigma_0 - (n+1)\varepsilon)^+ \,,\, (\sigma_0 - n\varepsilon)^+[}$, puis on montre que

$\lim_{\varepsilon \to 0} Z^\varepsilon = Z\, 1_{[0,\sigma_0[}$, d'où le résultat .

Remarque. - On montrerait de même que la tribu des ensembles $\underline{\underline{H}}^g$ - mesurables parfaits est engendrée par les co-intervalles stochastiques formés de temps de retour parfaits.

COROLLAIRES. - 1) Soit Z un processus $\underline{\underline{H}}^g$ - mesurable ; il existe un processus $\underline{\underline{H}}^g$ - mesurable Y parfait et prévisible tel que, quelle que soit la mesure initiale m , la projection prévisible de Z relativement à $(\Omega, (\underline{\underline{F}}_t^m), P_m)$ soit P_m - indistinguable de Y .

DEMONSTRATION. - Etudions d'abord le cas où $Z = 1_{]0,\tau]}$ où τ est un temps de retour. Désignons par $e^\tau(x)$ la fonction excessive $x \to P_x[\tau > 0]$; je dis que le processus $Y(\omega,t) = e^\tau(X_t)_-$ répond à la question : il est bien clair que Y est prévisible, $\underline{\underline{H}}^g$ - mesurable, parfait ; il reste à montrer que si m est une mesure initiale, la projection prévisible de Z est indistinguable de Y . Plaçons nous donc dans $(\Omega, (\underline{\underline{F}}_t^m), P_m)$ et considérons le potentiel d'équilibre de charge τ , c'est-à-dire la version continue à droite X^t du potentiel $P[\tau > t \mid \underline{\underline{F}}_t^m]$. Pour tout t on a $X_t^\tau = e^\tau(X_t)$. p.s. et , comme les deux membres sont continus à droite, X^τ est indistinguable du processus $t \to e^\tau(X_t)$. On a donc pour tout temps d'arrêt T , $X_T^\tau = e^\tau(X_T)$; mais d'après la proposition 1.2. de [1] $X_T^\tau = P_m[\tau > T \mid \underline{\underline{F}}_T^m]$. Soit maintenant T un temps d'arrêt prévisible ; il est clair que $X_{T-}^\tau = e^\tau(X_T)_- = P_m[\tau \geq T \mid \underline{\underline{F}}_{T-}^m]$, ce qui montre bien que Y est la projection prévisible de $1_{]0,\tau]}$; terminons alors la démonstration : l'ensemble des processus $\underline{\underline{H}}^g$ - mesurables Z auxquels on peut associer un processus Y possédant les propriétés de l'énoncé est un espace vectoriel stable pour l'opération de limite croissante et contenant les co-intervalles stochastiques ; c'est donc l'ensemble de tous les processus $\underline{\underline{H}}^g$ - mesurables. Il résulte en particulier du corollaire 1 que tout processus $\underline{\underline{H}}^g$ - mesurable prévisible est indistinguable d'un processus $\underline{\underline{H}}^g$ - mesurable prévisible parfait.

2) Si Z est H^d - mesurable, il existe une fonction presque borélienne f telle que, quelle que soit la mesure initiale m , la projection de Z sur la

tribu des bien mesurables est indistinguable des processus $(\omega,t) \to f(X_t(\omega))$.

DEMONSTRATION. - On refait le mouvement précédent avec cette fois ci des intervalles stochastiques de la forme $[0,\tau[$ dont la projection bien mesurable est $e^{\tau}(X)$

3) la restriction de $\underline{\underline{H}}^d$ à $\Omega \times]0,\infty[$ est contenue dans $\underline{\underline{H}}^g$.

DEMONSTRATION. - On peut en effet approcher un co-intervalle de la forme $[\tau,\tau'[$ par la suite $](\tau-\frac{1}{n})^+ , (\tau'-\frac{1}{n})^+]$.

8.2. - LE THEOREME DE SECTION

Soit Γ un ensemble $\underline{\underline{H}}^g$-mesurable, ϵ un réel >0, et m une mesure initiale ; il existe un temps de retour τ tel que

1) le graphe de τ soit contenu dans Γ

2) $P[\pi(\Gamma)] < P\{\tau>0\} + \epsilon$

où π désigne la projection de $\Omega \times R_+$ sur Ω .

DEMONSTRATION. - On recopie la démonstration donnée par Dellacherie dans (TGP IV paragraphe 2) pour les théorèmes de section par des temps d'arrêt, en remplaçant début par fin .

a) on appelle $\underline{\underline{J}}$ le pavage sur $\Omega \times R_+$ constitué par les réunions finies de co-intervalles stochastiques $]\tau,\tau']$; $\underline{\underline{J}}$ est une algèbre de Boole sur $\Omega \times R_+$. Puis on montre que la fin d'un élément de $\underline{\underline{J}}_{\delta}$ est un temps de retour. Le théorème IV - T 9 de [TGP] est encore valable :

il existe une variable aléatoire Y positive vérifiant les conditions suivantes :

a) $[Y] \subset \Gamma$

b) $P_m[\pi(\Gamma)] = P_m\{Y < +\infty\}$.

On désigne par μ la mesure bornée sur $\Omega \times R_+$ définie par la formule

$$\mu(f) = \int_{\{Y<\infty\}} f(\omega, Y(\omega))\, P_m(d\omega)$$

où f est un processus mesurable borné.

La mesure μ, portée par Γ, a pour masse $\mu(\Gamma) = P_m[Y < \infty]$, et si B est $\underline{\underline{H}}^g$-mesurable $\mu(B) = P_m[\pi(\Gamma \cap B]$. Comme $\underline{\underline{J}}$ engendre $\underline{\underline{H}}^g$, il existe $B \in \underline{\underline{J}}_\delta$ inclus dans Γ tel que $\mu(\Gamma) < \mu(B) + \varepsilon$; on a alors $P[\pi(\Gamma)] = \mu(\Gamma) < \mu(B) + \varepsilon = P[\pi(B)] + \varepsilon$. La fin τ de B est un temps de retour et son graphe $[\tau]$ est inclus dans B puisque B est intersection dénombrable d'ensembles qui sont des réunions finies de co-intervalles $]\tau'\tau'']$; τ vérifie les conditions du théorème.

Remarque. - On aurait un théorème analogue avec un ensemble $\underline{\underline{H}}^g$-mesurable parfait et des temps de retour parfaits.

COROLLAIRE 1. - Plaçons nous sous l'hypothèse d'absolue continuité (L) de Meyer, et désignons par ξ la mesure de base.

Soient Z^1 et Z^2 deux processus $\underline{\underline{H}}^g$-mesurables, et supposons que Z^1 et Z^2 soient P^ξ-indistinguables, alors les processus Z^1 et Z^2 sont indistinguables. (Nous supposons, comme il a été indiqué, que $Z_0^1 = Z_0^2 = 0$).

DEMONSTRATION. - Raisonnons par l'absurde, et supposons qu'il existe $x \in E$ tel que l'ensemble aléatoire $\{Z^1 \neq Z^2\}$ ne soit pas P_x-évanescent. Il existerait d'après le théorème de section un temps de retour τ tel que $[\tau] \subset \{Z^1 \neq Z^2\}$ et $P_x\{\tau > 0\} > 0$. Mais d'après l'hypothèse faite, on a $P_\xi\{\tau > 0\} = 0$; comme la fonction $x \to P_x\{\tau > 0\}$ est excessive, on a en vertu de l'hypothèse (L) $P_x\{\tau > 0\} = 0$ pour tout $x \in E$, d'où la contradiction.

COROLLAIRE 2. - Soient Z^1 et Z^2 deux processus $\underline{\underline{H}}^g$-mesurables bornés, m une mesure initiale. Si $E_m[Z_\tau^1 ; \tau > 0] = E_m[Z_\tau^2 ; \tau > 0]$, quelque soit le temps de retour τ, Z_τ^1 et Z_τ^2 sont P_m-indistinguables.

8.2. - PROPOSITION. - Soient m une mesure initiale, A et B deux fonctionnelles additives (non nécessairement adaptées) P^m-intégrables telles que, pour tout temps de retour τ, $E_m(A_\tau) = E_m(B_\tau)$; alors A et B sont P_m - indistinguables .

DEMONSTRATION. - Les processus $A - A_-$ et $B - B_-$ sont $\underline{\underline{H}}^g$ - mesurables, et l'on a pour temps de retour τ,

$$E_m(A_\tau - A_{\tau-} ; \tau > 0) = E_m(A_\tau - A_{\tau-}) = E_m(B_\tau - B_{\tau-}) = E_m(B_\tau - B_{\tau-} ; \tau > 0)$$

$A - A_-$ est donc indistinguable de $B - B_-$ et A et B ont donc même partie purement discontinue ; on peut donc se ramener au cas ou A et B sont continues. Soit σ un temps de retour pris dans la suite σ_n introduite en 8.1. ; introduisons les tribus $\hat{\underline{\underline{F}}}_t = \hat{\underline{\underline{F}}}_{(\sigma-t)^+}$, et posons $\hat{A}_t = A_\sigma - A_{(\sigma-t)^+}$, $\hat{B}_t = B_\sigma - B_{(\sigma-t)^+}$. $\hat{A}$ et $\hat{B}$ sont deux processus croissants continus adaptés à la famille $(\hat{\underline{\underline{F}}}_t)$. D'autre part si T est un temps d'arrêt de la famille $(\hat{\underline{\underline{F}}}_t)$, $(\sigma - T)^+$ est un temps de retour ; on peut donc écrire

$$E_m[\hat{A}_T] = E_m(A_\sigma - A_{(\sigma-T)^+}) = E_m[B_\sigma - B_{(\sigma-T)^+}] = E_m[\hat{B}_T] .$$

On a alors $A = B$ d'après [TGP] V - T 36 et T 37 . Faisons tendre t vers l'infini, il vient $A_\sigma = B_\sigma$ P_m - presque sûrement. Les processus A et B coincident alors sur $]0,\sigma]$, et ceci quelque soit σ pris dans la suite (σ_n) ; d'où le résultat.

8.3. - THEOREME DE MOTOO. - Plaçons nous sous l'hypothèse (L) de Meyer et appelons ξ la mesure de base

Soient A et B deux fonctionnelles additives naturelles admettant des potentiels U_A et U_B ξ - presque partout finis. Supposons que U_B soit spécifiquement majoré par U_A . Il existe un processus $Z \leq 1$, $\underline{\underline{H}}^g$ - mesurable et prévisible parfait, tel $B_t = \int_0^t Z(\omega,s)\,dA_s$. Si A est continue, il existe une fonction f , presque borélienne, telle que $B_t = \int_0^t f(X_s)\,dA_s$.

DEMONSTRATION. - On peut remplacer la mesure de base ξ par une probabilité équivalente à ξ telle U_A et U_B soient intégrables. Nous appellerons toujours ξ cette nouvelle mesure. On peut associer à A et B deux mesures sur $(\Omega \times R_+, \underline{\underline{H}}^g)$ en posant, si Y est $\underline{\underline{H}}^g$ - mesurable,

$$\int Y\,d\mu = E_\xi[\int_0^\infty Y(\omega,t)\,dA_t] \quad \text{et} \quad \int Y\,d\nu = E_\xi[\int_0^\infty Y(\omega,t)\,dB_t].$$

Appelons Z' une densité de Randon - Nikodym $\underline{\underline{H}}^g$ - mesurable inférieure à 1 de ν par rapport à μ, et comparons les fonctionnelles additives B et $Z' * A = C$ *). On a $E_\xi[C_T] = E_\xi[B_T]$ pour tout temps de retour ; d'après la proposition précédente $B = C = (Z' * A) = (Z' * A)^3 = {}^3Z' * A$ *). Enfin, en appliquant le corollaire 1) de la proposition 8.1., il existe un processus prévisible $\underline{\underline{H}}^g$ - mesurable Z, parfait, indistinguable de ${}^3Z'$; Z répond à la question.

Il reste à examiner le cas où A (et donc B) est continue ; on peut alors faire le raisonnement précédent sur $\underline{\underline{H}}^d$ au lieu de $\underline{\underline{H}}^g$; on aura encore

$$E_\xi[C_T] = E_\xi[\int_0^\infty 1_{]0,T]}(t)\,dC_t] = E_\xi[\int_0^\infty 1_{[0,T[}(t)\,dC_t]$$

$$= E_\xi[\int_0^\infty 1_{[0,T[}(t)\,dB_t] = E_\xi[\int_0^\infty 1_{]0,T]}(t)\,dB_t] = E_\xi[B_T]$$

Projetant la densité $\underline{\underline{H}}^d$ - mesurable Z' ainsi construite sur la tribu des bien - mesurables, on obtient le théorème de Motoo d'après le corollaire 2 de la proposition 8.1.

---

*) Rappelons les notations de [TGP] : $Z' * A$ désigne le processus croissant défini par $(Z' * A)_t = \int_0^t Z'_s\,A_s$, $(Z' * A)^3$ désigne la projection duale de ce processus croissant sur la tribu $\underline{\underline{T}}_3$ des ensembles prévisibles, et, enfin, ${}^3Z'$ désigne la projection du processus borné Z' sur $\underline{\underline{T}}_3$.

8.4. - UNE REMARQUE SUR LE RETOURNEMENT

Soit σ un temps de retour fini ; on peut définir une famille croissante et continue à droite de $\hat{\underline{\underline{F}}}_t^\sigma$ de la manière (classique) suivante

$$A\in\hat{\underline{\underline{F}}}_t^\sigma \Leftrightarrow \forall s\in R_+ \quad \theta_s^{-1}(A)\cap\{\sigma>s+t\} \underset{p.s.}{=} A\cap\{\sigma>s+t\}$$

(l'ensemble exceptionnel de mesure nulle sur lequel l'égalité précédente n'a pas lieu pouvant éventuellement dépendre de t) ; on appellera $(\hat{\underline{\underline{F}}}_t^{\sigma,m})$ la famille de tribus obtenue en complétant la famille $(\hat{\underline{\underline{F}}}_t^\sigma)$ par rapport à $\underline{\underline{F}}_\infty$ et à la probabilité P_m ; si Z est un processus mesurable, on notera $\hat{Z}$ le processus

$$Z_{(\sigma(\omega)-t)^+}(\omega)$$

on a la proposition suivante :

PROPOSITION. - Soit Z un processus mesurable ; supposons que $Z.1_{]0,\sigma]}$ soit $\underline{\underline{H}}^g$-mesurable ; alors $\hat{Z}$ est bien-mesurable relativement à la famille de tribus $(\hat{\underline{\underline{F}}}_t^\sigma)$. Si $Z\,1_{[0,\sigma[}$ est $\underline{\underline{H}}^d$-mesurable, le processus $\hat{Z}\,1_{]0,\infty]}$ est prévisible relativement à la famille $(\hat{\underline{\underline{F}}}_t^\sigma)$.

Réciproquement soit m une mesure initiale, et Z' un processus bien mesurable (resp. prévisible) relativement à la famille $(\hat{\underline{\underline{F}}}_t^{\sigma,m})$; il existe un processus Z P_m-indistinguable de Z' tel que $\hat{Z}$ soit $\underline{\underline{H}}^g$ (resp. $\underline{\underline{H}}^d$-mesurable).

DEMONSTRATION. - Soit Z un processus tel que $Z\,1_{]0,\sigma]}$ soit $\underline{\underline{H}}^g$-mesurable. Il suffit de raisonner dans le cas où Z est continu à gauche et limité à droite, $\hat{Z}$ est alors continu à droite limité à gauche ; montrons qu'il est adapté à la famille $(\hat{\underline{\underline{F}}}_t^\sigma)$; on a

$$(\hat{Z}_t\circ\theta_s)\,1_{\{\sigma>s+t\}} = (Z_{(\sigma-t)^+}\circ\theta_s)\,1_{\{\sigma>s+t\}} \underset{p.s.}{=} \hat{Z}_t\,1_{\{\sigma>s+t\}}$$

Le processus $\hat{Z}$ est donc bien-mesurable ; on démontrerait de même que si $Z\,1_{[0,\sigma[}$ est $\underline{\underline{H}}^d$-mesurable, $\hat{Z}\,1_{]0,\infty]}$ est prévisible relativement à la famille $(\hat{\underline{\underline{F}}}^{\sigma}_t)$.

Démontrons maintenant la réciproque. Supposons tout d'abord que Z' soit un intervalle stochastique $[T'_1, T'_2[$ (T'_1 et T'_2 sont deux temps d'arrêt de la famille $(\hat{\underline{\underline{F}}}^{\sigma,m}_t)$) ; il existe deux temps d'arrêt T_1 et T_2 de la famille $(\hat{\underline{\underline{F}}}^{\sigma}_t)$ tels que $P_m[T_1 \neq T'_1] = P_m[T_2 \neq T'_2] = 0$. Les variables aléatoires $(\sigma - T)^+$ et $(\sigma - T_2)^+$ sont des temps de retour, et le processus $1_{](\sigma - T_2)^+,\,(\sigma - T_1)^+]}$ répond à la question.

Remarque. - On peut évidemment déduire le théorème de section 8.2. de la proposition précédente.

8.5. - PROPOSITION. - Soit A une fonctionelle additive (non nécessairement adaptée) intégrable. Le processus croissant continu à gauche $\hat{A}$ défini par l'égalité $\hat{A}_t = A_\sigma - A_{(\sigma - t)+}$ est adapté à la famille $(\hat{\underline{\underline{F}}}^{\sigma}_t)$. Réciproquement si un processus croissant $\hat{A}$, continu à gauche, intégrable, est adapté à $(\hat{\underline{\underline{F}}}^{\sigma,m}_t)$, alors le processus croissant A défini par la formule $A_t = \hat{A}_\sigma - \hat{A}_{(\sigma-t)+}$ est P_m-indistinguable d'une fonctionnelle additive.

DEMONSTRATION. - La première partie de cette proposition a déjà été vue en 8.2. Pour démontrer la réciproque, considérons le processus $A_\infty - A_t$; on a $A_\infty - A_t = \hat{A}_\sigma - (\hat{A}_\sigma - \hat{A}_{(\sigma-t)+}) = \hat{A}_{(\sigma-t)+}$. D'après la proposition précédente $A_\infty - A_t$ est P_m-indistinguable d'un processus $\underline{\underline{H}}^d$-mesurable, ce qui montre que A est indistinguable d'une fonctionnelle additive.

8.6. - PROPOSITION. - Soit A une fonctionnelle additive non adaptée admettant un potentiel fini. Il existe une fonctionnelle additive naturelle B telle que, quelle que soit la mesure initiale, la projection duale prévisible du processus croissant A soit indistinguable de B .

DEMONSTRATION. - Cette proposition n'est rien d'autre que le théorème de représentation de Meyer : la fonction $x \to E_x[A_\infty]$ est un potentiel fini de la classe (D). La fonctionnelle additive naturelle B engendrant ce potentiel répond à la question.

8.7. - THEOREME. - Plaçons nous sous l'hypothèse (L) de Meyer, et désignons par ξ la mesure de base. Soit B un borélien finement parfait de l'espace d'état E d'un processus de Hunt ; B est le support fin d'une fonctionnelle additive continue, adaptée, de potentiel borné.

DEMONSTRATION. - Considérons l'ensemble aléatoire Γ fermeture de l'ensemble aléatoire $\{(\omega,t) ; X_t(\omega) \in B\}$ des impacts de X dans B. Il est facile de voir que Γ est $\underline{\underline{H}}^g$-mesurable. Raisonnons alors sur le triplet $(\Omega,(\hat{\underline{\underline{F}}}_t^{\zeta,\xi}), P_\xi)$ où ζ est la durée de vie du processus que l'on supposera finie, quitte à raisonner sur un λ-processus. L'ensemble $\hat{\Gamma}$ est alors bien mesurable relativement à la famille $(\hat{\underline{\underline{F}}}_t^{\zeta,\xi})$, et est parfait. D'après un théorème de Dellacherie (TGP, VI-T 38) il existe un processus croissant $\hat{A}$ continu, borné, adapté à la famille $(\hat{\underline{\underline{F}}}_t^{\zeta,\xi})$ et admettant $\hat{\Gamma}$ pour support ; la proposition 8.5. nous dit alors que le processus $A'_t = A_\sigma - A_{(\sigma-t)^+}$ est P_ξ-indistinguable d'une fonctionnelle additive A non adaptée. Comme $\hat{A}$ est borné, A' est borné et l'on peut prendre A bornée. On applique alors la proposition 8.6., et l'on voit qu'il existe une fonctionnelle additive naturelle C indistinguable de la projection duale prévisible de A. Regardons alors quelles sont les propriétés de C.

a) Il est clair que le processus croissant A' est P^ξ-presque sûrement continu ; il en est donc de même du processus A. Le processus $(A - A_-)$ est donc P^ξ indistinguable de 0 et est $\underline{\underline{H}}^g$-mesurable ; d'après le corollaire 1 du théorème de section il est évanescent, ce qui montre que la fonctionnelle additive A est continue. Le potentiel $x \to E_x[A_\infty]$ est alors régulier ; il en résulte que C est continue.

b) Comme A est continue, C est aussi la projection duale bien mesurable de A ; on peut en effet écrire si Z est un processus bien mesurable borné

$$E_\xi [\int_0^\infty Z_t \, dA_t] = E_\xi [\int_0^\infty {}^3Z_t \, dA_t] = E_\xi [\int_0^\infty {}^3Z_t \, dC_t] = E_\xi [\int_0^\infty Z_t \, dC_t]$$

(La première et la dernière égalité résultant du fait que l'ensemble $\{Z \neq {}^3Z\}$ est une réunion dénombrable de graphes de temps d'arrêt). Montrons alors que C admet Γ pour support, P_ξ - presque sûrement :

On a $1_\Gamma * A = A$. Projetons cette égalité sur la tribu des bien-mesurables et utilisons le théorème (V-T 31) de TGP, il vient : $1_\Gamma * C = C$, ce qui montre que C est porté par Γ. D'autre part si Γ' est un fermé bien mesurable strictement inclus dans Γ on a

$1_{\Gamma-\Gamma'} * A \neq 0$ d'où $1_{\Gamma-\Gamma'} * C \neq 0$, ce qui montre que Γ est bien le support de C relativement à P_ξ. Il en résulte que Γ et le support de C sont P^ξ - indistinguable ; comme il s'agit de deux $\underline{\underline{H}}^g$ - mesurables, c'est qu'ils sont indistinguables.

Il en résulte aisément que C admet B pour support fin.

8.8. - ENSEMBLES PROJECTIFS

Rappelons que Motoo a défini comme suit les ensembles projectifs : un sous-ensemble presque borélien Γ de E est dit projectif si la réduite sur Γ de tout λ - potentiel régulier de la classe (D) est encore régulière ; on sait que tout compact K tel que $K = K_r$ à un ensemble polaire près est projectif (cf. [3]). Nous allons supposer ici qu'il y a deux processus de Hunt X et $\hat{X}$ en dualité, et nous allons donner une condition plus faible pour qu'un ensemble soit projectif, et qui sera nécessaire et suffisante.

LEMME. - <u>Soit</u> A <u>un ensemble presque borélien finement fermé de</u> E. ; <u>notons</u> A^c <u>la fermeture cofine de</u> A, <u>et</u> Γ <u>l'ensemble aléatoire</u> $\{(\omega,t) \; ; \; X_{t-}(\omega) \in A\}$.

<u>L'ensemble aléatoire</u> $\Gamma' = \{(\omega,t) : X_{t-}(\omega) \in A^c\}$ <u>est alors le plus petit ensemble</u> $\underline{\underline{H}}^g$<u>-mesurable contenant la fermeture à gauche de</u> Γ.

DEMONSTRATION. - On sait d'après un résultat de Weil [8] que Γ' est fermé à gauche. Appelons Γ^g la fermeture à gauche de Γ ; on a donc $\Gamma' \supset \Gamma^g$. Raisonnons par l'absurde et supposons que l'énoncé du lemme soit en défaut pour une mesure P_{x_o}. Il existerait alors un temps de retour τ dont le graphe serait contenu dans $\Gamma' - \Gamma^g$ et tel que $P_{x_o}\{\tau > 0\} > 0$; considérons alors la fonctionnelle additive naturelle B engendrant le potentiel $u(x) = P_x\{\tau > 0\}$. D'après les résultats de [1], B est portée par $A^c - A$; en effet on peut écrire

$$E_x\left[\int_o^\infty 1_{A^c}(X_t)\, dB_t\right] = P_x[X_{\tau^-} \in A^c ; \tau > 0] = u(x)$$

$$\text{et} \quad E_x \int_o^\infty 1_A(X_t)\, dB_t = P_x[X_{\tau^-} \in A ; \tau > 0] = 0 .$$

Or, d'après un résultat de Azéma - Duflo - Revuz [2] dont on trouvera une démonstration détaillée dans [7], on peut associer à B une mesure ν_B sur E telle que u soit le potentiel de la mesure ν_B. D'après ce qui précède ν_B est portée par les points co-réguliers de A ; il en résulte que $P_A u$ qui, d'après la formule de dualité de Hunt, est le potentiel de la mesure $\nu_B \hat{P}_A$, est égale à u ; à fortiori $\bar{P}_A u = u$ ($\bar{P}_A u$ désigne la réduite extérieure de u sur A). Mais si l'on se reporte à l'interprétation de la réduite extérieure donnée précédemment dans [1], on voit que u est le potentiel d'équilibre de charge $\bar{L}^A_\tau$ où l'on a posé

$$\bar{L}^A(\omega,t) = \sup\{s \, ; \, s \leq t \, ; \, X_{s-}(\omega) \in A\} .$$

u serait donc à la fois le potentiel d'équilibre d'un temps de retour τ dont le graphe n'appartiendrait pas à Γ^g, et d'un temps de retour $\bar{L}^A_\tau$ dont le graphe est contenu dans Γ^g ; on en tire une contradiction, puisqu'on aurait alors pour la loi P_{x_o}

$$0 = E_{x_o}\left[\int_o^\infty 1_{\Gamma^g}(\omega,t)\, dB_t(\omega)\right] = P_{x_o}\{\bar{L}^A_\tau \in \Gamma^g \, ; \, \bar{L}^A_\tau > 0\} = P_{x_o}\{\tau > 0\} > 0 .$$

On peut alors énoncer le théorème suivant, qui caractérise les ensembles projectifs.

THEOREME. - Soit Γ un sous-ensemble presque-borélien de E ; Γ est projectif si et seulement si la fermeture cofine de sa fermeture fine ne diffère de l'ensemble Γ_r que par un ensemble polaire.

DEMONSTRATION. - Si $\tilde{\Gamma}$ est la fermeture fine de Γ la réduite d'une fonction excessive sur Γ est égale à la réduite sur $\tilde{\Gamma}$. D'autre part $\tilde{\Gamma}_r = \Gamma_r$; de ces deux remarques il résulte qu'il suffit de démontrer le théorème dans le cas ou Γ est un fermé fin ; ce que nous supposerons.

a) Supposons que la fermeture cofine Γ^c de Γ ne diffère de Γ_r que pour un ensemble polaire ; soit u un potentiel de fonctionnelle additive continue. D'après le résultat de Azéma - Duflo - Revuz rappelé précédemment u est le potentiel d'une mesure ν et $P^\lambda_\Gamma u$ est le potentiel de la mesure $\nu \hat{P}^\lambda_\Gamma$. Il en résulte que la fonctionnelle B associée à P^λ_Γ est portée par Γ^c et donc par Γ (d'après l'hypothèse). Il suffit alors d'appliquer le théorème 7 - 12 de [1] : Γ_r est contenu dans $\{P^\lambda_\Gamma u = u\}$, donc B est continue.

b) Réciproquement supposons que Γ soit un fermé fin projectif, montrons qu'il satisfait aux conditions de l'énoncé. Raisonnons par l'absurde et supposons que $\Gamma^c - \Gamma_r$ n'est pas polaire ; comme on est sous l'hypothèse (B), cet ensemble n'est pas non plus polaire à gauche ; autrement dit, il existe $x_o \in E$ tel que pour la loi P_{x_o}, l'ensemble aléatoire $C = \{(\omega,t) ; X_{t-}(\omega) \in \Gamma^c - \Gamma\}$ ne soit pas évanescent. Appelons alors e^λ_Γ la fonction $x \to E_x e^{-\lambda T_\Gamma}$. D'après l'hypothèse e^λ_Γ est un potentiel régulier de la classe (D).

On a vu que la surmartingale $e^{-\lambda t} e^\lambda_\Gamma(X_t)$ était la réduite extérieure de $e^{-\lambda t}$ sur l'ensemble aléatoire $H = \{(\omega,t)\} ; X_{t-}(\omega)$; c'est donc aussi la réduite extérieure de $e^{-\lambda t}$ sur la fermeture à gauche H^g de H.

On sait alors d'après [1] que $e^\lambda_\Gamma(X_t)_- = 1$ sur H^g et, d'après le lemme précédent, cela entraîne $\{e^\lambda_\Gamma(X)_- = 1\} \supset \{X_- \in \Gamma^c\}$, puisque $e^\lambda_\Gamma(X)_-$ est $\underline{\underline{H}}^g$-mesurable .

BIBLIOGRAPHIE

[1] J. AZÉMA - Quelques applications de la théorie générale des processus (à paraître)

[2] J. AZÉMA, M. KAPLAN - DUFLO, D. REVUZ - Comptes rendus T-267 p. 313-315 (19 Août 1968)

[3] R.M. BLUMENTHAL and R.K. GETOOR - Markov Processes and potential theory (Academic Press 1968)

[4] C. DELLACHERIE - La théorie générale des processus. (à paraître) Springer

[5] P.A. MEYER - Processus de Markov. Lecture notes in Mathematics 26. Springer Heidelberg 1967

[6] NAGASAWA - Nagoya Journal of Mathematics T. 24 p. 177-204 (1964)

[7] D. REVUZ - Trans. Amer Math. Soc 148 1970 p. 517

[8] M. WEIL - Z. Wahrscheinlichkeits theorie Geb - 12 (1969) 75-86

Université de Strasbourg 1970/71

Séminaire de Probabilité

p-VARIATION DE FONCTIONS ALÉATOIRES

1ère partie: SÉRIES DE RADEMACHER

par Jean Bretagnolle

I. Introduction : Soit f une fonction réelle définie sur R ou Z , $[a,b]$ un intervalle (de $\mathbb{R}$ ou $\mathbb{Z}$); on note $\mathcal{P}_{a,b}$ la famille des partitions finies de $[a,b]$, soit des $P=\{t_o,t_1,..,t_k | k=k(P)\in\mathbb{N}; a=t_o<<t_1<..<t_k=b\}$, avec $t_i\in\mathbb{R}$ ou $\mathbb{Z}$ suivant le cas; on définit alors, pour $p>0$, la p-variation de f sur $[a,b]$, notée $W^p(f)_a^b$ par:

$$(I) \quad W^p(f)_a^b = \sup_{P\in\mathcal{P}_{a,b}} \left\{ \sum_{t_i\in P;\, 0\leq i<k(P)} |f(t_{i+1})-f(t_i)|^p \right\}.$$

Si la fonction n'est définie que sur $[a_o,b_o]$, on peut toujours la prolonger par constance et continuité en dehors de $[a_o,b_o]$, de sorte que la p-variation est définie pour tout couple a,b, avec a<b.

Dans cette première partie, on se donne une suite ε_i de Rademacher (variables indépendantes, $P\{\varepsilon_i=1\}=P\{\varepsilon_i=-1\}=\frac{1}{2}$), une suite de réels a_i ($i\in N$), et on définit la fonction aléatoire S par $S(n) = \sum_{i\leq n} a_i.\varepsilon_i$; la p-variation de cette fonction est alors une v.a. et

Théorème 1 :si $p\in)0,2($,il existe une constante M_p, ne dépendant que de p, telle que:

$$\sum_{a<i\leq b} |a_i|^p \leq E\{ W^p(S)_a^b \} \leq M_p.[\sum_{a<i\leq b} |a_i|^p] \quad .$$

Remarques : le résultat est faux pour $p=2$, comme on le verra dans la deuxième partie. Il est évident pour $0<p\leq 1$, avec $M_p=1$, car dans ce cas $|a+b|^p \leq |a|^p+|b|^p$, donc la partition qui réalise le sup est la partition certaine la plus fine possible. Donc dans la suite, $1<p<2$.

***

II. Notations et résultats préliminaires

- i,j,k,m,n,u,v, sont des entiers positifs ou nuls ;
- la notation $f(a,b,..) \lesssim g(a,b,..)$ signifie qu'il existe une constante C ne dépendant pas de $a,b,..$ telle que $f(a,b,..) \leq Cg(a,b,..)$ et $f \approx g$ que $f \lesssim g$ et $g \lesssim f$. (les constantes peuvent dépendre de p)
- si M et N sont deux fonctions aléatoires définies sur le même espace de probabilité, on a l'inégalité

$$(W) : \quad W^p(M+N)^b_a \text{ et } W^p(M+N)^b_a \lesssim W^p(M)^b_a + W^p(N)^b_a \ .$$

(pour chaque partition, on utilise terme à terme l'inégalité $|a\pm b|^p \leq 2^{p-1}[|a|^p+|b|^p]$, on prend le sup à droite, puis à gauche).

- Inégalités de Paul Lévy : les $a_i\varepsilon_i$ sont des v.a. symétriques, indépendantes, et si désormais on note S_i^j la quantité $S(j)-S(i)$, S^{*j}_i la quantité $\sup\limits_{i<k\leq j} |S_i^k|$, on a les inégalités suivantes:

$$(P.L.1): \quad P\{ S^{*j}_i > x\} \leq 2P\{ |S_i^j| > x\} \qquad \text{d'où}$$

$$(P.L.2): \quad E\{(S^{*j}_i)^p\} \lesssim E\{ |S_i^j|^p\} \ .$$

- Inégalité de Bienaymé-Tchébichev : on l'utilisera sous la forme :

$$(B.T.): \quad P\{ |S_i^j|^p > 2^v\} \leq \sum_{i<k\leq j} \omega_v(a_k), \text{ où } \omega_v(a) = \mathrm{Inf}(a^2 2^{-2v/p}, 1)$$

où les ω ont les propriétés suivantes :

$$(\Omega.1) : \omega_v(a+b) \lesssim \omega_v(a) + \omega_v(b)$$

$$(\Omega.2) : \text{si } a \geq 1, \sum_{v \geq 0} 2^v.\omega_v(a) \lesssim |a|^p$$

$$(\Omega.3) : \omega_v(a) \eqsim \omega_{v+1}(a) .$$

- En complétant éventuellement par des 0 la suite des a_i, $a<i\leq b$, on peut toujours supposer, ce qu'on fait dans la suite, que i varie entre 0 et 2^n pour un n de $\mathbb{N}$.

- <u>L'inégalité fondamentale</u> : Ecrivons maintenant W_i^j au lieu de $W^p(S)_i^j$ Les partitions de $[0,2^n]$ étant en nombre fini, le sup dans la formule (I) est atteint par une partition <u>aléatoire</u> $P(\omega)$ dont je privilégie l'intervalle $t_g(\omega),t_d(\omega)$ contenant le milieu $2^{n-1}(t_g < 2^{n-1} < t_d)$:

ainsi $$W_0^{2^n} = \sum_{0=s_0(\omega)<s_1(\omega)<..<s_k(\omega)=t_g(\omega)} |S_{s_i}^{s_{i+1}}|^p + |S_{t_g(\omega)}^{t_d(\omega)}|^p + \sum_{t_d(\omega)=t_0(\omega)<t_1(\omega)<..<t_m(\omega)=2^n} |S_{t_j}^{t_{j+1}}|^p = G(\omega) + |S_{t_g}^{t_d}|^p + D(\omega)$$

Mais $G(\omega) + |S_{t_g}^{2^{n-1}}|^p \leq W_0^{2^{n-1}}$ et aussi $G(\omega) + \Sigma_{t_g}^{2^{n-1}} |a_i|^p \leq W_0^{2^{n-1}}$, puisque dans les deux cas il s'agit de partitions particulières de $[0,2^{n-1}]$; on a des inégalités semblables à droite et il vient:

$$\text{(IIa)}\ W_0^{2^n} - W_0^{2^{n-1}} - W_{2^{n-1}}^{2^n} \leq |S_{t_g}^{t_d}|^p - |S_{t_g}^{2^{n-1}}|^p - |S_{2^{n-1}}^{t_d}|^p.$$

$$\text{(IIb)}\ W_0^{2^n} - W_0^{2^{n-1}} - W_{2^{n-1}}^{2^n} \leq |S_{t_g}^{t_d}|^p - \Sigma_{t_g}^{t_d} |a_i|^p \qquad .$$

L'idée de la démonstration est de découper le segment initial en 2 morceaux, puis en 4, etc , en majorant la somme des espérances des termes résiduels en utilisant soit (IIa) soit (IIb).

<u>III. Un cas particulier</u> : C'est celui où les a_i sont tous égaux à 1. Dans (IIa) on majore le membre de droite par $2^p[S^{*2^n}_0]^p$, dont l'espérance se majore, d'après (P.L.2), par $E\{\ |S_0^{2^n}|^p\}$, ce dernier majoré par $2^{np/2}$(pour une v.a. $\|X\|_p \leq \|X\|_2$ si $p<2$). On a donc :

$$E\{\ W_0^{2^n} - W_0^{2^{n-1}} - W_{2^{n-1}}^{2^n}\} \lesssim 2^{np/2}.$$

Pour $n=0$, $W=1$; maintenant on découpe chaque moitié en deux,..., au rang k on a 2^k termes correctifs, chacun majoré par $2^{(n-k)p/2}$, et donc

$$E\{W_0^{2^n}\} - 2^n \lesssim \sum_{1\leq k\leq n} 2^k.2^{(n-k)p/2} \leq 2^n . \sum_{v\geq 0} 2^{-v(1-p/2)} .$$

On a bien montré que pour $p < 2$, pour les a tous égaux (on passe de 1 à une valeur commune quelconque par homogénéité de la fonction puissance), il existe une constante C_p telle que

$$E\{\ W_0^{2^n}\} \leq C_p . \sum_{0<i\leq 2^n} |a_i|^p .$$

<u>IV.Majoration dans le cas général</u> : En fait, on suppose ici que les a_i sont positifs, ce qui n'est pas une limitation, et tous minorés par 1. Définissons maintenant la v.a. entière $\bar{T}$ par

$$\{\ \bar{T} = 2^n\} = \{\ |S_{2^{n-1}}^{2^n}|^p \geq 2^{n-2}\} \quad \text{sinon}$$

$$\{\ 2^{n-1} < \bar{T} \leq m\} = \bigcap_{m<j\leq 2^n} \{\ |S_{2^{n-1}}^{j}|^p < \tfrac{1}{2}(j-2^{n-1})\} \quad \text{pour } 2^{n-1} \leq m < 2^n.$$

$\bar{T}$ n'est pas un temps d'arrêt, c'est le <u>dernier</u> instant où une famille d'inégalités est vérifiée; $\bar{T}$ ne dépend que des ε_i d'indice $> 2^{n-1}$ et est en particulier indépendant de $\underline{T}$ défini par symétrie autour du milieu : $\{\underline{T}=0\} = \{\ |S_0^{2^{n-1}}|^p \geq 2^{n-2}\}$, $\{m \leq \underline{T} < 2^{n-1}\} = \bigcap_{0<j<m} \{|S_j^{2^{n-1}}|^p < \tfrac{1}{2}(2^{n-1}-j)\}$ pour $0<m<2^{n-1}$, qui lui ne dépend que des 2^{n-1} premières Rademachers.

Notons C_n l'évenement $\{\underline{T} > 0\} \cap \{\overline{T} < 2^n\}$, et V_n la quantité $W_0^{2^n} - W_0^{2^{n-1}} - W_{2^{n-1}}^{2^n}$, dont on se propose d'évaluer l'espérance.

A. Evaluation de $E\{V_n . 1_{C_n}\}$: reprenons le second membre de (IIb): $|S_{t_g}^{t_d}|^p - \Sigma_{t_g}^{t_d} a_i^p \leqq 2[\ |S_{2^{n-1}}^{t_d}|^p - \frac{1}{2}(t_d - 2^{n-1}) + |S_{t_g}^{2^{n-1}}|^p - \frac{1}{2}(2^{n-1} - t_g)]$, d'après l'inégalité $|a+b|^p \leqq 2|a|^p + 2|b|^p$ et le fait que les a_i sont tous plus grands que 1; si $t_d > \overline{T}$, $|S_{2^{n-1}}^{t_d}| - \frac{1}{2}(t_d - 2^{n-1}) \leqq 0$, d'après la définition de $\overline{T}$, donc un majorant de cette quantité est toujours $|S^*{}_{2^{n-1}}^{\overline{T}}|^p$, de même à gauche: on est ramené à l'évaluation de $E\{\ 1_{C_n} . |S^*{}_{2^{n-1}}^{\overline{T}}|^p\}$; pour ce terme droit, on majore 1_{C_n} par $\Sigma 1_{B_k}$, $B_k = \{2^{n-1} + 2^k \leqq \overline{T} < 2^{n-1} + 2^{k+1}\}$ $(0 \leqq k \leqq n-2)$;

- Sur B_k et $|S^*\ |^p \leqq 2^{k+3}$, on majore ($\lesssim$) par $2^k P\{B_k\}$, mais B_k entraîne que $|S^*{}_{2^{n-1}}^{2^{n-1}+2^{k+1}}|^p \geqq 2^{k-1}$ (sinon $\overline{T}$ déja supposé inférieur à $2^{k+1} + 2^n$, le serait aussi à $2^{n-1} + 2^k$); en utilisant PL2 et BT on obtient la majoration

$$(1) \qquad \sum_{k<n-1} 2^k . \sum_{2^{n-1} \leqq i \leqq 2^{n-1} + 2^{k+1}} \omega_k(a_i) .$$

- Sur B_k et $|S^*\ |^p > 2^{k+3}$, si on appelle R_v le temps d'arrêt $R_v = \mathrm{Inf}\ \{j \mid |S_{2^{n-1}}^j|^p > 2^v\}$, pour $v \geqq k+3$ on a la chaîne d'implications : $B_k \cap \{|S^*{}_{2^{n-1}}|^p > 2^v\} \Longrightarrow \{|S_{2^{n-1}}^{2^{n-1}+2^{k+1}}|^p < 2^k\} \cap \{R_v < 2^{n-1} + 2^{k+1}\}$ $\Longrightarrow \{R_v < 2^{n-1} + 2^{k+1}\} \cap \{|S_{R_v}^{2^{n-1}+2^{k+1}}|^p > 2^{v-1} - 2^k \geqq 2^{v-2}\}$ (en utilisant l'inégalité $|a-b|^p \geqq \frac{1}{2}|a|^p - |b|^p$) ; pour évaluer la probabilité de ce dernier évenement, on remarque que R_v et $S_{R_v}^{2^{n-1}+2^{k+1}}$ sont indépendants: cette probabilité $P = \sum_m P\{R_v = m\} . P\{ |S_m^{2^{n-1}+2^{k+1}}|^p \geq 2^{v-2}\} \lesssim$

$\sum_m P\{R_v = m\} . \sum_{m+1 \leq j \leq 2^{n-1}+2^{k+1}} \omega_v(a_j)$ (d'après BT et Ω3) =

$\sum_m \omega_v(a_{m+1}) . P\{R_v \leq m\}$: on réutilise BT pour obtenir tout compte fait

$$(2) \quad \sum_{k<n-1, k<v} 2^v . \sum_{i \neq j, 2^{n-1} \leq i, j \leq 2^{n-1}+2^{k+1}} \omega_v(a_i)\omega_v(a_j) .$$

(Le point délicat était d'écarter en vue de la suite les termes carrés i=j). Naturellement, il faudra rajouter tout à l'heure les termes symétriques correspondant à $S_{t_g}^{2^{n-1}}$.

<u>B.Evaluation de $E\{V_n . 1_{C'_n}\}$</u> : on va supposer que $|S_{2^{n-1}}^{t_d}|^p \geq |S_{t_g}^{2^{n-1}}|^p$, (on rétablira ensuite la symétrie) et utiliser (IIa) combinée avec l'inégalité $|a+b|^p - |a|^p - |b|^p \lesssim |b| . |a|^{p-1}$, si $|b| \lesssim |a|$.

- sur $|S_{2^{n-1}}^{t_d}|^p \leq 2^n$, on majore par $2^n . P\{\overline{T} = 2^n\} + 2^n P\{\underline{T} = 0\}$ puisqu'on est sur C'_n complémentaire de C_n, soit par $2^n . \sum_i \omega_n(a_i)$

- sur $|S_{t_g}^{2^{n-1}}|^p \leq 2^n$ <u>et</u> $|S_{2^{n-1}}^{t_d}|^p \in]2^v, 2^{v+1}]$, de probabilité majorée par $P\{ |S^{*2^n}_{2^{n-1}}|^p > 2^v\}$, soit, d'après PL2 et BT , par $\sum_{2^{n-1} \leq i \leq 2^n} \omega_v(a_i)$, par $2^{n/p+v-v/p} . \sum_i \omega_v(a_i)$.

- sur $|S_{t_g}^{2^{n-1}}|^p \in]2^k, 2^{k+1}]$ <u>et</u> $|S_{2^{n-1}}^{t_d}|^p \in]2^v, 2^{v+1}]$, avec $n \leq k \leq v$, on remarque que cet évenement entraîne l'évenement $|S_0^{*2^{n-1}}| \geq 2^n$ <u>et</u> $|S^{*2^n}_{2^{n-1}}|^p \geq 2^n$, mais maintenant les deux facteurs sont indépendants, on majore la probabilité par $\sum_{i \neq j} \omega_v(a_i)\omega_k(a_j)$, la valeur par $2^{k/p+v-v/p}$

<u>C.Total général</u> : Il vient en regroupant tous les termes:

$$(\mathrm{III}) : E\{ W_0^{2^n} - W_0^{2^{n-1}} - W_{2^{n-1}}^{2^n} \} \lesssim P_n + Q_n + R_n + S_n \quad \text{où}$$

$$P_n = \sum_{k \leqq n;\, |i-2^{n-1}| \leqq 2^k} 2^k . \omega_k(a_i) .$$

$$Q_n = \sum_{k \leqq n;\, k \leqq v;\, i \neq j,\, |i,j-2^{n-1}| \leqq 2^k} 2^v . \omega_v(a_i) . \omega_v(a_j) .$$

$$R_n = \sum_{n \leqq v;\, 0 < i \leqq 2^n} 2^{n/p+v-v/p} . \omega_v(a_i) .$$

$$S_n = \sum_{n \leqq k \leqq v;\, 0 < i \neq j \leqq 2^n} 2^{k/p+v-v/p} . \omega_v(a_i) . \omega_k(a_j) .$$

tout ceci valable pour $a_i \geqq 1$ pour touti

(on a regroupé certains termes, et fait usage d'équivalences multiplicatives du genre $2^k \omega_k(a) \approx 2^{k+1} \omega_{k+1}(a)$ ...)

***

<u>V Régularisation de la suite a_i</u> : la majoration précédente ne peut être appliquée telle quelle à la suite $A = \{ a_i \}$

- On commence par supposer que i varie entre 1 et $2^{n'}$, que les a_i sont positifs et que $\Sigma\, a_i^{\,p} = 2^{n'}$ (on peut toujours se ramener à ce cas en les multipliant par un même nombre) et on se propose de démontrer qu'alors $E\{ W^p(A)_o^{2^{n'}} \} \leqq M_p . 2^{n'}$, ce qui démontre le Théorème.
- On construit maintenant la suite $B = \{ b_i \}$ de même longueur $2^{n'}$ en posant $b_i = 1 + a_i$; alors $b_i \geqq 1$ et $\sum_i b_i^{\,p} \in [\, 2^{n'}, 2^{n'+2}]$ (évident).
- On plonge B dans la suite C ainsi fabriquée: si $b_i^{\,p} \in]2^k, 2^{k+1}]$, on entoure b_i de chaque coté de 2^{k+1} termes supplémentaires égaux à 1, tout en respectant l'ordre des b_i : par exemple, si $B = \{ 1, 3^{1/p}, 4^{1/p}, 1 \}$ alors $C = \{ \underbrace{1, \underline{1}, 1,}\underbrace{1, 1, 1, 1, \underline{3^{1/p}}, 1, 1, 1, 1,}\underbrace{1, 1, 1, 1, \underline{4^{1/p}}, 1, 1, 1, 1,}\underbrace{1, \underline{1}, 1,}$;

Comme on rajoute au plus $2.2.\Sigma b_i^{\ p}$ termes égaux à 1, soit moins de $2^{n'+4}$, on complète par des 1 à la longueur $2^{n'+4}$; on notera dans la suite $\underline{B}$ (termes exceptionnels) l'image de B par ce plongement, en remplaçant par des 0 les 1 ajoutés:ainsi dans l'exemple, $\underline{B}=\{0,1,0,0,0,0,0,3^{1/p},0,..,0,1,0,...\}$;$\underline{B}$ désigne aussi les numéros d'ordre des termes exceptionnels : $\underline{B} = 2,8,17,23$.

Propriétés de $C = \{c_j\}$:sa longueur est $2^{n'+4}(\ 0<j\leqq 2^{n'+4})$; $\sum_j c_j^{\ p} \in [2^{n'+4},2^{n'+5}]$, $c_j \geqq 1$, et les valeurs exceptionnelles sont <u>séparées</u> au sens suivant :

si $j \in \underline{B}$, $A \in \mathbb{N}$, alors $\sum_{|k-j|\leqq A;k\neq j} c_k^{\ p} \lesssim A$, et donc $\sum_{|k-j|\leqq A;k\neq j} c_k^2 \lesssim A^{2/p}$.

<u>dém</u>:la seconde vient de $\|\ \|_2 \leqq \|\ \|_p$ pour $p\leqq 2$ dans ℓ^p ; la première de ce que deux valeurs exceptionnelles b_1^p et b_2^p, d'ordre approximatif 2^{k_1} et 2^{k_2} sont séparées par au moins $2^{k_1} + 2^{k_2}$ valeurs 1.

– Maintenant, on prend un paramètre u entier, aléatoire, équiréparti entre 1 et $2^{n'+4}$, et on construit la suite D^u, aléatoire, ainsi: $d_i^u = c_{i+u(\text{ modulo } 2^{n'+4})}$; alors $P_{\underline{u}}\ \{d_i^u = c_j\} = 2^{-n'-4}$, $\sum_i d_i^{u\ p} = \sum_j c_j^{\ p}$, $d_i^u \geqq 1$, et la séparation des valeurs exceptionnelles prend la forme suivante: pour tout $t \leqq 2^{n'}$, tout $i \leqq 2^{n'+4}$, tout A,

$$1_{\{d_i^u = b_t\}} \cdot \sum_{|j-i|\leqq A;j\neq i} |d_j^u|^2 \lesssim 1_{\{d_i^u = b_t\}} .A^{2/p} .$$

On se donne maintenant des ε_i en nombre suffisant, indépendantes de l'aléatoire u, on note S(A),S(B),S(C),S(D) les sommes des $a\varepsilon, b\varepsilon, c\varepsilon$,

$d\varepsilon$, et on a le

<u>Lemme</u> : Pour démontrer le Théorème, il suffit de démontrer que

$$E_u E_\varepsilon\{ W^p(S(D))_0^{2^{n'+4}} \} \lesssim 2^{n'+4} .$$

<u>démonstration</u> : Appelons $S(1)$ le processus des sommes partielles des ε_i ; $S(A) = S(B-1)$ et donc d'après (W) de II, $E\{ W^p(S(A))_0^{2^{n'}} \} \lesssim E\{ W^p(S(B))_0^{2^{n'}} \} + E\{W^p(S(1))_0^{2^{n'}}\}$ soit, d'après le résultat du paragraphe III, $E\{W^p(S(A))_0^{2^{n'}} \} \lesssim E\{W^p(S(B))_0^{2^{n'}} \}+2^{n'}$.

Maintenant, en loi, la variation de 0 à $2^{n'}$ est la même que celle de 0 à $2^{n'+4}$ du processus des sommes des $\underline{b}_i\varepsilon_i$, les 0 intercalés n'intervenant pas; mais $c_i = \underline{b}_i + 1_i$, ou $1_i = 0$ si $i \in \underline{B}$, 1 sinon; les 0 intercalés dans 1_i n'intervenant pas non plus; d'après le résultat de III, et (W): $E\{W^p(S(B))_0^{2^{n'}} \} \lesssim E\{W^p(S(C))_0^{2^{n'+4}} \} + 2^{n'+4}$

- soit f une fonction définie sur $[0,a]$, b tel que $0<b<a$, et $\underline{f}$ définie par $\underline{f}(i) = f(i+b \text{ (modulo } a))$; comme on a les inégalités:

$W^p(f)_0^b + W^p(f)_b^a \leq W^p(f)_0^a \lesssim W^p(f)_0^b + W^p(f)_b^a$ (la 2e conséquence de (W) appliquée aux restrictions de f à $[0,b]$ et $[b,a]$), comme $W^p(f)_0^b + W^p(f)_b^a = W^p(\underline{f})_{a-b}^a + W^p(\underline{f})_0^{a-b} \lesssim W^p(\underline{f})_0^a$, on a $W^p(f)_0^a \lesssim W^p(\underline{f})_0^a$ - en posant $a = 2^{n'+4}$, $b = u$, nous pouvons affirmer que pour tout u, $E_\varepsilon\{W^p(S(C))_0^{2^{n'+4}} \} \lesssim E_\varepsilon\{W^p(S(D^u))_0^{2^{n'+4}} \}$ (ici E_ε signifie espérance en les Rademacher ε_i). En prenant l'espérance en u, en écrivant la chaîne d'inégalités démontrées plus haut, il vient sous l'hypothèse du lemme: $E\{W^p(S(A))_0^{2^{n'}} \} \lesssim 2^{n'+4} \lesssim 2^{n'}$

<u>VI.Calcul final.</u> : On pose $n'+4 = n$; puisque $d_i^u \geq 1$, on peut écrire pour chaque suite D^u les majorations (III) correspondant au découpage de $]A2^m,(A+1)2^m]$ en $]A2^m, A2^m+2^{m-1}]$ et $]A2^m+2^{m-1},(A+1)2^m]$, ceci pour $0 \leq m \leq n$, $0 \leq A < 2^{n-m}$; la somme en A et m, sommée en u et multipliée par 2^{-n} (ce qui représentera E_u) majorera alors la quantité $E_u E_\varepsilon \{W^p(S(D^u))_0^{2^n} - \sum_{o<i<2^n} d_i^{u\,p}\}$ (car, pour $m = 0$, $W_A^{A+1} = d_{A+1}^{u\,p}$)et comme $\sum_i d_i^{u\,p} \lesssim 2^n$, compte tenu du lemme du paragraphe V, il suffit donc de montrer que 2^{-n}.somme en A,m,u est majorée ($\lesssim$) par 2^n . si donc

$$P_{A,m}^u = \sum_{k \leq m-1;\, |i-A2^m-2^{m-1}| \leq 2^{k+1}} 2^k \omega_k(d_i^u) ,$$

$$Q_{A,m}^u = \sum_{k \leq m-1;\, k \leq v;\, i \neq j;\, |i,j-A2^m-2^{m-1}| \leq 2^{k+1}} 2^v \omega_v(d_i^u)\omega_v(d_j^u)$$

$$R_{A,m}^u = \sum_{m-1 \leq v;\, A2^m < i \leq (A+1)2^m} 2^{m/p+v-v/p} \omega_v(d_i^u)$$

$$S_{A,m}^u = \sum_{m-1 \leq k \leq v;\, A2^m < i \neq j \leq (A+1)2^m} 2^{k/p+v-v/p} \omega_v(d_i^u)\omega_k(d_j^u) ,$$

il faut montrer que pour $Z = P,Q,R,S$, $\sum_{m \leq n;\, A \leq 2^{n-m};\, 0<u \leq 2^n} 2^{-n} Z_{A,m}^u =$

$$E_u\{ \sum_{m \leq n;\, A \leq 2^{n-m}} Z_{A,m}^u \} \lesssim 2^n .$$

Avant de commencer le calcul, introduisons un paramètre t qui numérote les valeurs exceptionnelles b_t de $\underline{B}$; rappelons que si $x \geq 1$ (c'est le cas pour les d_i^u et les b_t), $\omega_k(x) = x^2 2^{-2k/p} \wedge 1$ et $\sum_k \omega_k(x) 2^k \lesssim x^p$;comme $\sum_t b_t^{\,p} = \sum_{i \leq 2^n} b_i^{\,p} \lesssim 2^n$, $\sum_{k,t} 2^k \omega_k(b_t) \lesssim 2^n$; enfin, pour

$x>0$, $a,b \in \mathbb{N}$, remarquons que $\sum_{a\leqq b} 2^{xa} \lesssim 2^{xb}$ et que $\sum_{a\leqq b} 2^{-xb} \lesssim 2^{xa}$.

-Termes de type P

comme $d_i^u \leqq 1 + \sum_t 1_{\{d_i^u = b_t\}} b_t$, d'après $\Omega.1$ $E_u\{\omega_k(d_i^u)\} \lesssim \omega_k(1) + 2^{-n}\sum_t \omega_k(b_t)$ puisque $P_u\{d_i^u = b_t\} = 2^{-n}$; m et A étant fixés, il y a 2^{n-m} tranches disjointes de longueur 2^{k+1} pour la variable i; s'introduit donc devant chaque i un facteur 2^{k+1}, et, le E_u étant indépendant de i variant de 1 à 2^n, A variant de 0 à 2^{n-m}, une fois sommé en i et A,

$$E_u\{\Sigma\} \lesssim 2^{k+n-m} \sum_{k\leqq m\leqq n} 2^k[\omega_k(1) + 2^{-n}\sum_t \omega_k(b_t)] \;;$$

$\sum_m$ donne $\lesssim 2^{n+k-k+k}[\omega_k(1)+2^{-n}\sum_t \omega_k(b_t)]$

$\sum_k$ donne $\lesssim 2^n[\,1+2^{-n}\sum_t b_t^p]$

or $\sum_t b_t^p \lesssim 2^n$ donc $\boxed{\lesssim 2^n}$

-Termes de type Q

dans Q, comme il y a symétrie entre i et j distincts, on écrit

$$\omega_v(d_i^u)\omega_v(d_j^u) \lesssim \omega_v(1)^2 + \sum_t 1_{\{d_i^u = b_t\}}\omega_v(b_t)\omega_v(d_j^u);$$

Le premier terme ne dépend pas de u, donc E_u est sans objet; les autres paramètres étant fixés, $\sum_{i\neq j}$ fait apparaître un facteur $\lesssim 2^{2k}$; $\sum_A$ un facteur 2^{n-m}; reste donc :

$$\sum_{k\leqq m\leqq n;\, k\leqq v} 2^{2k+n-m+v}[\omega_v(1)^2 = 2^{-4v/p}]; \quad \sum_v \text{ donne } \lesssim 2^{2k+n-m+k-4k/p} \;;$$

$\sum_m$ donne $\lesssim 2^{2k+n-k+k-4k/p}$

$\sum_k$ donne $\boxed{\lesssim 2^n}$ puisque $2-4/p < 0$

Le deuxième terme : $\sum_t 1_{\{d_i^u=b_t\}}\omega_v(b_t)\omega_v(d_j^u) \lesssim \sum_t 1_{\{d_i^u=b_t\}}\omega_v(b_t)2^{-2v/p}d_j^{u2}$ et en appliquant la propriété de séparation de la fin de la page 8 , comme $\{j \mid |j-i-A2^m-2^{m-1}| \leqq 2^{k+1}\} \subset \{j \mid |j-i| \leqq 2^{k+2}\}$, on a

$$\sum_{i,j,t \text{ tels que } |j-i-A2^m-2^{m-1}| \leqq 2^{k+1}} 1_{\{d_i^u=b_t\}} \omega_v(b_t)\omega_v(d_j^u) \lesssim$$

$$\sum_{i,t \text{ tels que } |i-A2^m-2^{m-1}| \leqq 2^{k+1}} 1_{\{d_i^u=b_t\}} \omega_v(b_t) 2^{-2v/p+2k/p} \text{ ; soit}$$

$$E_u\{\Sigma\} \lesssim \sum_{t;A\leqq 2^{n-m};k\leqq m\leqq n;k\leqq v;|i-A2^m-2^{m-1}|\leqq 2^{k+1}} 2^{v-n+2(k-v)/p}\omega_v(b_t)$$

$\sum_i$ introduit le facteur 2^{k+1} ; $\sum_A$ introduit le facteur 2^{n-m};

$\sum_m$ donne $\lesssim 2^{v-2v/p+2k/p}\omega_v(b_t)$;

$\sum_k$ donne $\lesssim 2^v\omega_v(b_t)$; $\sum_v$ donne $b_t{}^p$ donc enfin $\boxed{\sum_t \lesssim 2^n}$.

-Termes de type R : Quand A varie, les paquets étant disjoints, $\sum_A$ se transforme en $\sum_{0<i\leqq 2^n}$; $\sum_m$ donne $\lesssim 2^v\omega_v(d_i^u)$; $\sum_v$ donne $\lesssim (d_i^u)^p$;

$\sum_i$ donne $\lesssim 2^n$, donc aussi $\boxed{E_u \lesssim 2^n}$.

-Termes de type S : Si on somme d'abord en A, les paquets étant disjoints, on majore en sommant sur $|j-i| \leqq 2^{m+1}$; on écrit ici encore $\omega_v(d_i^u) \lesssim \omega_v(1) + 1_{\{d_i^u=b_t\}}\omega_v(b_t)$, en séparant les deux termes:

pour le premier terme, il faut évaluer

$$E_u\{\sum_{m\leqq n;m-1\leqq k\leqq v;j\neq i;|j-i|\leqq 2^{m+1}} 2^{k/p+v-v/p}\omega_v(1)\omega_k(d_j^u)\};$$

$\sum_i$ donne $\lesssim 2^{m+k/p+v-v/p}\,\omega_k(d_j^u).[\omega_v(1)=2^{-2v/p}]$;

$\sum_v$ donne $\lesssim 2^{m+k/p+k-k/p-2k/p}\omega_k(d_j^u)$ puisque $1-3/p<0$;

$\sum_m$ donne $\lesssim 2^{2k-2k/p}\omega_k(d_j^u) \lesssim 2^k\omega_k(d_j^u)$ puisque $2-2/p<1$;

$\sum_k$ donne $\lesssim d_j^u{}^p$, $\sum_j$ donne $\lesssim 2^n$, donc $\boxed{E_u \lesssim 2^n}$.

dans le deuxième terme, on majore $\omega_k(d_j^u)$ par $2^{-2k/p}(d_j^u)^2$, et, (encore la séparation des valeurs exceptionnelles) $\sum_{|j-i|\leqq 2^m} 1_{\{d_i^u=b_t\}}\omega_k(d_j^u)$ par ($\lesssim$) $1_{\{d_i^u=b_t\}} 2^{2m/p-2k/p}$; reste à évaluer:

$$E_u\{ \sum_{m<n;m-1<k<v;0<i<2^n;t} 2^{k/p+v-v/p+2m/p-2k/p} . 1_{\{d_i^u=b_t\}}\omega_v(b_t) \quad ;$$

E_u donne $2^{-n+v-v/p+2m/p-k/p}\omega_v(b_t)$; $\sum_i$ introduit le facteur 2^n ;

$\sum_m$ donne $\lesssim 2^{v-v/p+k/p}\,\omega_v(b_t)$; $\sum_k$ donne $\lesssim 2^v\omega_v(b_t)$;

$\sum_v$ donne $\lesssim b_t^{\,p}$ $\qquad \sum_t$ donne $\boxed{\lesssim 2^n}$.

La démonstration du théorème est terminée (l'inégalité de gauche est évidente, $\Sigma\, |a_i|^p$ étant atteinte par la partition la plus fine possible) .

Université de Strasbourg 1970/71

Séminaire de Probabilité

p-VARIATION DE FONCTIONS ALÉATOIRES

$2^{\text{ième}}$ partie : Processus à accroissements indépendants

par Jean Bretagnolle

I. Justification de la $1^{\text{ère}}$ partie : P.W. MILLAR, dans [1] a étudié la p-variation des processus à accroissements indépendants et stationnaires (désormais P.A.I.) et a posé la conjecture démontrée dans le Théorème III; dans cet article, il a démontré un résultat partiel rendant la conjecture tout à fait raisonnable; pour résoudre la problème pour les P.A.I., il suffit de montrer le théorème II pour des v.a. indépendantes et équidistribuées: c'est ce que j'avais fait tout d'abord, et voilà pourquoi dans la partie 1 on passe de A à D^u, pour rendre les a_i assez proches de v.a. indépendantes équidistribuées minorées.

II. Extensions du Théorème I : Soient (X_i) des variables aléatoires indépendantes, centrées pour $p > 1$; on définit comme dans I la fonction aléatoire S par $S(n) = \sum_{i \leqq n} X_i$; alors:

Théorème II : Si $p \in]0,2[$, il existe une constante C_p, ne dépendant que de p, telle que :

$$\sum_{a<i\leqq b} E\{|X_i|^p\} \leqq E\{ W^p(S)_a^b \} \leqq C_p \cdot \sum_{a<i\leqq b} E\{|X_i|^p\}$$

démonstration: le cas $0<p\leqq 1$ est trivial, ainsi que l'inégalité de

gauche; désormais, on suppose $1<p<2$ et les X_i centrées.

Lemme 1: On peut supposer les X_i symétriques.

démonstration: Soit $M(\omega)$ une fonction aléatoire, et $M'(\omega')$ indépendante de la première et de même loi, $[a,b]$ un intervalle de N, et $P(\omega) = \{ t_i(\omega) \}$ la partition de $[a,b]$ qui réalise $W^p(M)_a^b(\omega)$:

$$W^p(M)_a^b = \sum_{t_i(\omega)\varepsilon P(\omega)} | M_{t_i(\omega)}^{t_{i+1}(\omega)}(\omega)|^p \text{ ; comme } M = M-M' + M',$$

$$W^p(M)_a^b \lesssim \sum_{t_i \,\varepsilon\, P} |(M-M')_{t_i}^{t_{i+1}}|^p + \sum_{t_i \,\varepsilon\, P} |M'^{t_{i+1}}_{t_i}|^p$$

$$\leqq W^p(M-M')_a^b + \sum_{t_i\varepsilon P(\omega)} |M'^{t_{i+1}(\omega)}_{t_i(\omega)}(\omega')|^p .$$

Il suffit alors de démontrer le

Lemme2: si les X_i sont centrées, $E\{ |\Sigma_a^b X_i|^p\} \lesssim \Sigma_a^b E\{ |X_i|^p\}$.

En effet, si le Théorème a été démontré dans le cas symétrique, prenant $M = S$, $M-M'$ est somme de variables symétriques $X-X'$ et alors $E\{W^p(M-M')_a^b\} \lesssim \Sigma_a^b E\{ |X_i-X_i'|^p\} \lesssim \Sigma_a^b E\{ |X_i|^p\}$ puisque X_i et X_i' sont de même loi.

Par ailleurs, $E_\omega E_{\omega'}\{ \sum_{t_i\varepsilon P(\omega)} |M'^{t_{i+1}}_{t_i}|^p\} = E_\omega\{ \Sigma E_{\omega'} |\Sigma_{t_i(\omega)}^{t_{i+1}(\omega)} X_i'(\omega')|^p\}$

$\lesssim E_\omega\{ \Sigma \; \Sigma_{t_i(\omega)}^{t_{i+1}(\omega)} E\{ |X_i'|^p\} \}$ (d'après l'indépendance de ω et ω' et le lemme 2) $= E_\omega\{\Sigma_a^b E\{ |X_i'|^p\}\}$ (il s'agit d'une partition de $[a,b]$) $= \Sigma_a^b E\{ |X_i|^p\}$ (les X_i ont même loi que les X_i') . En combinant ces inégalités, on obtient $E\{W^p(M)_a^b\} \lesssim \Sigma_a^b E\{ |X_i|^p\}$.

démonstration du lemme 2: Il sort de l'inégalité de Marcinkiewicz - Zygmund qui assure en particulièr que si les X_i sont centrées et indépendantes, $E\{ |\Sigma X_i|^p\} \lesssim E\{ | \Sigma X_i^2 |^{p/2}\}$. Mais $|\Sigma X_i^2|^{p/2} \leqq \Sigma |X_i|^p$.

démonstration du T II dans le cas symétrique: On interprète alors X_i comme $A_i(\omega')\varepsilon_i(\omega)$, les deux arguments ω et ω' étant indépendants, ($A_i = |X_i|$) les A_i étant 2 à 2 indépendantes, ainsi que les ε_i, qui sont des Rademachers. On écrit le T I conditionnellement en ω', puis on intègre les inégalités

***

Théorème III : on suppose $1 < p < 2$

III a : Soit X_t un P.A.I. centré, sans partie brownienne, de mesure de Lévy $L(dx)$ de support contenu dans $[-1,+1]$; il existe alors deux constantes D_p, D'_p ne dépendant que de p telles que :

$$D_p \int |x|^p L(dx) \leqq E\{W^p(X)_0^1\} \leqq D'_p \int |x|^p L(dx)$$

III b : Soit X_t un P.A.I. de mesure de Lévy $L(dx)$; La C.N.S. pour que sa p-variation sur $[0,1]$ soit finie p.s. est qu'il n'ait pas de partie brownienne et que l'intégrale $\int_{|x|\leqq 1} |x|^p L(dx)$ soit finie; sinon, la p-variation est p.s. infinie

démonstration : ne démontrons que III a pour l'instant; pour une fonction cadlag (continue à droite et pourvue de limites à gauche) la p-variation est aussi bien le sup que le sup sur les sommes finies que le sup sur les sommes dyadiques: on peut discrétiser et pour pouvoir conclure avec le T II, il suffit de montrer le:

lemme 3: Quand t tend vers 0, $t^{-1}E\{|X_t|^p\} \approx \int |x|^p L(dx)$ sous III a.

Or, si X et X' sont indépendantes, de même distribution, centrées, on a $E\{|X-X'|^p\} \approx E\{|X|^p\}$ (on en a la moitié du lemme 2, l'autre provient de l'inégalité de Jensen: $|X'|^p = |E_X(X'-X)|^p \leq E_X|X'-X|^p$)

Pour démontrer le lemme 3, on se ramène donc au cas symétrique .

Or si X est une v.a. symétrique de fonction caractéristique $\varphi_X(u)$, $\|X\|_p^p \approx \int (1-\varphi_X(u))u^{-p-1}du$, pour $0<p<2$; il faut donc montrer que $\int \{1-\exp[\int (1-\cos ux)L(dx)]\}t^{-1}u^{-p-1}du \approx \int |x|^p L(dx)$: une des inégalités est évidente, l'autre vient, quand t tend vers 0, par convergence dominée

III. Le cas du Mouvement brownien : Redémontrons le

Théorème IV (Paul Lévy) : La 2-variation du Mouvement Brownien B_t sur $[0,1]$ est p.s. infinie

Lemme 4 :Soit f une fonction cadlag, définie sur $[0,1]$ et g continue de R^+ dans R^+. Soit $E_M=\{t \,|\, 0\leq t<1;$ il existe t', $t<t'<1$ avec $\frac{f(t')-f(t)}{g(t'-t)}>M\}$

Si $|E_M| = 1$($|\ |$ est la mesure de Lebesgue), alors à tout ε on peut associer une famille finie $\{0<t_1<t_2<\dots<t_{2n-1}<t_{2n}<1\}$ avec

$$\sum_{0\leq k<n} (t_{2k}-t_{2k-1})>1-\varepsilon \text{ et } \frac{f(t_{2k})-f(t_{2k-1})}{g(t_{2k}-t_{2k-1})} > M \text{ pour tout } k$$

dém: un t' tel que l'inégalité ait lieu sera dit associé à t; M étant fixé, soit E_a défini par { | en supplément, il existe un t' associé avec $t'-t > a\}$. Alors E_M est la réunion des E_a pour a petit, tout est mesurable, donc je peux trouver a tel que $|E_a| > 1-\frac{1}{2}\varepsilon$; soit alors $\hat{t}_1 = \inf\{t|t\in E_a\}$, $t_1\in E_a$ avec $t_1-\hat{t}_1<2^{-2}$, t_2 un t' a-associé à t_1 et, en général: $\hat{t}_{2k+1}=\inf\{t|t>t_{2k};t\in E_a\}$, $t_{2k+1}\in E_a$ avec $t_{2k+1}-\hat{t}_{2k+1} <$

$\varepsilon 2^{-2k-2}$, t_{2k+2} a-associé à t_{2k+1}; comme $t_{2k}-t_{2k-1} > a$, on atteint 1 en un nombre fini de fois; la deuxième inégalité est vérifiée par construction, et $\varepsilon/2 \geqq |E_a^c| \geqq \Sigma\, t_{2k+1}-t_{2k}$, $\varepsilon/2 \geqq \Sigma\, t_{2k+1}-t_{2k+1}$ ....

<u>Proposition</u> Soit X_t un P.A.I., h une fonction paire, convexe, positive, de fonction inverse g; on suppose que $\limsup_{t\to 0} X_t/g(t)$ ou que $\limsup_{t\to 0} |X_t|/g(t) = +\infty$ p.s. ; la h-variation de X_t est alors infinie sur $[0,1]$, p.s.

<u>démonstration:</u>(la h-variation se définit en remplacant $x \to |x|^p$ par $x \to h(x)$) Soit $\Omega_M = \{\omega, t \mid t \in E_M(\omega)\}$, $E_M(\omega)$ étant l'ensemble du lemme 4 correspondant à $f(.) = X\ (\omega)$; $X_t(\omega)$ étant c.a.d.l.a.g et mesurable du couple(t,ω), Ω_M est mesurable; les accroissements étant indépendants et stationnaires, la section de Ω_M par $t=t_o$ a une probabilité 1 pour tout t_o, sous l'hypothèse faite; donc (Fubini) $P \otimes l\{\Omega_M\} = 1$, donc les sections $E_M(\omega)$ ont presque toutes une mesure de Lebesgue 1, les hypothèses du lemme 4 sont remplies . Alors $W^h(X)_0^1 \geqq \sum_k h_o X_{t_{2k-1}}^{t_{2k}} \geqq$ $\sum_k h(Mg(t_{2k}-t_{2k-1})) \geqq \sum_k Mh_o g(t_{2k}-t_{2k-1}) \geqq M(1-\varepsilon)$, avec probabilité 1, ceci pour tout M, tout ε .

On a en particulier démontré le Théorème IV, puisque d'après la loi du Logarithme itéré, $\limsup_{t\to 0} B_t/t^{\frac{1}{2}} = +\infty$

Remarques:-$\limsup_{t\to 0} |X_t|/g(t) = \infty$ avec une $P > 0$ entraîne que X_t ou $-X_t$ avec $P=1$ est tel que $\limsup_{t\to 0} X_t/g(t) = +\infty$(Loi 0-1)

-le T IV est à rapprocher du résultat suivant lequel si

on se donne une suite emboitée de partitions (certaines) P_n de $[0,1]$ la suite $V_n = \sum_{t_{i,n}} |B_{t_{i,n}}^{t_{i+1,n}}|^2$ tend p.s. vers 1 .

Corollaire :Le théorème I est faux pour p=2, et $\lim_{p\to 2}\uparrow M_p = +\infty$.

démonstration : Remarquons tout d'abord que la fonction aléatoire S étant fixée, $[W^p(S)_a^b]^{1/p}$ est décroissante de p: pour toute partition P, $[\sum_{i<k(P)} |S_{t_i}^{t_{i+1}}|^p]^{1/p}$ est décroissante de p ; si $\{M_p | p<2\}$ était borné, on pourrait passer à la limite dans le T I, puisqu'on a à y évaluer un sup sur un nombre fini de sommes, et M_2 serait finie. Si M_2 est finie, le T II est valable avec X_i gaussiennes et p=2, on discrétise le Brownien comme dans T III, et on obtient une contra - diction avec T IV.

***

IV Démonstration de III b et divers

Un P.A.I X_t de mesure de Lévy L(dx) peut toujours se décomposer en somme de 4 P.A.I. indépendants $\sigma B_t + Y_t + P_t + at$, où:

-σB_t est la partie brownienne.

-Y_t , de mesure de Lévy $1_{\{|x|\leq 1\}}.L(dx)$ est centré.

-P_t , de mesure de Lévy $1_{\{|x|>1\}}.L(dx)$ est un processus de Poisson généralisé, c'est-à-dire qu'il est constant par paliers, n'a qu'un nombre p.s. fini de discontinuités dans tout intervalle de temps,et peut s'écrire $P_t = \sum_{s\leq t} (P_s - P_{s-})$.

- at est une translation certaine,regroupant tout ce qui reste .

La translation a une p-variation finie ($p\geq 1$) ainsi, p.s., que P_t.

Si donc $\sigma = 0$ et si $\int_{|x|\leq 1} |x|^p L(dx) < +\infty$, d'après III a et (W), la p-variation de X est p.s finie sur [0,,1].

Toujours d'après (W), si la p-variation de X_t n'est pas finie avec probabilité positive, il en est de même pour $\sigma B_t + Y_t$; si $\sigma > 0$, en écrivant $\sigma B_t(\omega) + Y_t(\omega')$, les deux arguments ω ω' indépendants, soit $P_n(\omega)$ des partitions qui réalisent à la limite la 2-variation de σB_t, indépendantes de $Y(\omega')$; comme $(a+b)^2 \geq \frac{1}{2}a^2 - b^2$, on a $2W^2(\sigma B+Y)_0^1 \geq \sigma^2 . \sum_{t_i \varepsilon P(\omega)} |B_{t_i}^{t_{i+1}}|^2 - 2 \sum_{t_i \varepsilon P(\omega)} |Y_{t_i}^{t_{i+1}}|^2$. Mais le P.A.I. Y est centré, et donc $E\{Y_t^2\} = yt$ pour un $y \varepsilon R$, et comme $P(\omega)$ est indépendante de Y, l'espérance du 3° terme est $2y$; le second tend p.s. vers $+\infty$ (T IV); la 2-variation de la somme est infinie, donc à fortiori la p-variation d'après la remarque , corollaire p.6.

Si $\sigma = 0$, $W^p(Y)_0^1 \geq \sum_{s \leq 1} |Y_s - Y_{s-}|^p$, or $Z_t = \sum_{s \leq t} |Y_s - Y_{s-}|^p$ est un processus croissant, à accroissements indépendants et stationnaires, et sa mesure de Lévy M(dx) = évidemment $1_{\{|x| \leq 1\}} . |x|^p . L(dx)$: si l'intégrale diverge, $Z_1 = +\infty$ p.s., et la démonstration est terminée

Remarque: on aurait pu utiliser le résultat connu suivant lequel, si $\sigma > 0$ ou si l'intégrale diverge, $\limsup_{t \to 0} |X_t|/t^{1/p} = +\infty$ p.s.; par ailleurs, a contrario, toujours d'après la proposition p.5, si $\sigma = 0$ et convergence de l'intégrale, $\lim_{t \to 0} X_t/t^{1/p} = 0$ p.s. (il est cependant plus simple d'utiliser le critère de Khintchine !)

-Pour une h convexe, $h(x)/x^2$ décroissante, j'ai le T I asymptotique sur les sommes de v.a . indépendantes équidistribuées, mais pas sur les P.A.I.

-Additif aux exposés sur la p-variation

Contrairement à la dernière ligne de l'exposé, je sais étendre les résultats à la classe de fonctions (C) ainsi définie:

h ε (C) si h est paire, continue, nulle en 0, convexe et de plus g définie sur R^+ par $g(x) = h(x^{\frac{1}{2}})$ est concave. On pose $\mathcal{L}(x) = h(x)/x^2$.

(remarque: pour la h-variation , le problème ne se pose vraiment que pour une h sur-additive sur R^+, soit $h(x)/x$ croissante; si $h(x) = o(x^2)$, le problème disparait; la condition $\mathcal{L}(x)$ décroissante est donc naturelle)

De même, le processus à accroissements indépendants et stationnaires X_t sera de type (C) si: pas de partie brownienne, pas de sauts d'amplitude supérieure à 1, centré; on note $\bar{h}$ le nombre $\int h(x)L(dx)$.

(remarque: pour l'étude locale, les restrictions faites sur X sont raisonnables; la partie brownienne l'emporte trop largement en 0, et au contraire les grands sauts n'interviennent qu'après un temps >0 p.s.; enfin $h(x)=o(x)$, on peut toujours centrer le processus)

<u>Théorème</u>:(i) ou bien h est telle que $\limsup_{x\to 0^+} \frac{\mathcal{L}(2x)}{\mathcal{L}(x)} < 1$, et alors pour tout processus de type (C) tel que $\bar{h}$ soit fini, $\lim_{t\to 0} h(X_t)/t = 0$ p.s. et $E\{W^h(X)_0^t\} = O(t.\bar{h})$

(ii) ou bien $\limsup_{x\to 0^+} = 1$, et il existe alors un processus de type (C), avec $\bar{h}$ fini et $\limsup_{t\to 0} h(X_t)/t$ infinie p.s., $W^h(X)_0^t$ infini p.s. pour tout t>0.

Reference

[1] - P.W. Millar "Path behavior of processes with stationary independent increments", Z. W-theorie u. verw. Gebiete 17 (1971), p.53-73.

UNIVERSITÉ DE STRASBOURG
DÉPARTEMENT DE MATHÉMATIQUE
RUE RENÉ DESCARTES
67 - STRASBOURG

UN PRINCIPE DE SOUS-SUITES DANS LA THÉORIE DES PROBABILITÉS

S. D. Chatterji

INTRODUCTION

Le principe dont il est question dans le titre est l'énoncé "métamathématique" suivant : soit π une propriété quantitative asymptotique valable pour toute suite des variables aléatoires indépendantes, également réparties, appartenant à une classe d'intégrabilité L déterminée par la finitude d'une norme $\| \|_L$. Alors pour toute suite f_n des variables aléatoires quelconques assujetties à la seule condition $\sup_n \|f_n\|_L < \infty$, on peut choisir une sous-suite appropriée f_{n_k} de telle manière qu'une propriété $\tilde{\pi}$ tout à fait analogue à π est vérifiée pour f_{n_k} et pour toute autre sous-suite de f_{n_k}. Illustrons ce principe par quelques exemples.

Soit π la propriété suivante d'une suite des variables aléatoires $\{X_n\}$:

$$\lim n^{-1} (X_1 + \ldots + X_n) \text{ existe p.p.}$$

On sait que π est valable si les X_n sont indépendantes et également réparties et si de plus $\int | X_1 | < \infty$ c. à d. $X_n \in L^1$. C'est la loi forte des grands nombres de Kolmogorov. Dans ce cas, le principe est vérifié en prenant $\tilde{\pi} = \pi$. Autrement dit, on peut démontrer que :

Théorème 1 (Komlòs) [9]

Si $\sup_n \|f_n\|_1 < \infty$, il existe $n_1 < n_2 < \ldots$ et $f \in L^1$ tels que

$$\lim N^{-1} (f_{n_1} + \ldots + f_{n_N}) = f \text{ p.p.}$$

On peut choisir n_k tels que la même relation soit vraie pour toute autre sous-suite de $\{ n_k \}$ et avec la même fonction f.

C'est ce théorème remarquable de Komlòs qui m'a conduit à formuler le principe susmentionné. Lors d'un colloque de C.N.R.S. (1969) [5], j'ai présenté deux autres vérifications de ce même principe en m'inspirant, entre autres, d'un théorème classique de Marcinkiewicz qui généralise la loi forte des grands nombres de Kolmogorov pour les $X_n \in L^p$, $0 < p < 2$. Plus précisément, on a les deux théorèmes suivants :

<u>Théorème 2</u> [5, 6]

Si $\sup_n \|f_n\|_p < \infty$, $0 < p < 2$, il existe $n_1 < n_2 < \ldots$ et $f \in L^p$ tels que

$$\lim_{N \to \infty} N^{-p} \sum_{i=1}^{N} (f_{n_i} - f) = 0 \quad \text{p.p.}$$

On peut choisir n_k tels que la même relation sera vraie pour toute autre sous-suite de n_k et avec la même fonction f. D'ailleurs, on peut toujours choisir $f \equiv 0$ si $0 < p < 1$.

<u>Théorème 3</u> (Révész) [11] ; cf aussi [5, 6]

Si $\sup_n \|f_n\|_2 < \infty$, il existe $n_1 < n_2 < \ldots$ et $f \in L^2$ tels que $\sum_k a_k (f_{n_k} - f)$ converge p.p. et dans L^2 dès que $\sum |a_k|^2 < \infty$

En ce qui concerne la convergence dans L^p dans les théorèmes 1 et 2, il y a une petite différence de la situation classique d'indépendance. Etant également réparties, les variables aléatoires X_n dans le cas classique sont telles, que $\{|X_n|^p\}$ est uniformément intégrable. En faisant la même hypothèse sur une suite $\{f_n\}$ quelconque, on peut renforcer les théorèmes 1 et 2 en déduisant aussi la convergence dans L^p. Sur cette question, on peut consulter CHATTERJI [4, 6].

Ces réalisations du principe des sous-suites m'avaient encouragé à tel point que j'ai même formulé ce principe, bien que timidement, à la fin de mon exposé au Colloque de 1969 [5] . Entre temps, ayant eu plus de précisions sur ce principe, je me suis permis de le formuler dans la forme générale donnée ici. Les vérifications concernent les deux autres théorèmes classiques de la théorie des probabilités : la loi limite centrale et la loi du logarithme itéré. Les démonstrations étant longues et compliquées, je me contente de donner ici seulement les idées principales des démonstrations. Je présente aussi le théorème 4 comme une variation des théorèmes 2 et 3 qui ouvre la possibilité d'une généralisation du principe pour les double-suites des variables aléatoires, conduisant ainsi aux théorèmes concernant les lois infiniment divisibles. Il faut souligner ici que les théorèmes concernant les lois stables sont les propriétés asymptotiques qui doivent être étudiées aussi, dans le but de vérifier le principe des sous-suites. J'ai l'intention de le faire prochainement.

Une dernière remarque concernant la généralisation de ce principe aux variables vectorielles. Tous les théorèmes de cet exposé restent valables pour les espaces de dimension finie et même pour les espaces hilbertiens. Le problème de généraliser les théorèmes 1, 2 et 3 pour les espaces de Banach appropriés (car ces théorèmes ne peuvent pas être vrais pour les espaces quelconques) reste posé. Mes articles [5, 6] donnent quelques renseignements sur ce sujet.

§ 1.- PRELIMINAIRES

Tout ce que nous allons faire dans cet exposé reste valable pour un espace mesuré quelconque. La seule modification nécessaire est de demander dans l'énoncé du théorème 5 que $P(E)$ soit fini. Pourtant, afin de faciliter l'exposition, nous allons supposer que tout se passe dans un espace de probabilité (S, Σ, P) de sorte que les notions courantes de la théorie des probabilités soient applicables dans les démonstrations, sans modification aucune. Une fois démontrées dans un espace de probabilité, on peut les généraliser successivement aux espaces de mesure σ - finie et aux espaces quelconques — ce dernier parce que les énoncés ne contiennent qu'un nombre dénombrable des fonctions.

Le lemme important ci-dessous nous sera utile.

Lemme 0 :

Si $\{\xi_k\}$ est une suite des v.a. dans L^p $(p \geq 1)$ qui forment les accroissements d'une martingale, c. à d.

$$E\,(\xi_n | \xi_1 \dots \xi_{n-1}) = 0$$

alors

$$\text{(a)} \quad E\,\Big|\sum_1^n \xi_k\Big|^p \leq C \sum_1^n E\,|\xi_k|^p \qquad \text{si } 1 \leq p \leq 2$$

$$\text{(b)} \quad E \left| \sum_1^n \xi_k \right|^p \leq C \, E \left(\sum_1^n \xi_k^2 \right)^{p/2} \qquad \text{si } p > 2$$

Dans la suite, C représentera toujours une constante positive qui n'aura pas d'importance dans le raisonnement et qui pourra se varier d'une apparition à l'autre. La formule (a) du lemme est due à Esseen et von Bahr. Une démonstration très courte se trouve dans Chatterji [4] . La formule (b) est une partie d'une importante inégalité de Burkholder [2] . L'inégalité de Hölder pour les nombres réels donne

$$\left(\sum_1^n \xi_k^2 \right)^{p/2} \leq n^{(p-2)/2} \sum_1^n |\xi_k|^p \qquad (p > 2)$$

d'où la formule (b) donne (p > 2)

$$E \left| \sum_1^n \xi_k \right|^p \leq C \, n^{(p-2)/2} \sum_1^n E \, |\xi_k|^p \quad .$$

C'est dans cette forme que nous appliquerons (b).

§ 2.- LA LOI DES GRANDS NOMBRES

Le théorème suivant généralise un théorème de Banach et Saks [Th. I, p.52; 1] et de Morgenthaler [Th. 1, p.284; 10] . La démonstration de ce théorème illustre bien la méthode principale dont nous nous servons pour établir le principe des sous-suites dans les différents cas. L'idée principale est de réduire l'énoncé à un théorème concernant des martingales convenables. Cette méthode donne une démonstration d'une extrême simplicité pour le théorème qui suit, par contraste avec les calculs pénibles de [1] et [10] .

Théorème 4

Soit F une suite bornée des éléments de L^p , $p > 1$. Il existe une fonction $f \in L^p$ et une sous-suite $\{f_n\}$ de F telles que pour toute sous-suite $\{f_{n_k}\}$ et toute matrice (a_{nk}) $n \geq 1$, $k \geq 1$ avec

$$\text{(a)} \quad \sup_n \sum_k |a_{nk}| < \infty$$

$$\text{(b)} \quad \sup_k |a_{nk}| = \gamma_n \to 0$$

on a la relation suivante :

$$\lim_{n\to\infty} \|\sum_k a_{nk} (f_{n_k} - f)\|_p = 0$$

Démonstration

En choisissant d'abord une sous-suite qui converge faiblement dans L^p vers une fonction f , et en retranchant cette dernière de chaque élément de la sous-suite, on réduit le problème au cas d'une suite g_n qui tend vers 0 faiblement dans L^p. Choisissons maintenant une fonction simple h_n (c. à d. h_n ne prend qu'un nombre fini de valeurs différentes) telle que $\sum \|g_n - h_n\|_p < \infty$. Il suffit de démontrer le théorème pour h_n parce que

$$\|\sum_k a_{nk} g_k\|_p \leq \sum_k a_{nk} h_k\|_p + \gamma_n \sum_k \|g_k - h_k\|_p \quad .$$

Evidemment, $h_n \to 0$ faiblement aussi. Par récurrence, on peut choisir une sous-suite $n_1 < n_2 < \ldots$ telle que $n_1 = 1$ et

$$|E(h_{n_k} | h_i , i \in I)| < 2^{-k} \quad ,$$

pour tout $I \subset \{n_1 , n_2 , \ldots , n_{k-1}\}$.

Cela est possible parce que la σ - algèbre engendrée par h_i , $i \in I$, est formée d'une partition finie de l'espace et $\int_A h_n \to 0$ à cause de la convergence faible de h_n . Nous allons démontrer que h_{n_k} est une sous-suite voulue. En effet,

$$h_{n_k} = \xi_k + \xi'_k$$

où
$$E(\xi_k | \xi_1 \ldots \xi_{k-1}) = 0 \quad \text{et} \quad |\xi'_k| < 2^{-k} \; .$$

Donc

$$|\sum_k a_{nk} \xi'_k| \leq \sum_k |a_{nk}| 2^{-k} < \gamma_n$$

et

$$\|\sum_k a_{nk} \xi'_k\|_p \leq \gamma_n \to 0$$

Si $1 < p < 2$, par lemme 0 ,

$$E |\sum_k a_{nk} \xi_k|^p \leq C \sum_k |a_{nk}|^p E |\xi_k|^p$$

$$\leq C \sum_k |a_{nk}|^p$$

$$\leq C\,\gamma_n^{p-1} \sum_k |a_{nk}|$$

$$\leq C\,\gamma_n^{p-1} \to 0$$

Si $p > 2$, encore en vertu du lemme 0 ,

$$E\,|\sum_k a_{nk}\,\xi_k|^p \leq C\,E\,|\sum_k a_{nk}^2\,\xi_k^2|^{\frac{p}{2}}$$

(Hölder)
$$\leq C\,E\,|\sum_k a_{nk}^2\,\xi_k^p| \cdot (\sum_k a_{nk}^2)^{(p-2)/2}$$

$$\leq C\,(\sum_k a_{nk}^2)^{p/2}$$

$$\leq C\,\gamma_n^{p/2}\,(\sum_k |a_{nk}|)^{p/2} \to 0$$

Cela établit que $\qquad \|\sum_k a_{nk}\,\xi_k\|_p \to 0$

et on voit alors que

$$\|\sum_k a_{nk}\,h_{n_k}\|_p \leq \|\sum_k a_{nk}\,\xi_k\|_p + \|\sum_k a_{nk}\,\xi'_k\|_p \to 0$$

De par le choix de h_{n_k} il est clair aussi que n'importe quelle autre sous-suite de h_{n_k} aura la même propriété. Ainsi, le théorème 4 est complètement démontré.

Remarque 1

En mettant $a_{nk} = 1/n$ pour $k \leq n$ et $a_{nk} = 0$ pour $k > n$, on retrouve le théorème de Banach et Saks, qui était le premier théorème établissant l'équivalence de la fermeture faible et la fermeture forte pour les ensembles convexes d'un espace vectoriel topologique localement convexe (Mazur). Le théorème de Morgenthaler correspond à $a_{nk} = \lambda_k/(\lambda_1 + \dots + \lambda_n)$ pour $k \leq n$ et $a_{nk} = 0$ pour $k > n$ avec $\lambda_k \geq 0$, $\sum \lambda_k = \infty$ et $\lambda_n/(\lambda_1 + \dots + \lambda_n) \to 0$. Notons que ceci implique que :

$\max_{1 \leq k \leq n} \lambda_k/(\lambda_1 + \dots + \lambda_n) \to 0$ de sorte que la condition (b) du théorème 4 est valable.

Remarque 2

Il n'est pas question d'obtenir la convergence presque partout dans le théorème 4, comme on a pu l'établir dans les théorèmes 1 - 3. En effet, même pour une suite de variables aléatoires X_n , indépendantes et également réparties avec a_{nk} comme dans le théorème de Morgenthaler ci-dessus, on n'aura pas toujours la convergence p.p. On trouve un contre-exemple dans Salem et Zygmund [Th. 1.5.1; 13] même dans le cas $X_n = \pm 1$ avec probabilités égales. L'exemple qui suit n'est pas aussi fin que celui de [13] mais démontre bien l'impossibilité d'avoir la convergence p.p. dans l'énoncé du théorème 4.

Soit $\{X_n\}$ une suite des v.a. indépendantes avec la même répartition. Mettons $G(x) = P(|X_n| > x)$ et supposons que $\int_0^\infty G(x)\,dx < \infty$ (c. à d. $X_n \in L^1$) et $G(x) > 0$. Si $x_n = G^{-1}(1/n)$, $\varepsilon_n = 1/x_n$ on a $1/n = G(x_n) < C/x_n$ et $\sum \varepsilon_n = \sum 1/x_n > C \sum \frac{1}{n} = \infty$.

On peut supposer $0 < \varepsilon_n < 1$ pour tout n sans perte de généralité. Définissons maintenant

$$B_n = \left\{ (1 - \varepsilon_1) \ldots (1 - \varepsilon_n) \right\}^{-1} \uparrow \infty$$

$$\lambda_n = B_n - B_{n-1}$$

$$\lambda_n / B_n = 1 - B_{n-1} / B_n = \varepsilon_n \to 0$$

Si $\sum_{k=1}^{n} \lambda_k X_k / B_n \to 0$ p.p. on obtiendra aussi que $\lambda_n X_n / B_n \to 0$ p.p. Cette dernière équivaut à $\sum G(t\, B_n/\lambda_n) < \infty$ pour tout $t > 0$. Mais de notre choix de λ_n et B_n, on a

$$\sum G\,(B_n / \lambda_n) = \sum G\,(1 / \varepsilon_n)$$

$$= \sum G\,(x_n) = \sum 1/n = \infty$$

<u>Remarque 3</u>

Evidemment, le th. 4 donne le résultat suivant sur $X_n \in L^p$, v.a. indépendantes et également réparties $(p > 1)$:

$$\lim_{n \to \infty} \left\| \sum_k a_{nk}\,(X_k - \mu) \right\|_p = 0$$

où $\mu = E\,(X_k)$ et $\{a_{nk}\}$ sont comme dans le th. 4.

Remarque 4

Nous pouvons aussi généraliser convenablement le th. 4 au cas $0 < p \leq 1$ en utilisant les inégalités récentes de Burkholder et Gundy [3] et de Davis [7] . Nous n'entrons pas dans les détails ici.

§ 3.- LA LOI LIMITE CENTRALE

Nous abordons maintenant la loi limite centrale. Le théorème principal ici est le suivant :

Théorème 5

Soit F une suite bornée dans L^2 . Il existe une sous-suite F_o de F , une fonction $f \in L^2$ et une fonction $\theta \in L^1_+$ telles que pour chaque sous-suite $\{f_n\}$ tirée de f_o on a la relation suivante :

$$\lim_{n \to \infty} P \left\{ E,\ n^{-\frac{1}{2}} \sum_{k=1}^{n} (f_k - f) \leq x \right\}$$

$$= P(E)\, F_\theta(x) \qquad (x \neq 0)$$

où $$P(E) \cdot \int_{-\infty}^{\infty} \exp(itx)\, dF_\theta(x) = \int_E \exp(-\theta t^2/2)\, dP .$$

Notons que θ peut être identiquement zéro et, dans ce cas, la loi F_θ est concentrée à zéro.

Comme la démonstration de ce théorème est très longue, nous nous bornerons ici à donner quelques remarques sur le contenu de celui-ci. La fonction f

joue le rôle de la moyenne de la théorie classique et θ celui de la variance. En fait, on choisit f comme une limite faible de la suite donnée et θ comme la limite p.p. de $\{(f_1 - f)^2 + \dots + (f_n - f)^2\}/n$ après avoir choisi une sous-suite f_n convenablement. Dans le cas des v.a. $X_n \in L^2$ indépendantes et également réparties, $f \equiv E(X_n)$ et $\theta \equiv$ Variance (X_n), on retrouve le théorème classique même dans la forme moderne où l'on note la propriété mélangeante de la suite $(X_1 - \mu) + \dots + (X_n - \mu)/n^{\frac{1}{2}}$ $(\mu = E(X_1))$. D'autre part, on voit dans ce cas classique que l'on ne peut pas se passer des fonctions f et θ ni espérer avoir, en général, la loi normale classique au lieu de la loi F_θ. En effet, si l'on considère $f_n = g\cdot(X_n + f)$ où $X_n \in L^2$ sont indépendantes avec la même répartition, $f \in L^2$ quelconque et g choisi de sorte que f_n reste une suite bornée dans L^2, on voit que la loi normale classique doit être remplacée par une loi qui est celle d'une v.a. ξ qui est normale avec variance θ qui est elle-même une v.a.

Remarquons qu'au fond, la méthode de démonstration est toujours celle de réduire la situation à une martingale convenable. Ensuite, on utilise une méthode due à Salem et Zygmund [12] pour établir une loi limite centrale généralisée pour ces martingales. Nous constatons que cette méthode donne presque tous les résultats sur les lois limites centrales connues pour les martingales — y compris celles de Billingsley-Lévy — même dans une forme généralisée. Il semble aussi tout à fait clair que l'on puisse obtenir les sous-suites qui soient plongeables, en limite, dans les processus de diffusion. Ainsi, on obtiendra d'un coup une vérification du principe des sous-suites dans tous les cas associés aux v.a. indépendantes, dans L^2

et de même loi. Notons enfin que le théorème concerne seulement la normalisation $n^{-\frac{1}{2}}$, dite normale, où l'on sait que la condition d'appartenance à L^2 est optimale. Le problème de normalisation quelconque avec les suites "bornées" de la classe associée aux répartitions $G(x)$ telles que $\int_{-x}^{x} u^2 \, dG(u)$ est une fonction de variation lente, reste posé.

La proposition suivante donne une loi limite centrale plus générale, mais pour les fonctions bornées.

Théorème 6

Soit F une suite des fonctions mesurables uniformément bornées. Il existe $f \in L^\infty$, $\theta \in L^\infty_+$ et une sous-suite F_0 de F telles que pour une sous-suite $\{f_n\}$ quelconque de F_0 et une matrice (a_{nk}) $n \geq 1$, $k \geq 1$ quelconque avec les propriétés

(a) $$\lim_{n \to \infty} \sum_k |a_{nk}|^2 = 1$$

(b) $$\max_{k \geq 1} |a_{nk}| = \gamma_n \to 0$$

on a la relation suivante :

$$\lim_{n \to \infty} P\left\{ E; \sum_k a_{nk} \, f_k \leq x \right\} = P(E) \, F_\theta(x) \, , \quad (x \neq 0)$$

où F_θ est comme dans le th. 5.

Le théorème 6 généralise le théorème principal de Morgenthaler [10] qui ne considère que les fonctions orthonormales bornées. Il faut souligner que, parce que nous réduisons le théorème à un cas où interviennent seulement les martingales, ou plus précisément les v.a. ξ_n telles que $E(\xi_n | \xi_1 \ldots \xi_{n-1}) = 0$ et parce que ces dernières forment une suite orthonormale, nous pouvons déduire le th. 6 de celui de Morgenthaler, quitte à généraliser ce dernier pour les matrices plus générales qui interviennent ici. Mais du fait de l'orthogonalité forte des ξ_n, notre démonstration est beaucoup moins laborieuse.

§ 4.- LA LOI DU LOGARITHME ITERE

Nous arrivons maintenant à notre dernier sujet – la loi du logarithme itéré. Ici, le théorème de Hartman-Wintner [8] d'un côté et le résultat de Strassen [15] de l'autre nous enseignent que, pour les v.a. X_n indépendantes et également réparties, la condition asymptotique

$$\limsup_{n\to\infty} \sum_{k=1}^{n} (X_k - \mu)/(2n \log\log n)^{\frac{1}{2}} = \sigma < \infty \quad \text{p.p.}$$

est équivalente aux existences de $E(X_k)$ $(=\mu)$ et $\mathrm{Var}(X_k)$ $(=\sigma^2)$. Suivant le principe des sous-suites, on est donc amené au "théorème" suivant : si F est une suite bornée dans L^2, il existe une sous-suite F_o, $f \in L^2$, $\theta \in L^1_+$ telle que pour chaque sous-suite f_n de F_o on a

$$\limsup_{n\to\infty} \sum_{k=1}^{n} (f_k - f)/(2n \log\log n)^{\frac{1}{2}} = \sqrt{\theta} \quad \text{p.p.}$$

Les résultats de Stout [14] donnent à penser que l'énoncé est certain. Pour le moment, je ne peux établir que le théorème suivant.

Théorème 7

Soit F une suite bornée dans L^∞. Il existe une sous-suite F_0, $f \in L^\infty$, $\theta \in L_+^\infty$ telle que pour chaque sous-suite $\{f_n\}$ de F_0 et chaque suite $\{a_k\}$ de nombres réels tels que

$$\text{(a)} \quad A_n = (a_1^2 + \dots + a_n^2)^{\frac{1}{2}} \to \infty$$

$$\text{(b)} \quad \max_{1 \leq k \leq n} |a_k| \,/\, \left\{ A_n (\log \log A_n)^{\frac{1}{2}} \right\} \to 0$$

on a la relation suivante :

$$\limsup_{n \to \infty} \sum_{k=1}^{n} (f_k - f) \,/\, (2 A_n^2 \log \log A_n)^{\frac{1}{2}} = \sqrt{\theta} \quad \text{p.p.}$$

Une démonstration très courte est celle qui dépend d'un théorème de Mary Weiss [16] qui démontre l'énoncé qui précède pour les fonctions orthonormales. En réduisant le problème comme précédemment à un problème pour une suite des v.a. ξ_n telles que $E(\xi_n | \xi_1 \dots \xi_{n-1}) = 0$, il ne reste qu'à démontrer le théorème pour ces suites très fortement orthogonales. Le théorème de Mary Weiss achève maintenant la démonstration. Il faut noter que les détails de la preuve de Mary Weiss deviennent plus simples si l'on ne considère que les suites centrées comme ξ_n. Nous donnerons les détails une autre fois.

REFERENCES

[1] Banach, S. et Saks, S. (1930)
Sur la convergence forte dans les champs L^p
Studia Math. 2, 51-67.

[2] Burkholder, D. L. (1966)
Martingales transforms. Ann. Math. Statist. 37, 1494-1504.

[3] Burkholder, D. L. et Gundy R. F. (1970)
Extrapolation and interpolation of quasi-linear operators
on martingales. Acta Math. 124, 249-304.

[4] Chatterji, S. D. (1969)
An L^p - convergence theorem.
Ann. Math. Statist. 40, 1068-1070.

[5] Chatterji, S. D. (1969)
Un théorème général de type ergodique.
Colloque C.N.R.S. Probabilités sur les structures algébriques.

[6] Chatterji, S. D. (1970)
A général strong law.
Inventiones Math. 9, 235-245.

[7] Davis, B. (1970)
On the integrability of the martingale square function.
Israel J. Math. 8, 187-190.

[8] Hartman, P. et Wintner, A. (1941)
On the law of the iterated logarithm.
Amer. J. Math. 63, 169-176.

[9] Komlòs, J. (1967)
A generalization of a problem of Steinhaus.
Acta Math. Acad. Sci. Hung. 18, 217-229.

[10] Morgenthaler, G. (1955)
A central limit theorem for uniformly bounded orthonormal systems.
Trans. Amer. Math. Soc. 79, 281-311.

[11] Révész, P. (1965)
On a problem of Steinhaus.
Acta Math. Acad. Sci. Hung. 16, 310-318.

[12] Salem, R. et Zygmund, A. (1947)
On lacunary trigonometric series I.
Proc. Nat. Acad. Sci. 33, 333-33

[13] Salem, R. et Zygmund A. (1954)
Some properties of trigonometric series whose terms have random signs.
Acta Math. 91, 245-301.

[14] Stout, W. F. (1970)
A martingale analogue of Kolmogorov's law of the iterated logarithm.
Z. Wahr. verw. Geb. 15, 279-290.

[15] Strassen, V. (1966)
A converse to the law of the iterated logarithm.
Z. Wahr. verw. Geb. 4, 265-268.

[16] Weiss, Mary (1959)
On the law of the iterated logarith for uniformly bounded orthonormal systems.
Trans. Amer. Math. Soc. 92, 531-553.

S. D. CHATTERJI

Département de mathématiques
Ecole polytechnique fédérale de Lausanne

Av. de Cour 26

1007 Lausanne / Suisse

SOME UNIVERSAL FIELD EQUATIONS

Kai Lai Chung*

The results below concern a general stochastic process, a general time T, and the splitting of fields occasioned by T. These things are discussed under this generality in [1] , and may become more relevant now that other times (such as last exit time) are coming into their own. When the general results are applied to the case of a homogeneous Markov process and optional times, they can simplify certain standard arguments to a considerable extent. An example is the treatment of so-called "times of discontinuity of the fields $\mathfrak{F}_t$" (see e.g. [2;p. 171 ff]). The main idea here is a consistent use of the left field $\mathfrak{F}_{T-}$. Incidentally, formula (5) below may be regarded as a random solution to Zeno's paradox on the flow of time.

$X = \{X_t, t \geq 0\}$ is a Borel measurable stochastic process defined on (Ω, F, P) and taking values in $(E, \mathcal{E})$, a topological space with its Borel field. The topology may be considerably more general than the usual assumption of "locally compact with countable base," but we will leave this point moot. Let σ (...) denote the Borel field generated by the random variables within the brackets; $\mathfrak{F}_\infty = \mathfrak{F}_{\infty-} = \sigma\,(X_s, 0 \leq s < \infty)$, $\mathfrak{F}_t = \sigma(X_s, 0 \leq s \leq t)$; we assume that $(\mathfrak{F}_\infty, P)$ is a complete probality space and $\mathfrak{F}_t$ is augmented with all P-null sets in $\mathfrak{F}_\infty$. We are not preoccupied with optional or co-optional times so will review some not-so-well known general facts about an arbitrary positive random variable $T \in \mathfrak{F}_\infty$. We define $\mathfrak{F}_{T-}$ to be the Borel field generated by sets of the form

* Work was supported in part by Air Force Contract F44620-67-C-0049, Stanford University, Stanford, California.

$$\{T > t\} \cap \Lambda_t \quad \text{where} \quad t \geq 0 \quad \text{and} \quad \Lambda_t \in \mathfrak{F}_t \ ;$$

and

$$\mathfrak{F}_{T+} = \bigwedge_{n=1}^{\infty} \mathfrak{F}_{(T+\frac{1}{n})-} \ .$$

It is known [1] that when T is (loosely) optional, $\mathfrak{F}_{T+}$ coincides with the usual field with this notation. We put

$$\mathfrak{F}'_T = \sigma(X_{T+t}, \ t \geq 0) \ ,$$

$$\mathfrak{F}_{[T,T+u)} = \sigma(X_{T+t}, \ 0 \leq t < u) \ .$$

All these fields are augmented by all P-null sets in $\mathfrak{F}_\infty$ The process X is said to be right (left) continuous or to have right (left) limits iff all its paths have the said property.

Lemma. If X has right (left) limits everywhere, then

(1) $$X_{T+} \in \mathfrak{F}_{T+} \quad [X_{T-} \in \mathfrak{F}_{T-}] \ .$$

Proof. We prove the right version since the other is quite similar. First suppose T is countably valued taking values in the countable set Q. Then for each $q \in Q$, and $A \in \mathcal{E}$:

$$\{T = q; \ X(q) \in A\} = \bigcap_n \{T + \frac{1}{n} > q; \ X(q) \in A\} \cap \{T = q\} \ .$$

Since

$$\{T + \frac{1}{n} > q; \ X(q) \in A\} \in \mathfrak{F}_{T+\frac{1}{n}-}$$

and this set decreases when n increases, the intersection over all n belongs to $\mathfrak{F}_{T+}$. Since $T \in \mathfrak{F}_{T+}$ this establishes (1) for a countably valued T . In the general case we approximate T by $T_n = 2^{-n}[2^n T + 1]$ to get

$$X_{T+} = \lim_n X_{T_n} \in \bigwedge_n \mathfrak{F}_{T_n+} = \mathfrak{F}_{T+} . \quad \|$$

Proposition 1. Let X be either right or left continuous, and T be any positive random variable. Then we have

$$\mathfrak{F}_\infty = \mathfrak{F}_{T-} \bigvee \mathfrak{F}'_T . \tag{2}$$

Remark. The assumption of right continuity can be relaxed. For example, the right stochastic continuity of the post-T process $\{X(T+t), t \geq 0\}$ is sufficient. But we do not know reasonable conditions to insure the latter.

Proof. If T is countably valued, then clearly $X_{T+t} \in \mathfrak{F}_\infty$ for every $t \geq 0$. For a general T , approximate T from right or left according as X is right or left continuous. It follows that the left member of (2) includes the right. To prove the opposite inclusion it is sufficient to show that each X_t belongs to the right member of (2). Let $A \in \mathcal{E}$, then

$$\{X_t \in A\} = \{X_t \in A; T < t\} \cup \{X_t \in A; T = t\} \cup \{X_t \in A; T > t\} ; \tag{3}$$

call the three sets on the right Λ_1, Λ_2 and Λ_3 . Since $T \in \mathfrak{F}_{T-}$,

$$\Lambda_2 = \{X_T \in A; T = t\} \in \sigma(X_T, T) \subset \sigma(X_t) \bigvee \mathfrak{F}_{T-} .$$

By definition of $\mathfrak{F}_{T-}$, $\Lambda_3 \in \mathfrak{F}_{T-}$. Finally, we write

$$\Lambda_1 = \{X(T+(t-T)) \in A;\ T < t\} .$$

According as X is right or left continuous, we have

$$I_{\{T<t\}} X(T+(t-T)) = \lim_n 1_{\{T<t\}} X(T + 2^{-n}[2^n(t-T)\pm 1])$$

with "+" or "-" . For each n , the approximating random variable belongs to $\mathfrak{F}_{T-} \vee \mathfrak{F}'_T$ because $\{T < t\} \in \mathfrak{F}_{T-}$. It follows that Λ_1 belongs to the right member of (2) as well as Λ_2 and Λ_3 . Hence so does X_t by (3), since A is arbitrary. ||

<u>Proposition 2</u>. Let X be right continuous and suppose T is such that: for any $M \in \mathfrak{F}'_T$:

$$(4) \qquad P\{M \mid \mathfrak{F}_{T+}\} = P\{M \mid X_T\} \quad \text{on} \quad \{T < \infty\} ,$$

then we have

$$(5) \qquad \mathfrak{F}_{T+} = \mathfrak{F}_{T-} \vee \sigma(X_T)$$

where strictly speaking X_T should be replaced by $X_T I_{\{T<\infty\}}$ in (5) since X_∞ is not defined.

<u>Proof</u>. Let $\Lambda \in \mathfrak{F}_{T-}$, then since $\mathfrak{F}_{T-} \subset \mathfrak{F}_{T+}$ we have by (4):

$$P\{\Lambda \cap M \mid \mathfrak{F}_{T+}\} = I_\Lambda\ P\{M \mid \mathfrak{F}_{T+}\} = I_\Lambda\ \varphi(X_T)$$

where φ is a function in $\mathcal{E}$. Since X is right continuous, it follows from Proposition 1 that sets of the form $\Lambda \cap M$ above generate $\mathfrak{F}_\infty$. Thus for any $H \in \mathfrak{F}_\infty$:

$$P(H \mid \mathfrak{F}_{T+}) \in \mathfrak{F}_{T-} \bigvee \sigma(X_T)$$

since all fields are augmented. In particular, if we take $H \in \mathfrak{F}_{T+} \subset \mathfrak{F}_\infty$, we conclude thus

$$\mathfrak{F}_{T+} \subset \mathfrak{F}_{T-} \bigvee \sigma(X_T) \, . \tag{6}$$

Conversely since X is right continuous, $X_T \in \mathfrak{F}_{T+}$ by the Lemma. Hence the opposite inclusion to (6) is also true. ||

Corollary 1 below is stated here only for comparison with an older formulation (see [2]), in which X is a homogeneous Markov process and the T_n 's are optional.

<u>Corollary 1</u>. Under the hypothesis of Proposition 2, if $\{T_n\}$ is optional, $T_n \uparrow T$, and

$$X_T \, I_{\{T<\infty\}} \in \bigvee_n \mathfrak{F}_{T_n+} \tag{7}$$

then

$$\mathfrak{F}_{T+} \subset \bigvee_n \mathfrak{F}_{T_n+} \, . \tag{8}$$

<u>Proof</u>. We have (see [1])

$$\mathfrak{F}_{T-} = \bigvee_n \mathfrak{F}_{T_n-} \subset \bigvee_n \mathfrak{F}_{T_n+} \, .$$

Hence (8) follows from (5) and (7). ||

<u>Corollary 2</u>. For a Hunt process, "accessible" = "previsible."

Proof. Let T be previsible and $\{T_n\}$ announce T, namely $T_n < T$ for all n and $T_n \uparrow T$. Then by quasi left continuity,

$$X_T = \lim_n X_{T_n} \quad \text{on} \quad \{T < \infty\} .$$

Since $X_{T_n} \in \mathcal{F}_{T_n+} \subset \mathcal{F}_{T-}$ it follows that $X_T I_{\{T<\infty\}} \in \mathcal{F}_{T-}$ and consequently by (5), $\mathcal{F}_{T+} = \mathcal{F}_{T-}$. The conclusion then follows from Dellacherie's criterion: "if $\mathcal{F}_{T+} = \mathcal{F}_{T-}$ for each previsible T, then accessible = previsible." ||

For an optional T, the condition (4) is the usual strong Markov property. Can we weaken this condition and still get (5)? Intuitively, a "0-1 law at T" should be sufficient. The following result shows that only the "future germ field" at T is involved, but it seems difficult to disentangle it from the past.

Proposition 3. Suppose X is right continuous. Then for any $t \geq 0$:

(9) $$\mathcal{F}_{T+t-} \subset \mathcal{F}_{T-} \vee \mathcal{F}_{[T,T+t)} ;$$

(10) $$\mathcal{F}_{T+t+} = \bigwedge_n [\mathcal{F}_{T-} \vee \mathcal{F}_{[T,T+t+n^{-1})}] .$$

Proof. A generating set of $\mathcal{F}_{T+t-}$ is of the following form:

$$\{T+t > r;\ X_r \in A\} = \{T > r;\ X_r \in A\} \cup \{T = r;\ X_r \in A\} \cup \{r-t < T < r;\ X_r \in A\}$$

where $A \in \mathcal{E}$. Call the three sets on the right Λ_1, Λ_2 and Λ_3. By definition, $\Lambda_1 \in \mathcal{F}_{T-}$, $\Lambda_2 \in \sigma(T;\ X_T)$. Using the same approximation as in the proof of Proposition 1, we have

$$\Lambda_3 = \{0 < r-T < t;\ X(T+(r-T)) \in A\} \in \mathfrak{F}_{[T,T+t)} \vee \sigma(T) .$$

Hence (9) is true. It follows that

(11) $$\mathfrak{F}_{T+t+n^{-1}-} \subset \mathfrak{F}_{T-} \vee \mathfrak{F}_{[T,T+t+n^{-1})} .$$

Intersecting over n, we see that (10) is true provided "=" is replaced by "$\subset$". But for any $s \in [0, t+n^{-1})$, we have

$$X_{T+s} \in \mathfrak{F}_{T+s+} \subset \mathfrak{F}_{T+t+n^{-1}-} .$$

Hence the opposite inclusion to (11) is also true, and consequently the right member of (10) is included in

$$\bigwedge_n \mathfrak{F}_{T+t+n^{-1}-} = \mathfrak{F}_{T+t+} .$$

This establishes (10). ||

We do not know if the right member of (10) can be replaced by the smaller Borel field

$$\mathfrak{F}_{T-} \vee [\bigwedge_n \mathfrak{F}_{[T,T+t+n^{-1})}] .$$

Under the conditions of Proposition 2, this is true for $t = 0$, and in fact the above is then equal to the even smaller Borel field on the right side of (5). Of course this does not mean that

$$\bigwedge_n \mathfrak{F}_{[T,T+n^{-1})} = \sigma(X_T)$$

as a random version of the 0-1 law.

In conclusion, let us remark that the results above may be extended to a process on $(-\infty,+\infty)$ in which case the random variable T will take values in $[-\infty,+\infty]$; see [1].

REFERENCES

[1] K. L. Chung and J. L. Doob. "Fields, Optionality, and Measureability," Amer. J. Math., 87 (1965), 397-424.

[2] R. M. Blumenthal and R. K. Getoor. Markov Processes and Potential Theory, Academic Press, 1968.

EXAMPLES ON LOCAL MARTINGALES

by N.KAZAMAKI

In this note we shall give two remarks relative to changes of time for local martingales. Example 2 shows that the local martingale property is not invariant through changes of time.

We assume that the reader knows the usual definitions; for example, local martingales, stopping times, etc. By a change of time $A=(\underline{\underline{F}}_t, a_t)$ we means a family of stopping times of the $\underline{\underline{F}}_t$ family, finite valued, such that for $\omega \in \Omega$ the sample function $a_\cdot(\omega)$ is right continuous and increasing. All martingales below are assumed to be right continuous.

EXAMPLE 1.- Let $\Omega = R_+$, $\underline{\underline{F}}^o$ the class of all linear Borel sets in Ω and we designate by S the identity function of Ω into R_+. Let $\underline{\underline{F}}_t^o$ be the Borel field generated by $S \wedge t$. We define the probability measure P on Ω by $P(S>t)=e^{-t}$. Let $\underline{\underline{F}}_t$ be the P-completed Borel field of $\underline{\underline{F}}_t^o$. Note that the family $(\underline{\underline{F}}_t)$ is right continuous and quasi-left continuous.

PROPOSITION 1.- Let $A=(\underline{\underline{F}}_t, a_t)$ be a change of time such that $P(S > a_t) > 0$ for each t. Then for any martingale $M=(M_t, \underline{\underline{F}}_t)$, the process $AM=(M_{a_t}, \underline{\underline{F}}_{a_t})$ is also a martingale.

PROOF.- According to THEOREM 1 of [1], it follows that for each t there exists some $s_t \in \bar{R}$ such that

$$(1) \qquad \begin{cases} \text{(i)} \ a_t \geq S & \text{if } S \leq s_t \\ \text{(ii)} \ a_t = s_t & \text{if } S > s_t \,. \end{cases}$$

Obviously s_t is right continuous. As $P(S > a_t) > 0$ for each t from the assumption, each s_t is finite. On the other hand, there exists a constant process $(c_t, \underline{\underline{F}}_t)$ such that

$$(2) \qquad M_t = M_S I_{[S \leq t]} + c_t I_{[S>t]} \,.$$

It follows from (1) that we have

$$M_{a_t} = M_S I_{[S \leq a_t]} + c_{a_t} I_{[S>a_t]} = M_S I_{[S \leq s_t]} + c_{s_t} I_{[S>s_t]} = M_{s_t} \,.$$

Furthermore it is easy to show that for each t we have $\underline{\underline{F}}_{a_t}=\underline{\underline{F}}_{a_t \wedge S}$ and $\underline{\underline{F}}_{s_t}=\underline{\underline{F}}_{s_t \wedge S}$. This implies that $\underline{\underline{F}}_{s_t}=\underline{\underline{F}}_{a_t}$ for each t. Consequently TM is also a martingale. This completes the proof.

PROPOSITION 2.- If $M=(M_t,\underline{\underline{F}}_t)$ is a continuous martingale, then $M_t \equiv C$, where C is a constant.

PROOF.- From formule(2) the continuity of c_t can be deduced by noting that M is continuous. Clearly we then have $M_S(\omega) = c_\omega$ a.s. On the other hand, it follows from formule(2) that the martingale equality implies the following:

$$(3) \qquad \int_s^t M_S \, dP = c_s e^{-s} - c_t e^{-t} \quad (s<t).$$

Then an easy computation shows

$$(4) \qquad \frac{d}{dt} c_t = 0 \qquad \text{i.e} \quad c_t = C.$$

Consequently we have $M_t \equiv C$.

The above proposition implies that any non-constant martingale on this probability space is quasi-left continuous but not continuous.

EXAMPLE 2.- Let $(\Omega, \underline{\underline{F}}, P)$ be a complete probability space, given an increasing right continuous family$(\underline{\underline{F}}_t)$ of Borel subfields of $\underline{\underline{F}}$ as usal. Note that if M is a weak martingale, for any change of time $A=(\underline{\underline{F}}_t, a_t)$ the process AM is also a weak martingale.(see[2]).

We suppose now that there exists a continuous martingale $M = (M_t, \underline{\underline{F}}_t)$, $M_0=0$, with the property $P(\limsup_{t\to\infty} M_t = \infty) = 1$; for example one dimensinal Brownian motion. Then the random variable a_t defined by

$$(5) \qquad a_t = \inf(u: M_u > t)$$

is a finite stopping time of the family$(\underline{\underline{F}}_t)$. Clearly $a_0=0$ and $a_\infty = \infty$ a.s. It is easy to see that the change of time A satisfies $M_{a_t} = t$ from the continuity of M. The process $AM = (t, \underline{\underline{F}}_{a_t})$ is not a local martingale. Thus the local martingale property is not invariant through changes of time. This fact should be noted.

REFERENCES

[1] C.DELLACHERIE ; Un exemple de la théorie général des processus. Séminaire de Probabilités lV, Université de Strasbourg , Lecture Notes in Mathematics vol.124, Springer , Heidelberg 1970.

[2] N.KAZAMAKI ; Changes of time, Stochastic integrals and weak martingales, Zeitschrift für W-theorie (to appear).

MATHEMATICAL INSTITUTE
TÔHOKU UNIVERSITY
SENDAI, JAPAN

Université de Strasbourg
Séminaire de Probabilités 1970/71

KRICKEBERG'S DECOMPOSITION FOR LOCAL MARTINGALES

by N.KAZAMAKI

Any L^1- bounded martingale can be uniquely decomposed into two positive martingales possessing some additional property : this is the well known Krickeberg decomposition, which will be recalled below. In the present note we extend this fact to the local martingale case, following the same idea.

1. - Let Ω be a set, $\underline{\underline{F}}$ a Borel field of subsets of Ω, P a probability measure defined on $(\Omega,\underline{\underline{F}})$. We are given a family $(\underline{\underline{F}}_t)$ of Borel subfields of $\underline{\underline{F}}$, increasing and right continuous. We may, and do, assume that $\underline{\underline{F}}$ has been completed with respect to P, and that each $\underline{\underline{F}}_t$ contains all sets of measure zero. We assume that the reader knows the usual definitions, for example : stopping times, changes of times, martingales , etc (see [1]). We don't distinguish two processes X and Y such that for a.e. ω $X_t(\omega)=Y_t(\omega)$ $\forall t\geq 0$; this is important for the understanding of uniqueness statements below.

2. - All martingales considered below are assumed to be right continuous.

<u>Proposition 1.- A martingale</u> $X=(X_t,\underline{\underline{F}}_t)$ <u>is L^1-bounded if and only if it can be written as the difference of two positive martingales. These martingales $X^{(1)}$ and $X^{(2)}$ then can be chosen so as to realize the equality</u>

$$(1) \qquad \sup_t E[|X_t|] = E[X_0^{(1)}] + E[X_0^{(2)}]$$

<u>This decomposition then is unique.</u>

<u>Proof.</u> The "if" part is clear. To prove the "only if" part, set

$$X_t^{(1)} = \lim_n E[X_n^+|\underline{\underline{F}}_t] \quad , \quad X_t^{(2)} = \lim_n E[X_n^-|\underline{\underline{F}}_t]$$

The monotone convergence theorem shows that if s<t, we have $E[X_t^{(i)}|\underline{\underline{F}}_s] = X_s^{(i)}$, i=1,2. This is the martingale equality, and since the family $(\underline{\underline{F}}_t)$ is right continuous we may assume that right continuous modifications of the above processes have been chosen. Then it is easy to

see that $X=X^{(1)}-X^{(2)}$, and that the equality (1) holds .

If we have another decomposition $X=Y-Z$ of X into two positive martingales, then $Y_t \geqq X_t^{(1)}$ and $Z_t \geqq X_t^{(2)}$. If this decomposition satisfies (1), we must have $E[Y_0]=E[X_0^{(1)}]$ and $E[Z_0]=E[X_t^{(2)}]$ and the uniqueness statement follows from it. It is interesting for the sequel to remark that the conclusion $Y_t \geqq X_t^{(1)}$, $Z_t \geqq X_t^{(2)}$ is true also if Y,Z are just assumed to be supermartingales $\geqq 0$.

3.- Definition 2. A process $X=(X_t,\underline{\underline{F}}_t)$ is said to be a local martingale if there exists an increasing sequence (T_n) of stopping times of $(\underline{\underline{F}}_t)$ such that $\lim_n T_n = \infty$ and for each n the process $(X_{t\wedge T_n} I_{\{T_n>0\}}, \underline{\underline{F}}_t)$ is a martingale which belongs to the class (D).

To be short, we shall say that a stopping time T reduces the process X if $(X_{t\wedge T} I_{\{T>0\}})$ belongs to the class (D) - one may then show that it is a martingale - and we shall call a sequence T_n as above a fundamental sequence for the local martingale X.

Now we set $\|X\|_1 = \sup_T E[|X_T|]$, T ranging over the set of all a.s. finite stopping times. If $\|X\|_1<\infty$, the local martingale is said to be bounded in L^1.

Theorem 3 . Let X be a local martingale. Then $\|X\|_1 = \sup_n E[|X_{T_n}|]$ for any fundamental sequence (T_n) consisting of a.s. finite stopping times. If X is L^1-bounded, then X can be written as the difference $X^{(1)}-X^{(2)}$ of two positive local martingales , which can be chosen so as to realize the equality

$$(2) \qquad \|X\|_1 = E[X_0^{(1)}]+E[X_0^{(2)}]$$

This decomposition then is unique.

Proof. We have $E[|X_{T_n}|] \leqq \|X\|_1$ for all n. Let T be any finite stopping time. A well known submartingale inequality gives us $E[|X_{T\wedge T_n} I_{\{T_n>0\}}|] \leqq E[|X_{T_n} I_{\{T_n>0\}}|]$, and $E[|X_T|] \leqq \sup_n E[|X_{T_n}|]$ now comes from Fatou's lemma. This proves the first statement.

Assume $\|X\|_1<\infty$. Then X_0 is integrable. The process $(X_{t\wedge T_n})$ is a local martingale (stopping preserves the local martingale property) and belongs to the class (D), hence is a martingale of the class (D), and we have no need to insert $I_{\{T_n>0\}}$. For each n, denote by $X_t^{(1,n)}$ and $X_t^{(2,n)}$ the martingales appearing in the Krickeberg decomposition of $X_{t\wedge T_n}$.

The processes $X^{(1,n)}_{t\wedge T_{n-1}}$, $X^{(2,n)}_{t\wedge T_{n-1}}$ are positive martingales, and their difference is the martingale $X_{t\wedge T_{n-1}}$. Therefore we have

$$X^{(1,n)}_{t\wedge T_{n-1}} \geqq X^{(1,n-1)}_t \quad , \quad X^{(2,n)}_{t\wedge T_{n-1}} \geqq X^{(2,n-1)}_t$$

and $E[X^{(1,n)}_0 + X^{(2,n)}_0] = \sup_T E[|X_{T\wedge T_n}|]$. The processes $Y^{(i,n)}_t = X^{(i,n)}_{t\wedge T_n} I_{\{t\leq T_n\}}$ (i=1,2) are supermartingales and increase with n, therefore their limit still is a right continuous process (see [1], chapter VI, theorem 16) . Denote this limit by $X^{(i)}_t$. We also have

$$X^{(i)}_t = \lim_n X^{(i,n)}_t$$

The processes $X^{(i)}_t$ are positive supermartingales, their difference is X_t , and we have $E[X^1_0+X^2_0] \leqq \|X\|_1$ from Fatou's lemma - in fact, this must be an equality, since the reverse inequality is obvious. On the other hand, $X^{(i)}_{t\wedge T_k}$ is the limit of the increasing sequence of martingales $X^{(i,n+k)}_{t\wedge T_k}$ as $n\to\infty$. We now remark that $X^{(i,n+k)}_{t\wedge T_k} = E[X^{(i,n+k)}_{T_k} | \underline{\underline{F}}_t]$ and, using monotone convergence, that $X^{(i)}_{t\wedge T_k} = E[X^{(i)}_{T_k} | \underline{\underline{F}}_t]$. Hence this process is a class (D) martingale, T_k reduces $X^{(i)}$, which therefore is a local martingale. The existence part is proved.

To prove the uniqueness, consider another decomposition $X=Y^{(1)}-Y^{(2)}$ where $Y^{(1)},Y^{(2)}$ are positive local martingales, and $E[Y^{(1)}_0+Y^{(2)}_0] = \|X\|_1$. Note that $Y^{(i)}$ is a supermartingale , i=1,2. Stopping at time T_k, and using our remark at the end of the proof of proposition 1, we get that $Y^{(i)}_{t\wedge T_k} \geqq X^{(i,k)}_t$. Letting $k\to\infty$, we have $Y^{(i)} \geqq X^{(i)}$, and the condition on expectations implies $E[Y^{(i)}_0]=E[X^{(i)}_0]$. The positive supermartingale $Y^{(i)}-X^{(i)}$ being equal to 0 for t=0 must be identically 0, and the theorem is proved.

<u>Corollary</u> 1. <u>For any local martingale</u> X

$$(\forall\lambda>0) \ , \ \lambda P\{ \sup_t |X_t| > \lambda \} \leqq \|X\|_1$$

<u>Corollary</u> 2. <u>If</u> $\|X\|$ <u>is finite</u>, <u>then</u> X_t <u>converges a.s. to an integrable random variable as</u> $t\to\infty$.

<u>Proof</u>. X is the difference of two positive supermartingales.

<u>Remark</u> that for any normal change of time $\Theta=(\underline{\underline{F}}_t,\theta_t)$ we have $(\Theta X)^{(i)}_t = X^{(i)}_{\theta_t}$, i=1,2 .

REFERENCES

[1]. P.A.Meyer, Probabilitès et Potentiels, Hermann, Paris, 1966

[2]. P.A.Meyer. Non square integrable martingales, etc. Martingale theory (Oberwolfach meeting) Lecture Notes in Mathematics, vol.190, Springer-Verlag 1970.

Norihiko KAZAMAKI
Mathematical Institute
Tôhoku University
Sendai, Japon

NOTE ON A STOCHASTIC INTEGRAL EQUATION

by N. KAZAMAKI

In the present paper we shall consider the stochastic integral equation

$$(1) \qquad Z_t = x + \int_0^t f(Z_u)dM_u + \int_0^t g(Z_u)dU_u \ , \quad x \in R^1$$

where $M=(M_t)$, $M_0=0$, is a locally square integrable martingale and $U=(U_t)$, $U_0=0$, is a continuous increasing process.

Let $(\Omega, \underline{\underline{F}}, P)$ be a complete probability space, given an increasing right continuous family $(\underline{\underline{F}}_t)$ of sub σ - fields of $\underline{\underline{F}}$. We suppose as usual that $\underline{\underline{F}}_0$ contains all the negligible sets. By a normal change of time $A=(\underline{\underline{F}}_t, a_t)$ we means a family of stopping times of the family $(\underline{\underline{F}}_t)$, finite valued, such that for $\omega \in \Omega$ the sample function $a_{\cdot}(\omega)$ is strictly increasing, $a_0(\omega)=0$, $a_\infty(\omega)=\lim_{t\to\infty} a_t(\omega)=\infty$ and continuous. We don't distinguish two processes X and Y such that for a.e $\omega \in \Omega$ $X_{\cdot}(\omega)=Y_{\cdot}(\omega)$. We assume that the reader knows the usual definitions.

THEOREM.- Assume that the family $(\underline{\underline{F}}_t)$ is quasi-left continuous. Then for coefficients f and g belonging to $C^1(R^1)$ and of bounded slope the equation (1) has one and only one solution.

PROOF.- From the quasi-left continuity of $(\underline{\underline{F}}_t)$, it follows that there exists a unique continuous increasing process $\langle M\rangle$ such that $M^2-\langle M\rangle$ is a local martingale. Define

$$(2) \qquad b_t = t + \langle M\rangle_t + U_t \ , \quad a_t = \inf(u; b_u > t) \ .$$

Then an easy computation shows that $A=(\underline{\underline{F}}_t, a_t)$ and $B=(\underline{\underline{F}}_{a_t}, b_t)$ are normal changes of time.

For every t, put

$$(3)\qquad Y_t = Z_{a_t},\ N_t = M_{a_t},\ V_t = U_{a_t}.$$

The process N is a square integrable martingale and V is the natural increasing process associated to N ; clearly V is, in fact, continuous. It is shown in [1] that we have

$$(4)\qquad \int_0^{a_t} f(Z_u)dM_u = \int_0^t f(Y_u)dN_u .$$

Thus , in order to show the existence of the unique solution of (1) , it suffices to consider the following stochastic integral equation

$$(1^*)\qquad Y_t = x + \int_0^t f(Y_u)dN_u + \int_0^t g(Y_u)dV_u .$$

For simplicity, the proof is spelled out for $0 \leqq t \leqq 1$ only. Without loss of generality, we may assume that $\max(\|f'\|_\infty , \|g'\|_\infty) \leqq 1/2$.

Define in succession

$$(5)\qquad \begin{aligned} Y_t^0 &= x \\ Y_t^n &= x + \int_0^t f(Y_u^{n-1})dN_u + \int_0^t g(Y_u^{n-1})dV_u , \quad n=1,2,\ldots \end{aligned}$$

Put now

$$c_t^n = f(Y_t^n)-f(Y_t^{n-1}) , \quad d_t^n = g(Y_t^n)-g(Y_t^{n-1}) .$$

As $t = b_{a_t} = a_t + \langle N\rangle_t + V_t$ by the definition of a_t , we have

$$\begin{aligned} D_n(t) &= E[(Y_t^{n+1}- Y_t^n)^2] \\ &\leqq 2E[(\int_0^t c_u^n \, dN_u)^2 + (\int_0^t d_u^n \, dV_u)^2] \\ &\leqq 2 \left\{E[\int_0^t (c_u^n)^2 d\langle N\rangle_u] + E[V_t \int_0^t (d_u^n)^2 dV_u]\right\} \\ &\leqq 2 \left\{E[\int_0^t (c_u^n)^2 du] + E[\int_0^t (d_u^n)^2 du] \right\} \\ &\leqq 2(\|f'\|_\infty^2 + \|g'\|_\infty^2) \int_0^t E[(Y_u^n - Y_u^{n-1})^2] \, du \\ &\leqq \int_0^t D_{n-1}(u) \, du \leqq \text{Const.} \times t^n/n! . \end{aligned}$$

Since the process $(\int_0^t c_u^n \, dN_u)$ is a martingale, the extension of Kolmogorov s inequality to martingales shows that for any $\varepsilon>0$

$$\varepsilon^2 P(\sup_{0\leq t\leq 1} |\int_0^t c_u^n \, dN_u| \geq \varepsilon) \leq E[(\int_0^1 c_u^n \, dN_u)^2]$$
$$\leq E[\int_0^1 (c_u^n)^2 du]$$
$$\leq \|f'\|_\infty^2 \int_0^1 D_{n-1}(u)\, du$$
$$\leq \text{Const.} * 1/n! \quad .$$

Similarly, we get by using the Schwarz inequality

$$P(\sup_{0\leq t\leq 1} |\int_0^t d_u^n \, dV_u| \geq \varepsilon) = P(\sup_{0\leq t\leq 1} [\int_0^t d_u^n dV_u]^2 \geq \varepsilon^2)$$
$$\leq P(\sup_{0\leq t\leq 1} V_t \int_0^t (d_u^n)^2 dV_u \geq \varepsilon^2)$$
$$\leq P(\int_0^1 (d_u^n)^2 du \geq \varepsilon^2)$$
$$\leq \varepsilon^{-2} E[\int_0^1 (d_u^n)^2 du]$$
$$\leq \text{Const.} * \varepsilon^{-2}/n! \quad .$$

Thus $P(\sup_{0\leq t\leq 1} |Y_t^{n+1} - Y_t^n| \geq 2\varepsilon) \leq \text{Const.} * \varepsilon^{-2}/n!$. Pick $\varepsilon^{-2} = (n-2)!$. Then $\varepsilon^{-2}/n!$ is the general term of a convergent sum, and so the Borel-Cantelli lemma shows that Y_t^n converges uniformly a.s for $0\leq t\leq 1$ to some random variable Y_t^* ; clearly Y_t^* is $\underline{\underline{F}}_{a_t}$ - measurable and for a.s ω the sample function $Y^*(\omega)$ is right continuous. Because of this, $f(Y_t^n)$ (resp. $g(Y_t^n)$) converges uniformly a.s to $f(Y_t^*)$ (resp. $g(Y_t^*)$). According to THEOREM 10 of [1] , $\int_0^t f(Y_u^n) dN_u$ converges uniformly in probability to $\int_0^t f(Y_u^*) dN_u$, i.e for each $\varepsilon>0$, $\lim_n P(\sup_{0\leq t\leq 1} |\int_0^t f(Y_u^n) dN_u - \int_0^t f(Y_u^*) dN_u| > \varepsilon) = 0$.

Thus, for some subsequence (n_k), we get

$$(6) \qquad \lim_k \sup_{0\leq t\leq 1} |\int_0^t f(Y_u^{n_k})\, dN_u - \int_0^t f(Y_u^*)\, dN_u| = 0 \quad \text{a.s}$$

As $\int_0^t g(Y_u^n)dV_u$ converges uniformly a.s to $\int_0^t g(Y_u^*)\,dV_u$, we have

$$(7) \qquad Y_t^* = x + \int_0^t f(Y_u^*)\,dN_u + \int_0^t g(Y_u^*)dV_u \ .$$

This completes the proof of existence. We are now going to show its uniqueness. Let (Y_t^1) and (Y_t^2) be solutions of (1*). Then the random variable r defined by

$$r = \inf\,(t;\max_i |Y_t^i| \geqq n)\ .$$

is a stopping time of the family $(\underline{\underline{F}}_{a_t})$. We denote $Y_t^i\, I_{[t<r]}$ by $\hat{Y}_t^i$. Then for $t \leqq r$ we have

$$\hat{Y}_t^2 - \hat{Y}_t^1 = \int_0^t [f(\hat{Y}_u^2) - f(\hat{Y}_u^1)]dN_u + \int_0^t [g(\hat{Y}_u^2) - g(\hat{Y}_u^1)]dV_u \ .$$

From the definition of r , $\hat{D}(t)=E[(\hat{Y}_t^2-\hat{Y}_t^1)^2] \leqq 4n^2 < \infty$. On the other hand , $\hat{D}(t) \leqq \int_0^t \hat{D}(u)\,du$ as in the proof of existence. Thus $\hat{D}(t) \equiv 0$, and making $n \to \infty$ we obtain the uniqueness statement. Consequently $BY^* = (Y_{b_t}^*, \underline{\underline{F}}_t)$ is the unique solution of the equation (1). Hence the theorem is established.

REFERENCE

[1] N.KAZAMAKI ; Some properties of martingale integrals , Ann.Inst.Henri Poincaré, vol.Vll, n°1, 1971.

MATHEMATICAL INSTITUTE
TÔHOKU UNIVERSITY
SENDAI, JAPAN

Université de Strasbourg
Séminaire de Probabilités 1970/71

UN GROS PROCESSUS DE MARKOV
APPLICATION A CERTAINS FLOTS

par J. de Sam Lazaro et P.A. Meyer

Dans notre article [2], nous avons décrit la construction de prédicteurs pour les flots filtrés purement stochastiques, i.e., de versions particulières des opérateurs d'espérance conditionnelle par rapport au passé. Comme il est malsain de bâtir des théories générales sans jamais regarder de cas particuliers, nous nous sommes proposés de " calculer" l'un de ces prédicteurs dans le cas du flot du mouvement brownien. Le calcul ne présente d'ailleurs aucune difficulté, sinon celle de choisir des notations un peu maniables. Mais il se trouve aussi qu'il a une signification un peu plus générale, et permet d'interpréter une très jolie formule de DAWSON [1].

LE CAS MARKOVIEN

Nous considérons un espace d'états polonais E, sur lequel est donné un semi-groupe markovien (P_t) satisfaisant aux hypothèses droites (s'il est sous-markovien , on le rend markovien au préalable de la manière habituelle). Nous en construisons la réalisation continue à droite canonique, sans complétion des tribus

(1) $\Omega^+, \underline{\underline{F}}^+ , \underline{\underline{F}}_t^+ , X_t^+ , P_x^+$

(malgré la présence du signe +, la famille $(\underline{\underline{F}}_t^+)$ n'est pas non plus rendue continue à droite !) . Nous considérerons deux autres espaces :

(2) $\Omega^- , \underline{\underline{F}}^-, X_t^-$

l'ensemble de toutes les applications de $\mathbb{R}_+$ dans E, continues à gauche sur $]0,\infty[$, avec sa tribu naturelle et ses applications coordonnées, et

(3) $\Omega, \underline{\underline{F}}, \underline{\underline{F}}_t , X_t , \Theta_t \quad (t\in\mathbb{R})$

l'ensemble des applications continues à droite de $\mathbb{R}$ dans E, avec sa famille de tribus naturelle et ses applications coordonnées. La translation Θ_t est définie comme d'habitude par $X_s(\Theta_u\omega)= X_{s+u}(\omega)$.

Etant donnés $\omega\in\Omega$, $t\in\mathbb{R}$, nous pouvons " partager" ω en deux applications de $\mathbb{R}_+$ dans E, $\omega_t^+\in\Omega^+$ et $\omega_t^-\in\Omega^-$, de la manière suivante :

(4) $$X_s^+(\omega_t^+) = X_{t+s}(\omega) \quad , \quad X_s^-(\omega_t^-) = X_{t-s}(\omega)$$

Etant donnés d'autre part deux éléments ω^- et ω^+ de Ω^- et Ω^+ respectivement, nous pouvons définir un élément $\omega^-|t|\omega^+$ de Ω par

(5) $$X_s(\omega^-|t|\omega^+) = X_{s-t}^+(\omega^+) \text{ si } s\geqq t$$
$$= X_{t-s}^-(\omega^-) \text{ si } s<t$$

On a $(\omega^-|t|\omega^+)_t^+ = \omega^+$, mais $(\omega^-|t|\omega^+)_t^-$ n'est égal à ω^- que si $X_0^-(\omega^-) = X_0^+(\omega^+)$. Il faut aussi noter la formule

(6) $$\Theta_u(\omega^-|t|\omega^+) = \omega^-|t-u|\omega^+$$

Nous allons construire un processus de Markov (le " gros" processus du titre) dont l'espace de base sera Ω, l'espace d'états Ω^- . Nous prendrons comme variables aléatoires, pour $t\geqq 0$

(7) $$\xi_t(\omega) = \omega_t^-$$

Pour chaque $\omega^-\in\Omega^-$, nous définirons une mesure P_{ω^-} sur Ω , comme l'image de la mesure $\varepsilon_{\omega^-}\otimes P^+_{X_0^-(\omega^-)}$ par l'application $(w^-,w^+)\mapsto w^-|0|w^+$ de $\Omega^-\times\Omega^+$ dans Ω. Ainsi pour la loi P_{ω^-} le processus $(X_t)_{t\in\mathbb{R}}$ sur Ω est déterministe jusqu'à l'instant 0, et à partir de 0 un processus de Markov issu de $X_0^-(\omega^-)$.

PROPOSITION. <u>Le système</u> ($\Omega,(\underline{\underline{F}}_t)_{t\geqq 0}$, $(\xi_t)_{t\geqq 0}$, (Θ_t), P_{ω^-}) <u>est un processus de Markov au sens de DYNKIN sur</u> Ω .

DEMONSTRATION. Il est très facile de vérifier que ξ_t est $\underline{\underline{F}}_t$-mesurable, et que $\xi_t\circ\Theta_s=\xi_{t+s}$.

Ensuite, nous allons indiquer (en adaptant la méthode de DAWSON dans [1]) une recette pour le calcul des espérances conditionnelles. A toute fonction positive F $\underline{\underline{F}}^-\times\underline{\underline{B}}(\mathbb{R}_+)\times\underline{\underline{F}}^+$-mesurable sur $\Omega^-\times\mathbb{R}_+\times\Omega^+$ associons la fonction sur $\Omega^-\times\mathbb{R}_+\times E$

(8) $$\Phi(\omega^-,t,x\ ) = E_x^+[F(\omega^-,t,.)]$$

Je dis qu'alors Φ est $\underline{\underline{F}}^-\times\underline{\underline{B}}(\mathbb{R}_+)\times\underline{\underline{B}}(E)$-mesurable, et que de plus, pour toute loi P_{w^-} l'espérance conditionnelle de la fonction $\omega\mapsto F(\omega_t^-,t,\omega_t^+)$ par rapport à $\underline{\underline{F}}_t$ est égale à $\omega\mapsto\Phi(\omega_t^-,t,X_t(\omega))$. On a même un résultat plus fort : si T est un temps d'arrêt de la famille $(\underline{\underline{F}}_{t+})$, l'espérance conditionnelle de $\omega\mapsto F(\omega^-_{T(\omega)},T(\omega),\omega^+_{T(\omega)})$ par rapport à $\underline{\underline{F}}_{T+}$, pour toute loi P_{w^-} , est égale à $\omega\mapsto\Phi(\omega^-_{T(\omega)},T(\omega),X_{T(\omega)}(\omega))$. Noter que $X_T(\omega)=X_0^-(\omega_T^-)$.

Pour voir cela, il suffit, grâce au théorème des classes monotones, de se borner au cas où $F(\omega^-,t,\omega^+)$ s'écrit $a(\omega^-)b(t)c(\omega^+)$, et c'est alors la propriété de Markov (faible ou forte, suivant le cas) du processus $(X_t)_{t\geqq 0}$ pour la mesure P_{w^-} , relativement à la famille $(\underline{\underline{F}}_t\ )_{t\geqq 0}$.

Ceci étant, nous pouvons calculer pour toute fonction positive $\underline{\underline{F}}$-mesurable f sur Ω, l'espérance $E_{w^-}[f|\underline{\underline{F}}_t]$, ou même $E_{w^-}[f|\underline{\underline{F}}_{T+}]$. Introduisons en effet la fonction

(9) $$F(\omega^-,t,\omega^+) = f(\omega^-|t|\omega^+)$$

et la fonction Φ correspondante. La fonction $\omega \mapsto F(\omega_t^-,t,\omega_t^+)$, ou même $\omega \mapsto F(\omega_T^-,T,\omega_T^+)$, n'est autre que f, car $\omega_T^-|T|\omega_T^+ = \omega$ identiquement. Ainsi $E[f|\underline{\underline{F}}_{T+}] = \Phi(\omega_T^-,T(\omega),X_T(\omega))$.

Démontrons d'abord la propriété de Markov simple du processus (ξ_t), à la manière de DYNKIN. Il nous faut prouver que si f est comme ci-dessus

(10) $$E_{w^-}[f\circ\Theta_t|\underline{\underline{F}}_t] = E_{\xi_t}[f] \quad P_{w^-}\text{-p.s.}$$

Nous écrivons la fonction F correspondant à $f\circ\Theta_t$, soit $F(\omega^-,t,\omega^+) = f(\Theta_t(\omega^-|t|\omega^+)) = f(\omega^-|0|\omega^+)$. Alors $\Phi(\omega^-,t,x) = E_x^+[f(\omega^-|0|.)]$, et l'espérance conditionnelle au premier membre vaut

$$E^+_{X_0^-(\omega_t^-)}[f(\omega_t^-|0|.)]$$

Que vaut $E_{\xi_t(\omega)}[f] = E_{\omega_t^-}[f]$? Par définition de la mesure $P_{\omega_t^-}$, mesure image de $\varepsilon_{\omega_t^-}\otimes P^+_{X_0^-(\omega_t^-)}$ par $(u^-,u^+) \mapsto u^-|0|u^+$, c'est $E^+_{X_0^-(\omega_t^-)}[f(\omega_t^-|0|.)]$, et la propriété est établie. La propriété de Markov forte s'établit de même, seules les notations se compliquent un peu.

APPLICATION AU FLOT BROWNIEN

Conservons pour un instant les définitions précédentes. Nous désignerons par (Π_t) le semi-groupe de transition du gros processus. Si μ est une loi initiale sur Ω^-, la loi correspondante sur Ω sera notée Π_μ.

Nous prenons maintenant $E=\mathbb{R}$, et pour (P_t^+) le semi-groupe du mouvement brownien. Nous notons $W^-=W^+$ l'ensemble des applications continues de $\mathbb{R}_+$ dans $\mathbb{R}$, nulles pour t=0 (c'est un sous-ensemble de Ω^- et Ω^+), et W l'ensemble de toutes les applications continues de $\mathbb{R}$ dans $\mathbb{R}$ nulles pour t=0. Nous prendrons pour loi initiale sur Ω^- la loi du mouvement brownien issu de 0, qui est portée par W^-, et que nous noterons μ, et comme loi sur Ω la loi Π_μ, qui est portée par W. Le processus $(X_t)_{t\geq 0}$ est alors lui aussi un mouvement brownien issu de 0. Si $\omega^-\in W^-$, la loi P_{ω^-} est portée par W, et la mesure $\Pi_t(\omega^-,d.)$ par W^- pour tout t.

L'opérateur de translation ne préserva pas W, mais si l'on définit pour $\omega\in W$ $\Gamma_t(\omega)$ par

$$X_s(\Gamma_t\omega) = X_{s+t}(\omega)-X_t(\omega)$$

alors nous avons un opérateur de translation sur W. Le système

$$W,\ \underline{\underline{F}},\ \underline{\underline{F}}_t,\ \Pi_\mu,\ \Gamma_t$$

est le flot du mouvement brownien - il est en effet trivial que Γ_t préserve la mesure Π_μ. Nous voudrions montrer que le prédicteur fondamental en est le noyau $\omega \mapsto P_{\omega_0^-}$ de W dans W. Cela signifie, d'après [2], que

PROPOSITION. *Si* f *est* $\underline{\underline{F}}$*-mesurable positive sur* W, *et si* T *est un temps d'arrêt de la famille* $(\underline{\underline{F}}_{t+})$, $T\geq 0$, *on a*

$$E_\mu[f\circ\Gamma_T|\underline{\underline{F}}_{T+}] = g\circ\Gamma_T$$

où g *est définie sur* W *par* $g(\omega)=E_{\omega_0^-}[f]$.

DEMONSTRATION. On se ramène, par un argument de classes monotones, au cas où $f(\omega)$ est un produit de deux fonctions positives $a(\omega_0^-)b(\omega_0^+)$, a et b étant mesurables sur $W^-=W^+$. On a alors $g(\omega)=a(\omega_0^-)E_0^+[b]$, et la formule résulte aussitôt du fait que l'application $\omega\mapsto a((\Gamma_T\omega)_0^-)$ est $\underline{\underline{F}}_{T+}$-mesurable, tandis que $\omega\mapsto b((\Gamma_T\omega)_0^+)$ est indépendante de $\underline{\underline{F}}_{T+}$, le processus $(X_{T+t}-X_T)$ étant un mouvement brownien indépendant de $\underline{\underline{F}}_{T+}$.

L'application au mouvement brownien est donc une trivialité, qui aurait bien pu se traiter sans l'arsenal qui précédait. On en aurait eu un peu plus besoin si l'on avait voulu traiter le cas général des flots de processus à accroissements indépendants (non continus). Le point à retenir de tout ceci est surtout, sans doute, le système de notations qui permet d'écrire " explicitement" les prédicteurs comme de vrais noyaux.

BIBLIOGRAPHIE

[1] DAWSON (D.A.). Equivalence of Markov processes. Trans. Amer. M.Soc. 1968, p.1-31.

[2] SAM LAZARO (J.) et MEYER (P.A.). Méthodes de martingales et théorie des flots. Z. für W-th. verw. Geb. 18, 1971, 116-140.

INSTITUT DE RECHERCHE MATHEMATIQUE AVANCEE
Laboratoire Associé au C.N.R.S.
Université Louis Pasteur
7, rue René Descartes
67 - STRASBOURG

1970/71

- Séminaire de Probabilités -

TOPOLOGIES DU TYPE DE SKOROHOD

par B. MAISONNEUVE

INTRODUCTION - NOTATIONS

Etant donnés un compact métrisable E et un intervalle $|a,b|$ quelconque de R, nous désignons par $\Omega_{|a,b|}$ l'ensemble des applications continues à droite et pourvues de limites à gauche de $|a,b|$ dans E (on exige de plus la continuité à gauche en b si $b \in |a,b|$). Les espaces Ω_R, $\Omega_{[0,+\infty[}$ et $\Omega_{[0,1]}$ sont notés W, Ω et D respectivement.

Nous définissons sur l'espace $\Omega_{|a,b|}$ une topologie polonaise par un procédé analogue à celui de Skorohod pour l'espace D (1). Pour $|a,b| = [0,1]$ cette topologie est celle de Skorohod, mais si $|a,b| \supset [0,1]$ la topologie trace de la topologie de $\Omega_{|a,b|}$ sur D est un peu moins fine que celle de Skorohod (D est identifié à l'ensemble des applications de $\Omega_{|a,b|}$ constantes sur $|a,0]$ et sur $[1,b|$).

Nous étudions les propriétés de continuité à droite et d'existence de limites à gauche des applications de translation $(\eta_t)_{t\in R}$ et $(\theta_t)_{t\geq 0}$ de W et Ω munis des topologies précédentes.

REMARQUE PRELIMINAIRE

Pour définir sur l'espace $\Omega_{|a,b|}$ une topologie d'espace polonais, il suffit de traiter le cas $E=[0,1]$; l'extension au cas d'un compact métrisable s'en déduit facilement. Nous supposerons également par la suite que $|a,b|$ est l'un des intervalles R, $[0,+\infty[$ ou $[0,1]$, car tous les autres cas peuvent s'y rapporter par l'usage d'une bijection convenable.

Pour toute fonction ω de $\Omega_{|a,b|}$, nous noterons $\|\omega\| = \sup_{t\in|a,b|} |\omega(t)|$ et nous désignerons par $\underline{\omega}$ l'application $t \to e^{-|t|}\omega(t)$. D'après l'hypothèse $E = [0,1]$ on a $\|\underline{\omega}\| \leq \|\omega\| \leq 1$.

DEFINITIONS

A. Classe des changements de temps

Désignons par $\mathfrak{J}_{|a,b|}$ l'ensemble des applications croissantes de $|a,b|$ dans lui-même. Les éléments de $\mathfrak{J}_{|a,b|}$ seront appelés changements de temps. Le changement de temps identique est noté i.

B. Taille d'un changement de temps

Nous appellerons taille d'un changement de temps τ de $\mathfrak{J}_{|a,b|}$ le nombre suivant de $[0,+\infty]$

$$|\tau| = \sup_t |\tau(t)-t| + \sup_{s\neq t} \left|\log \frac{\tau(t)-\tau(s)}{t-s}\right| ,$$

où s et t sont pris dans $|a,b|$.

Si $|\tau| < +\infty$, τ est un homéomorphisme de $|a,b|$ sur lui-même et l'on a $|\tau^{-1}| = |\tau|$. Si $|\sigma| < +\infty$ et $|\tau| < +\infty$ on a aussi $|\sigma\circ\tau| \leq |\sigma| + |\tau|$

C. Pour tout couple (ω,ω') d'éléments de $\Omega_{|a,b|}$ posons $d_{|a,b|}(\omega,\omega') = \inf_{\tau\in\mathfrak{J}_{|a,b|}} (|\tau| + \|\underline{\omega}\circ\tau - \underline{\omega}'\|)$. En prenant $\tau = i$ on voit que $d_{|a,b|}(\omega,\omega') \leq 2$. Pour que $d_{|a,b|}(\omega_n,\omega) \to 0$ il faut et il suffit qu'il existe une suite (τ_n) d'éléments de $\mathfrak{J}_{|a,b|}$ telle que $|\tau_n| \to 0$ et $\underline{\omega}_n\circ\tau_n \to \underline{\omega}$ uniformément. On a alors $\omega_n(t)\to\omega(t)$ en tout point de continuité de ω.

Remarque : il est inutile de faire intervenir les fonctions $\underline{\omega}$ dans le cas $|a,b| = [0,1]$. Mais de cette manière nous pouvons traiter les trois cas simultanément.

Nous avons alors le résultat suivant :

THEOREME.1. - L'application $d_{|a,b|}$ est une distance sur $\Omega_{|a,b|}$. L'espace $\Omega_{|a,b|}$ est séparable et complet pour $d_{|a,b|}$.

<u>DEMONSTRATION</u>. - Le fait que $d_{|a,b|}$ soit une distance résulte facilement des diverses propriétés énoncées après les définitions B et C. L'ensemble des fonctions en escaliers à valeurs et points de discontinuité rationnels constitue un ensemble dense pour $d_{|a,b|}$, grâce à l'intervention des $\underline{\omega}$.

<u>Montrons que</u> $\Omega_{|a,b|}$ <u>est complet pour</u> $d_{|a,b|}$. Pour simplifier les notations de cette démonstration, nous n'écrirons pas $|a,b|$ à côté de Ω, d. Soit donc $(\omega_n)_{n\geq 1}$ une suite de Cauchy pour d. Quitte à extraire une sous-suite de cette suite, nous pouvons supposer que $d(\omega_n, \omega_{n+1}) < \frac{1}{2^n}$, $n \geq 1$ ce qui entraine l'existence d'une suite (τ_n) de changements de temps telle que

$$|\tau_n| < \frac{1}{2^n} \quad \text{et} \quad \|\underline{\omega_n} \circ \tau_n - \underline{\omega_{n+1}}\| < \frac{1}{2^n} . \qquad (1)$$

pour n fixé et tout $m \geq 1$ posons $\sigma_{n\,m} = \tau_{n+m} \circ \dots\circ \tau_{n+1} \circ \tau_n$.

On a
$$|\sigma_{n\,m}| \leq |\tau_n| + |\tau_{n+1}| + \dots + |\tau_{n+m}| \leq \frac{1}{2^{n-1}} \qquad (2)$$

La suite $(\sigma_{n\,m})_{m\geq 1}$ est une suite de Cauchy uniforme (*). Sa limite σ_n est un changement de temps tel que $|\sigma_n| \leq \frac{1}{2^{n-1}}$ d'après (2).

D'autre part la relation $\sigma_n = \sigma_{n+1} \circ \tau_n$ permet d'écrire l'égalité (1) sous la forme $\|\underline{\omega_n} \circ \sigma_n^{-1} - \underline{\omega_{n+1}} \circ \sigma_{n+1}^{-1}\| < \frac{1}{2^n}$ qui montre que la suite $(\underline{\omega_n} \circ \sigma_n^{-1})$ converge uniformément vers une limite $\underline{\omega}$. La fonction $\underline{\omega}$ est évidemment un élément de $\Omega_{|a,b|}$. Posons $\omega(t) = e^{|t|}\,\underline{\omega}(t)$. On a alors $\omega_n(t) \to \omega(t)$ en tout point de continuité de ω (ou de $\underline{\omega}$). Il en résulte que ω prend ses valeurs dans $[0,1]$ et appartient à $\Omega_{|a,b|}$.

Finalement on a trouvé $\omega \in \Omega_{|a,b|}$ et une suite (σ_n) telle que $|\sigma_n^{-1}| \to 0$ et $\|\underline{\omega_n} \circ \sigma_n^{-1} - \underline{\omega}\| \to 0$, donc $d(\omega_n, \omega) \to 0$ et le théorème est établi.

NOTATIONS. - Soit $\mathcal{S}_{|a,b|}$ la topologie définie sur $\Omega_{|a,b|}$ par la distance $d_{|a,b|}$ et soit $\mathcal{M}_{|a,b|}$ la topologie de la convergence en mesure sur $\Omega_{|a,b|}$, définie par exemple par la distance

$$\delta_{|a,b|}(\omega,\omega') = \int_a^b e^{-|t|}\,|\omega(t) - \omega'(t)|\,dt$$

(*) Car $\|\sigma_{n\,m+1} - \sigma_{n\,m}\| = \|\tau_{n+m+1} - i\| \leq \frac{1}{2^{n+m-1}}$

Voici alors deux remarques :

1. La topologie $\mathcal{M}_{|a,b|}$ est moins fine que la topologie $\mathcal{S}_{|a,b|}$ et sépare les points de $\Omega_{|a,b|}$: c'est donc une topologie lusinienne.

2. La trace de la topologie $\mathcal{S}_R$ sur Ω est strictement moins fine que la topologie $\mathcal{S}_{R_+}$. En effet pour $\omega_n = I_{[\frac{1}{n},+\infty[}$, $\omega = I_{[0,+\infty[}$ on a $d_R(\omega_n,\omega) = \frac{1}{n}$ et $d_{R_+}(\omega_n,\omega) = 1$ pour tout n ; il y a donc convergence de ω_n vers ω pour $\mathcal{S}_R$, mais pas pour $\mathcal{S}_{R_+}$.

Dans l'énoncé qui suit (comme dans la remarque 2) Ω est identifié au sous-ensemble des fonctions de W constantes sur $]-\infty,0]$ et $E\times\Omega$ au sous-ensemble des fonctions de W constantes sur $]-\infty,0[$. On note $(\eta_t)_{t\in R}$ et $(\theta_t)_{t\in R_+}$ les opérateurs de translation de W et Ω. Bien noter que si $\omega\in\Omega$ et $t\geq 0$ $\eta_t(\omega)\neq\theta_t(\omega)$ en général. Nous étendons l'opérateur θ_t à $E\times\Omega$ en posant $\theta_t(x,\omega) = \theta_t(\omega)$.

THEOREME 2. - a. La tribu borélienne de $\Omega_{|a,b|}$ est la tribu engendrée par les applications coordonnées $(X_t, t\in |a,b|)$.

b. Pour tout w de W l'application $t\to\eta_t(w)$ de R dans W est continue pour la topologie $\mathcal{S}_R$. Pour tout ω de Ω l'application $t\to\theta_t(\omega)$ de R_+ dans Ω est continue à droite pour la topologie $\mathcal{S}_{R_+}$.

c. L'ensemble Ω est borélien dans W. Son adhérence $\overline{\Omega}$ pour la topologie $\mathcal{S}_R$ est l'ensemble $E\times\Omega$. Muni de la topologie trace de $\mathcal{S}_R$, l'ensemble $E\times\Omega$ est donc polonais.

d. Pour tout ω de $E\times\Omega$, l'application $t\to\theta_t(\omega)$ de R_+ dans $E\times\Omega$ est continue à droite et pourvue de limites à gauche pour la topologie trace de $\mathcal{S}_R$ sur $E\times\Omega$. On a pour tout $t>0$

$$\theta_{t-}(\omega) = (X_{t-}(\omega), \theta_t(\omega)).$$

DEMONSTRATION. - Le point a. se démontre comme pour D ([1]).

b. L'application $t\to\eta_t(w)$ est $\mathcal{S}_R$ - continue : on le voit en utilisant le changement de temps $\tau_h(t) = t-h$ et en faisant tendre h vers 0.

L'application $t\to\theta_t(\omega)$ est $\mathcal{S}_{R_+}$ - continue : on utilise le changement de temps

$\sigma_h(t) = t + (\frac{t^2}{2} \wedge h)$, $t \geq 0$. On a $|\sigma_h| \to 0$ et $\|\theta_s(\omega) \circ \sigma_h - \theta_{s+h}(\omega)\| \to 0$ quand $h \to 0$.

c. <u>L'ensemble</u> Ω <u>est borélien dans</u> W : cela résulte de l'égalité $\Omega = \bigcap_{\substack{r \leq 0 \\ r \in \mathbb{Q}}} \{X_r = X_0\}$ et du point a.

Soit w un point adhérent à Ω et soit (ω_n) une suite de Ω de limite W, au sens de $\mathcal{S}_R$. Soit C l'ensemble des points de $]-\infty, 0]$ qui sont de continuité pour w. On a $\omega_n(t) \to w(t)$ $\forall t \in C$. Mais $\omega_n(t) = \omega_n(t')$ $\forall t, t' \in C$ donc $w(t) = w(t')$ $\forall t, t' \in C$. Il en résulte que w est constante sur $]-\infty, 0[$ c'est-à-dire appartient à $E \times \Omega$.

Inversement si $w \in E \times \Omega$, $\eta_{-\frac{1}{n}}(w) \in \Omega$ et $\eta_{-\frac{1}{n}}(w) \to w$ d'après b. Donc $w \in \bar{\Omega}$.

d. Pour établir le point d il suffit de voir que pour tout ω de Ω l'application $t \to \theta_t(\omega)$ de R_+ dans W est continue à droite et pourvue de limites à gauche pour la topologie $\mathcal{S}_R$. La continuité à droite résulte du point b et de la remarque 2. Pour l'existence de limites à gauche, utilisons le changement de temps $\tau_h(t) = t - h$, $t \in R$ on a pour $0 < h < s$

$$
\begin{aligned}
|(X_{s-}(\omega), \theta_s(\omega)) \circ \tau_h(t) - \theta_{s-h}(\omega)(t)| &= 0 && \text{si } t \geq h \\
&= |X_{s-}(\omega) - X_{s-h+t}(\omega)| && \text{si } 0 \leq t < h \\
&= |X_{s-}(\omega) - X_{s-h}(\omega)| && \text{si } t < 0 .
\end{aligned}
$$

L'existence d'une limite à gauche $X_{s-}(\omega)$ pour le processus (X_t) montre donc que $\theta_{s-h}(\omega)$ admet pour limite $(X_{s-}(\omega), \theta_s(\omega))$ lorsque $h \to 0$.

<u>Remarque</u> : Il résulte du théorème précédent que sur l'espace $E \times \Omega$ le processus $(\theta_t)_{t \geq 0}$ à valeurs dans $E \times \Omega$ est continu à droite, a des limites à gauche (pour la topologie trace de $\mathcal{S}_R$) <u>et admet les mêmes discontinuités que le processus</u> $(X_t)_{t \geq 0}$.

<u>REFERENCE</u>

(1) BILLINGSLEY Convergence of Probability Measures - Wiley .

LA MESURE DE H.FÖLLMER EN THÉORIE DES SURMARTINGALES

exposé de P.A.Meyer

On présente ici le théorème principal de l'article de H.FÖLLMER " The exit measure of a supermartingale", à paraître dans le Z. für Wahrscheinlichkeitstheorie"[(1)]. Il s'agit d'une construction de théorie des martingales qui correspond exactement à celle des u-processus en théorie des processus de Markov. L'emploi des u-processus s'étant montré extrêmement fécond, on peut espérer que la mesure de FÖLLMER deviendra, elle aussi, un outil important.

La démonstration donnée ci-dessous s'inspire très étroitement de celle de FÖLLMER. On a simplement remplacé les décompositions multiplicatives de surmartingales par des décompositions additives, ce qui permet de ramener toute la construction au cas plus simple des martingales locales.

Cet exposé a été présenté aux " Journées probabilistes de Strasbourg" en Mars 1971.

I. INTRODUCTION

Considérons sur un espace probabilisé $(\Omega,\underline{\underline{F}},P)$, muni à l'accoutumée d'une famille de tribus $(\underline{\underline{F}}_t)_{t\in\mathbb{R}_+}$, une surmartingale positive H de la classe (D). On conviendra de poser $H_\infty = 0$, et la limite usuelle sera notée $H_{\infty-}$ au lieu de H_∞. Considérons la décomposition de RIESZ H=P+M de H en un potentiel de la classe (D) et une martin-

---

(1) Il est paru dans le premier fascicule de 1972 (t.21, p.154-166).

gale uniformément intégrable, et soit B le processus croissant prévisible engendrant P. Posons

$$A_t = B_t \text{ pour } t<\infty$$

$$A_\infty = B_{\infty -} + H_{\infty -}$$

Nous avons alors

$$H_t = E[A_\infty - A_t \mid \underline{\underline{F}}_t]$$

formule tout à fait analogue à celle qui définit d'habitude le " potentiel engendré par le processus croissant A", mais cette fois H n'est pas un potentiel, et A présente un saut à l'infini.

Nous adoptons maintenant le point de vue de C.DOLEANS-DADE [2] : au lieu de nous intéresser au processus croissant (A_t), nous nous intéressons à la mesure sur $(\overline{\mathbb{R}}_+ \times \Omega\ ,\ \underline{\underline{B}}(\overline{\mathbb{R}}_+)\times\underline{\underline{F}}\ )$ ainsi définie : si Z est un processus mesurable positif ou borné (indexé par $[0,\infty]$)

$$\mu(Z) = E[\int_0^\infty Z_s dA_s] = E[\int_0^\infty Z_s\, dB_s + Z_\infty H_{\infty -}]$$

Cette mesure est caractérisée par les propriétés suivantes

1) elle est bornée et ne charge pas $\{0\}\times\Omega$

2) elle ne charge pas les ensembles P-évanescents

3) elle commute avec la projection prévisible (si Z est un processus mesurable, Z^p sa projection prévisible , complétée à l'infini par $Z^p_\infty = E[Z_\infty \mid \underline{\underline{F}}_{\infty -}]$, on a $\mu(Z)=\mu(Z^p)$)

4) pour tout temps d'arrêt T, la mesure de l'intervalle stochastique $]\!]T,\infty]\!]$ est $E[H_T\ ,\ T<\infty]$ (que nous écrirons simplement $E[H_T]$ dans la suite, puisque $H_\infty = 0$).

Le théorème de C. DOLEANS-DADE ne peut être amélioré : s'il existe une mesure μ possédant ces quatre propriétés, H appartient nécessairement à la classe (D). Pour généraliser ce résultat à des surmartingales qui ne sont pas de la classe (D), il faut donc abandonner l'une d'elles au moins : ce sera (2), et on ne pourra plus alors construire la mesure sur n'importe quel espace Ω.

UN EXEMPLE. Nous allons maintenant fixer les notations qui nous serviront dans toute la suite, et nous en servir pour donner un exemple instructif.

- E sera un espace d'états LCD (ou polonais, ou même seulement lusinien métrisable) ; ∂ un point adjoint à E .
- Ω sera l'ensemble des applications continues à droite de $\mathbb{R}_+$ dans $E\cup\{\partial\}$, admettant une durée de vie ζ .
- X_t désignera la coordonnée d'indice t sur Ω (on peut convenir que $X_\infty=\partial$) ; la tribu engendrée (sans complétion !) par les X_t est notée $\underline{\underline{F}}^o$; celle qui est engendrée par les X_t , $t\leq s$, est notée $\underline{\underline{F}}^o_s$.
- On pose sur $\overline{\Omega} = \overline{\mathbb{R}}_+\times\Omega$, muni de $\overline{\underline{\underline{F}}} = \underline{\underline{B}}(\overline{\mathbb{R}}_+)\times\underline{\underline{F}}^o$,

$$\overline{X}_t(\overline{\omega}) = \overline{X}_t(s,\omega) = X_t(\omega) \text{ si } t<s$$
$$= \partial \text{ si } t\geq s$$

- Nous définissons la tribu $\overline{\underline{\underline{F}}}_t$ sur $\overline{\Omega}$ de la manière suivante : une v.a. Z est $\overline{\underline{\underline{F}}}_t$ mesurable sur $\overline{\Omega}$ si et seulement si elle est $\overline{\underline{\underline{F}}}$ -mesurable, et s'il existe une v.a. z $\underline{\underline{F}}^o_t$-mesurable sur Ω telle que

$$Z(s,\omega) = z(\omega) \text{ pour } s>t$$

Par exemple, $\overline{X}_t$ est $\overline{\underline{\underline{F}}}_t$-mesurable (la v.a. z correspondante est X_t).

LEMME. <u>Soit</u> $\mathcal{P}$ <u>la tribu sur</u> $\overline{\Omega}$ <u>engendrée par les processus adaptés à la famille</u> $(\underline{\underline{F}}^o_t)$, <u>continus à gauche</u>, <u>et arrêtés à l'instant</u> ζ . <u>Alors</u> $\mathcal{P}$ <u>est aussi la tribu engendrée sur</u> $\overline{\Omega}$ <u>par les v.a.</u> $\overline{X}_t$.

DEMONSTRATION. Le processus $\overline{X}_t$ sur Ω est ainsi défini :

$$(\overline{X}_t)_s(\omega) = \overline{X}_t(s,\omega) = X_t(\omega) \ (t<s) \text{ ou } \partial \ (s\leq t) \ .$$

Il est arrêté à tout instant t'>t, donc à l'instant ζ sur l'ensemble $\{t<\zeta\}$; si $\zeta(\omega)\leq t$, on a identiquement $\overline{X}_t(s,\omega)=\partial$, et le processus est encore arrêté à l'instant $\zeta(\omega)$. Il est d'autre part adapté et continu à gauche, donc $\mathcal{P}$-mesurable.

Inversement, on sait que la tribu des processus adaptés continus à gauche est engendrée par les ensembles $]t,\infty]\times A$ $(A\in\underline{\underline{F}}^o_{t-})$, donc aussi par les processus de la forme

$$Y_s = f_1\circ X_{t_1}\ldots f_n\circ X_{t_n} \text{ si } s>t \ \ (t_1,\ldots,t_n<t) , =0 \text{ si } s\leq t$$

Soit Z le processus arrêté de Y à l'instant ζ ; on vérifie immédiatement que

$$Z_s = f_1 \circ X_{t_1} \ldots f_n \circ X_{t_n} I_E \circ X_t \text{ si } s>t \text{ , } =0 \text{ si } s \leqq t$$

Mais ce processus n'est autre que $f_1 \circ \overline{X}_{t_1} \ldots f_n \circ \overline{X}_{t_n} I_E \circ \overline{X}_t$: il est donc bien mesurable par rapport à la tribu engendrée par les processus $\overline{X}_s$, et le lemme est établi.

Ces notations nous serviront plus loin, et voici l'exemple. Soit (P_t) un semi-groupe sousmarkovien sur E, rendu markovien au moyen du point ∂, et satisfaisant aux hypothèses droites. Soit aussi u une fonction excessive sur E pour ce semi-groupe, prolongée par 0 au point ∂. Nous supposerons pour simplifier que u est <u>bornée</u>. Soit enfin λ une loi sur E ; nous prendrons $P=P^\lambda$, la loi pour laquelle le processus (X_t) est markovien , admet (P_t) pour semi-groupe de transition et λ comme loi initiale. La surmartingale $H_t = u \circ X_t$ appartient à la classe (D), et il lui correspond donc une mesure μ sur la tribu $\mathcal{P}$.

PROPOSITION. <u>Lorsque</u> $\overline{\Omega}$ <u>est muni de la loi</u> μ, <u>le processus</u> $(\overline{X}_t)$ <u>est markovien</u>, <u>admet</u> $(P_t^{(u)})$ (" u-path semigroup") <u>comme semi-groupe de transition</u>, <u>et</u> $u.\lambda$ <u>comme loi initiale</u>.

DEMONSTRATION. Soient s,t tels que s<t ; une fonction mesurable bornée f sur E ; une fonction $\overline{\underline{\underline{F}}}_s$-mesurable bornée Z sur $\overline{\Omega}$. Nous savons que $\overline{X}_s$ est $\overline{\underline{\underline{F}}}_s$-mesurable. Avons nous

$$\mu(f \circ \overline{X}_t . Z) = \mu(P_{t-s}^{(u)} f \circ \overline{X}_s . Z) \quad ?$$

Décomposons $u = E^\cdot[A_\infty] + E^\cdot[u_\infty]$, où A est une fonctionnelle additive et $u_\infty = \underline{\lim}_{t \to \infty} u \circ X_t$. Le premier membre vaut par définition de la mesure μ

$$E^\lambda[\int_0^\infty f \circ \overline{X}_t(r,\omega) Z(r,\omega) dA_r(\omega) + f \circ \overline{X}_t(\infty,\omega) Z(\infty,\omega) u_\infty(\omega)]$$

Introduisons la v.a. $\underline{\underline{F}}_s$-mesurable z telle que $Z(r,\omega)=z(\omega)$ pour r>s. Comme f est nulle au point ∂, la première intégrale est étendue de t à $+\infty$, on peut partout remplacer Z par z, et cela vaut

$$E^\lambda[f \circ X_t . z\, (A_\infty - A_t + u_\infty)] = E^\lambda[f \circ X_t . z . u \circ X_t]$$
$$= E^\lambda[u \circ X_s . z . P_{t-s}^{(u)}(X_s, f)]$$

On remonte les calculs, et la proposition s'en déduit.

Si l'on remarque que $\mathcal{P}$ est engendrée par les variables aléatoires $\overline{X}_t$, on voit que cette proposition détermine entièrement μ sur $\mathcal{P}$. Connaissant P^λ, on en déduit par projection μ sur $\overline{\underline{\underline{F}}}$. Il n'y a pas de raison pour que μ détermine la loi P^λ elle même. On peut cependant montrer que μ détermine la loi de la surmartingale (H_t) dont elle provient. Ce n'est pas très intéressant, et nous ne le ferons pas.

II. LE THEOREME DE FÖLLMER

Nous abandonnons complètement les processus de Markov. Nous munissons $(\Omega,\underline{\underline{F}}^o)$ d'une loi P quelconque, nous complétons, nous adjoignons à toutes les tribus $\underline{\underline{F}}_t^o$ les ensembles P-négligeables, et nous rendons la famille continue à droite. Nous obtenons ainsi la famille que nous noterons $\underline{\underline{F}}_t$. $\underline{\underline{F}}$ est la P-complétée de $\underline{\underline{F}}^o$

Nous désignons par (H_t) une surmartingale positive continue à droite sur $(\Omega,\underline{\underline{F}},P)$, relativement à la famille $(\underline{\underline{F}}_t)$. Nous supposons que $H_t=0$ pour $t\geq\zeta$ (et nous convenons encore que $H_\infty=0$). Bien entendu, on ne suppose plus qu'elle appartient à la classe (D) !

Soit Z un processus mesurable ($\underline{\underline{B}}(\overline{\mathbb{R}}_+)\times\underline{\underline{F}}^o$-mesurable, il n'y a pas de complétion ici), et soit Z^p sa projection prévisible, relativement à la loi P. On a $Z_\zeta^p=E[Z_\zeta|\underline{\underline{F}}_{\zeta-}]$ p.s. ; mais un instant de réflexion montre que $\underline{\underline{F}}_{\zeta-}=\underline{\underline{F}}$, de sorte que $Z_\zeta^p=Z_\zeta$ p.s. . Comme nous allons travailler sur des mesures qui ne seront pas absolument continues par rapport à P, nous définirons la "projection prévisible arrêtée" de Z comme le processus qui vaut

- Z_t^p (n'importe quelle version) pour $t<\zeta$
- Z_ζ (identiquement) pour $t\geq\zeta$.

Pour ne pas alourdir la notation, nous noterons à nouveau Z^p ce processus. Ces conventions étant posées, voici le théorème de FÖLLMER

THEOREME. Il existe une mesure bornée μ unique sur $(\overline{\Omega},\overline{\underline{\underline{F}}})$ telle que

1) μ ne charge ni $\{0\}\times\Omega$, ni $]\!]\zeta,\infty]\!]$
2) $\mu I_{[\![0,\zeta[\![}$ ne charge pas les ensembles P-évanescents
3) μ commute avec la projection prévisible arrêtée définie plus haut : si Z est $\overline{\underline{\underline{F}}}$-mesurable positif, $\mu(Z)=\mu(Z^p)$.
4) Si T est un temps d'arrêt de la famille $(\underline{\underline{F}}_{t+}^o)$, on a

$$\mu(]\!]T,\infty]\!]) = E(H_T) \quad (=E[H_T I_{\{T<\infty\}}]=E[H_T I_{\{T<\zeta\}}])$$

Le point important est 4), qui détermine μ sur $\mathcal{P}$. Le fait de remonter par projection aux processus mesurables ne semble pas particulièrement intéressant. On le donne surtout pour avoir un résultat tout à fait analogue à celui de C.DOLEANS-DADE. L'unicité est immédiate.

Si deux surmartingales H^1 et H^2 admettent des mesures de FÖLLMER μ^1 et μ^2, leur somme admet la mesure de FÖLLMER $\mu^1+\mu^2$. On va donc pouvoir procéder par décomposition additive.

UNE " DECOMPOSITION DE RIESZ" . Introduisons les temps d'arrêt

$$R_n = \inf \{ t : H_t > n \}$$

Le processus arrêté à R_n est majoré par la variable aléatoire intégrable $H_{R_n} \vee n$. Il appartient donc à la classe (D), et admet une décomposition de RIESZ que nous écrirons $H^n = P^n + M^n$. Soit B^n le processus croissant intégrable engendrant le potentiel P^n. On vérifie aussitôt que les processus croissants B^n s'induisent bien, et donc qu'il existe un processus croissant B tel que $B^n_t = B_{t \wedge R_n}$ pour tout n. Comme on a $E[B^n_\infty] \leq E[H^n_0] = E[H_0]$, on voit que B est intégrable. Posons $P_t = E[B_\infty - B_t | \underline{\underline{F}}_t]$, et $M_t = H_t - P_t$. On a pour tout n

$$H_{t \wedge R_n} = E[B_{R_n} | \underline{\underline{F}}_t] - B_{t \wedge R_n} + M^n_t$$

On en déduit que M^n_t converge vers M_t, qui est donc une surmartingale positive. Ensuite on voit par différence que le processus $(M^n_t - M_t)$ arrêté à R_n est une martingale ; il en est alors de même de (M_t) arrêté à R_n. Autrement dit, (M_t) est une <u>martingale locale</u>. Le problème se trouve donc entièrement ramené à celui des martingales locales, puisque (P_t) est un potentiel de la classe (D) dont la mesure de FÖLLMER est déjà connue.

CAS D'UNE MARTINGALE LOCALE. Nous chercherons la mesure de FÖLLMER sous la forme d'une mesure portée par le graphe $[\zeta]$. Cette mesure est alors l'image par $\omega \mapsto (\zeta(\omega), \omega)$ d'une mesure bornée λ sur Ω. Quelles propriétés doit posséder λ ? 1),2),3) sont vides. 4) dit :

<u>pour tout temps d'arrêt T de la famille</u> $(\underline{\underline{F}}^o_{t+})$, <u>on a</u>

$$\lambda\{T<\zeta\} = \int H_T \, dP (= \int_{\{T<\infty\}} H_T \, dP = \int_{\{T<\zeta\}} H_T dP)$$

si $A \in \underline{\underline{F}}^o_{T+}$, on peut d'ailleurs appliquer cela à T_A , et en déduire

$$\lambda(A, T<\zeta) = \int_{A \cap \{T<\zeta\}} H_T \, dP.$$

Nous allons construire λ. Prenons des temps d'arrêt R_n <u>de la famille</u> $(\underline{\underline{F}}^o_{t+})$ tels que l'on ait P-p.s.

$$R_n = \inf \{ t : H_t > n \}$$

Puis posons $R'_n = R_1 \vee R_2 \ldots \vee R_n$, et enfin $T_n = R'_n \wedge n$. Nous obtenons ainsi une suite croissante de temps d'arrêt bornés de la famille $(\underline{\underline{F}}^o_{t+})$, tendant P-p.s. vers $+\infty$, et tels que le processus $(H_{t \wedge T_n})$ soit une martingale uniformément intégrable pour tout n. Nous poserons $T = \lim_n T_n$.

Nous introduisons l'opérateur d'arrêt $a_n = a_{T_n}$

$$X_s(a_n \omega) = X_{s \wedge T_n}(\omega)$$

Nous aurons besoin du lemme suivant, dû pour l'essentiel à COURREGE et PRIOURET [1].

LEMME. *Soit* S *un temps d'arrêt de la famille* $(\underline{\underline{F}}^o_{t+})$, *et soit* U *une variable aléatoire* $\underline{\underline{F}}^o_{S+}$*-mesurable. Alors*

$$t>S(\omega'),\ X_s(\omega)=X_s(\omega')\ \text{pour}\ s\leq t \quad\Rightarrow\quad U(\omega)=U(\omega')$$

(*et en particulier, en prenant* $S=U$, $S(\omega)=S(\omega')$) . *Si* T *est un temps d'arrêt*(*) $\geq S$, *on a* $a_T\circ a_S=a_S\circ a_T=a_S$, *et* $U\circ a_T$ *est encore* $\underline{\underline{F}}^o_{S+}$*-mesurable*.

DEMONSTRATION. La fonction $UI_{\{S<t\}}$ est $\underline{\underline{F}}^o_t$-mesurable, ω et ω' ont mêmes coordonnées jusqu'à l'instant t, donc cette fonction prend même valeur sur ω et ω' (regarder les générateurs de $\underline{\underline{F}}^o_t$!). Prenant d'abord $U=1$, on voit que $I_{\{S<t\}}(\omega)=I_{\{S<t\}}(\omega')=1$. La relation précédente entraîne alors que $U(\omega)=U(\omega')$.

Ensuite, montrons que $T(a_S\omega)\geq S(\omega)$, ce qui entraînera aussitôt, comme $a_S(\omega)$ est arrêtée à l'instant $S(\omega)$, que $a_T\circ a_S=a_S$. Supposons qu'au contraire on ait $T(a_S\omega)< S(\omega)$, donc $S(a_S\omega)< S(\omega)$. Posons $\omega'=$ $=a_S\omega$, $t=S(\omega)$, il vient $S(\omega')=S(\omega)$ d'après le premier alinéa, ce qui est absurde. En ce qui concerne l'autre relation : nous avons $a_S(a_T\omega) = a_S(\omega)$ si $T(\omega)>S(\omega)$ d'après la première partie, car alors $S(a_T\omega)=S(\omega)<T(\omega)$. Si $S(\omega)=T(\omega)$, la relation $a_S(a_T\omega)=a_S(\omega)$ se réduit à l'identité $a_S\circ a_S=a_S$ qui vient d'être établie plus haut.

Enfin, nous écrirons

$$U\circ a_T = U\circ a_S\, I_{\{S=T\}} + U\circ a_T\, I_{\{S<T\}}$$

Les événements $\{S=T\}$, $\{S<T\}$ appartiennent à $\underline{\underline{F}}^o_{S+}$; $U\circ a_S$ est $\underline{\underline{F}}^o_{S+}$-mesurable (c'est vrai dès que U est $\underline{\underline{F}}^o$-mesurable) ; enfin, sur l'ensemble $\{S<T\}$ on a $U\circ a_T=U$ d'après le premier alinéa, et la démonstration est achevée.

Le lemme nous donne d'abord que $a_n\circ a_{n+1}= a_n$, ce qui signifie que l'on a un système projectif d'ensembles (où tous les Ω_n sont égaux à Ω)

$$\Omega_{n+1}\xrightarrow[a_n]{}\Omega_n\xrightarrow[a_{n-1}]{}\cdots\cdots\xrightarrow[a_1]{}\Omega_1$$

Si l'on pose d'autre part $\lambda_n=H_{T_n}.P$ sur Ω_n, le théorème d'arrêt des martingales nous donne que $a_n(\lambda_{n+1})=\lambda_n$.

(*) Egalement de la famille $(\underline{\underline{F}}^o_{t+})$

On peut considérer Ω comme plongé dans l'espace (polonais) de toutes les applications de l'ensemble des rationnels dans $E\cup\{\partial\}$. Avec cette identification, on peut montrer que Ω est <u>universellement mesurable</u> : voir p.ex. [3], p.235. De plus, la tribu $\underline{\underline{F}}^{\circ}$ est la tribu borélienne de Ω dans ce plongement. Il en résulte que toute mesure bornée sur $(\Omega,\underline{\underline{F}}^{\circ})$ est intérieurement régulière. Définissons maintenant une mesure Λ_n sur $\Omega_n \times \Omega_{n-1} \ldots \times \Omega_1$, la mesure image de λ_n par l'application $\omega \longmapsto (\omega, a_{n-1}(\omega), \ldots, a_1(\omega))$. Les mesures Λ_n forment un système projectif sur le système projectif d'ensembles usuel en théorie de la mesure, et d'après le théorème de KOLMOGOROV que tout le monde connaît elles proviennent d'une mesure Λ sur $\prod_n \Omega_n$. Les applications a_i étant mesurables, on vérifie que Λ_n est portée par l'ensemble mesurable

$$H_n = \{(\omega_n, \omega_{n-1}, \ldots, \omega_1) \ : \ \omega_{n-1} = a_{n-1}(\omega_n) \ldots\ldots \ \omega_1 = a_1(\omega_2)\}$$

Il en résulte que $\varprojlim \Omega_n$ est mesurable dans $\prod_n \Omega_n$ et porte Λ. La restriction de Λ à cet ensemble est alors la mesure limite projective λ du système (λ_n)(*). Nous allons étudier cette mesure, et pour cela identifier l'ensemble $\varprojlim \Omega_n$.

LEMME. $\varprojlim \Omega_n$ <u>s'identifie à l'ensemble</u> $\tilde{\Omega}$ <u>des</u> $\omega \in \Omega$ <u>tels que</u>

- <u>ou bien</u> $a_n(\omega)=\omega$ <u>pour</u> n <u>assez grand</u> ,
- <u>ou bien il existe une infinité de</u> $a_n(\omega)$ <u>distincts</u>, $T_n(\omega)<T(\omega)$ <u>pour tout</u> n, <u>et</u> $T(\omega)=\zeta(\omega)$.

<u>Avec cette identification, l'application canonique de</u> $\varprojlim \Omega_n$ <u>dans</u> Ω_n <u>est</u> a_n.

DEMONSTRATION. Pour être sérieux, nous allons écrire toute la démonstration, mais il est bien conseillé de ne pas la lire !

Un élément de $\varprojlim \Omega_n$ est par définition une suite $(\omega_n)_{n>0}$ d'éléments de Ω, telle que $\omega_1=a_1(\omega_2) \ldots \ \omega_n=a_n(\omega_{n+1}) \ldots$ Noter qu'on a aussi $\omega_1=a_1(\omega_k)$ pour tout $k>1$, $\omega_n=a_n(\omega_k)$ pour tout $k>n$.

Traitons d'abord le cas où $\omega_n=\omega_{n+1}$ pour $n \geq N$. Posons $\omega_N=\omega$. On a pour tout i $\omega_i=a_i(\omega_{N+i})=a_i(\omega)$. La relation $\omega_N=\omega_{N+i}$ s'écrit alors $\omega = a_{N+i}(\omega)$ pour tout i.

Noter que ω est le seul élément de Ω possédant les propriétés que $a_i(\omega)=\omega_i$ pour tout i, et $a_n\omega=\omega$ pour n assez grand.

Passons ensuite au cas où il y a une infinité de ω_n distincts. Définissons par récurrence des entiers k_n :

(*) Nous avons établi l'existence d'une limite projective de mesures pour un système projectif (Ω_n, a_n) dont les applications ne sont pas continues. Cf. aussi PARTHASARATHY [4] et WEIL [5].

$k_1=1 \quad , \; k_{i+1}= \inf \{ n>k_i \; , \; \omega_n \neq \omega_{k_i} \}$

Pour abréger les notations, posons $\omega_i'=\omega_{k_i}$, $a_i'=a_{k_i-1}$, $T_i'=T_{k_i-1}$. On a par exemple $\omega_1=\omega_2\ldots=\omega_{k_1-1}=a_{k_i-1}\omega_{k_i}$: cela s'écrit $\omega_1'=a_1'\omega_2'$, et on a en général $\omega_i'=a_i'(\omega_{i+1}')$, et les ω_i' sont tous distincts. Je dis que l'on a

$$T_1'(\omega_2') < T_2'(\omega_3') \ldots$$

En effet, notons $\bar{t}_1, \bar{t}_2, \ldots$ ces nombres. Nous avons par exemple

$$\omega_1'= a_{T_1'}(\omega_2') = a_{T_1'}(\omega_3')$$
$$\omega_2'= a_{T_2'}(\omega_3')$$

La relation $\omega_1' \neq \omega_2'$ entraîne donc $T_1'(\omega_3')<T_2'(\omega_3')$; le lemme de COURREGE et PRIOURET entraîne $T_1'(\omega_3')=T_1'(\omega_2')$, et la propriété est établie. Noter aussi que la condition $\omega_1' \neq \omega_2'$ entraîne $T_1'(\omega_2')<\zeta(\omega_2')$: on a plus généralement $T_i'(\omega_{i+1}')=\bar{t}_i<\zeta(\omega_{i+1}')$.

Notons ω l'unique élément de Ω qui coïncide avec ω_n' sur $[0,\bar{t}_n]$ et qui vaut ∂ pour $t \geqq \bar{t} = \lim_n \bar{t}_n$. Comme ω et ω_2' coïncident sur $[0,\bar{t}_2]$, et que $\bar{t}_2>T_1'(\omega_2')=\bar{t}_1$, le lemme de C-P entraîne que $T_1'(\omega)= T_1'(\omega_2')$, donc $\omega_1'=a_1'(\omega)$. Plus généralement, on a

$$\omega_i'= a_i'(\omega) \text{ pour tout } i \text{ , et } T_i'(\omega)=T_i'(\omega_{i+1}')$$

Comme $T_i'(\omega_{i+1}')<\zeta(\omega_{i+1}')$, ω_{i+1}' ne prend pas la valeur ∂ sur $[0,\bar{t}_i]$. Il en est de même de ω : ainsi $\zeta(\omega) > T_i'(\omega)$ pour tout i, et $T(\omega) \leqq \zeta(\omega)$. On a l'égalité par construction de ω.

On a $\omega_1'=a_{T_{k_1-1}}\omega$; en appliquant les a_p ($1 \leqq p<k_1$) on trouve que $\omega_i=\omega_1=\omega_1'$ est égal à $a_i(\omega)$ pour $1 \leqq i<k_1$. On montre de même que $\omega_i=a_i(\omega)$ pour tout i. Enfin, on laisse au lecteur le soin de démontrer qu'il existe un seul $\omega \in \Omega$ possédant les propriétés indiquées dans l'énoncé.

Nous considérons désormais la mesure limite projective λ comme une mesure sur Ω portée par $\tilde{\Omega}$.

VERIFICATION DES PROPRIETES DE λ

Nous allons établir la propriété suivante : pour tout $A \in \underline{\underline{F}}^o_{T_n+}$, on a $\lambda(A) = \int_A H_{T_n} dP$.

Lorsque A appartient à $a_n^{-1}(\underline{\underline{F}}^o)$, on a $A=a_n^{-1}(A)$, et cette égalité signifie simplement que $a_n(\lambda)=\lambda_n$. Ensuite, lorsque A appartient simultanément à $\underline{\underline{F}}^o_{T_n+}$ et à $a_{n+p}^{-1}(\underline{\underline{F}}^o)$, on a d'après le théorème d'arrêt

$$\lambda(A) = \int_A H_{T_{n+p}} dP = \int_A H_{T_n} dP \quad .$$

Supposons enfin que A appartienne à $\underline{\underline{F}}^o_{T_n+}$: on a alors $a_{n+p}^{-1}(A) \in \underline{\underline{F}}^o_{T_n+} \cap a_{n+p}^{-1}(\underline{\underline{F}}^o)$ d'après la dernière partie du lemme de C-P. On peut donc lui appliquer ce qui précède. Ainsi

$$\lambda(a_{n+p}^{-1}(A)) = \int_{a_{n+p}^{-1}(A)} H_{T_n}\, dP$$

Nous faisons maintenant tendre p vers $+\infty$, et nous montrons que $I_A \circ a_{n+p}(\omega)=I_A(\omega)$ pour p assez grand, à la fois P-p.s. et λ-p.s. : cela permet aussitôt de conclure. Or ,

- pour presque tout ω , relativement à P, les $T_n(\omega)$ sont finis et tendent vers $+\infty$; cela entraîne $T_{n+p}(\omega)>T_n(\omega)$ pour p assez grand, et le lemme de C-P entraîne le résultat cherché ;
- la mesure λ est portée par $\tilde{\Omega}$, et on peut donc supposer que ω appartient à cet ensemble. Si $a_k\omega=\omega$ pour k assez grand, il n'y a rien à démontrer. Sinon, on a à nouveau $T_{n+p}(\omega)>T_n(\omega)$ pour p grand et on conclut comme ci-dessus.

Nous allons maintenant nous débarrasser de la suite (T_n), et établir la propriété fondamentale de λ (cela entraînera l'existence de la mesure de FÖLLMER) : <u>si</u> S <u>est un temps d'arrêt de la famille</u> $(\underline{\underline{F}}^\circ_{t+})$, on a $\lambda\{S<\zeta\}=E[H_S]$. Noter que cela s'applique aussi à S_A, où $A\in\underline{\underline{F}}^\circ_{S+}$:

Nous remarquons que $\{S<T_n\}$ est $\underline{\underline{F}}^\circ_{T_n+}$ -mesurable et $\underline{\underline{F}}^\circ_{S+}$-mesurable. La formule précédente nous donne

$$\lambda\{S<T_n\} = \int_{\{S<T_n\}} H_{T_n}\, dP = \int_{\{S<T_n\}} E[H_{T_n}|\underline{\underline{F}}^\circ_{S+}]\, dP$$

$$= \int_{\{S<T_n\}} H_{S\wedge T_n}\, dP = \int_{\{S<T_n\}} H_S\, dP\ .$$

On a d'ailleurs le même résultat avec $\{S\leqq T_n\}$ ou $\{S=T_n\}$ au lieu de $\{S<T_n\}$. Appliquons d'abord ceci en prenant S=T, sur l'ensemble $\{S=T_n\}$; comme $T=+\infty$ P-p.s., $\int_{\{T=T_n\}} H_{T_n}\, dP = 0$, et on en déduit que $\lambda\{T=T_n\}=0$. Cela entraîne que la mesure λ est portée en fait par la seconde partie de $\tilde{\Omega}$, celle pour laquelle $T_n(\omega)<T(\omega)$ $=\zeta(\omega)$ pour tout n. Mais alors $T_n\uparrow\zeta$ λ-p.s., et le passage à la limite lorsque $n\to\infty$ dans la formule ci-dessus donne

$$\lambda\{S<\zeta\} = \int_{\{S<\infty\}} H_S\, dP = E[H_S]\ .$$

Le théorème de FÖLLMER est établi.

Nous conclurons en indiquant l'un des résultats complémentaires de FÖLLMER : le lecteur en trouvera beaucoup d'autres dans le travail de FÖLLMER, car celui-ci interprète au moyen de la mesure μ (ou λ dans le cas des martingales locales) presque toutes les propriétés de la surmartingale positive (H_t).

Nous dirons qu'un temps d'arrêt S de la famille ($\underline{\underline{F}}^{o}_{t+}$) réduit la martingale locale (H_t) si la surmartingale arrêtée ($H_{t\wedge S}$) est une martingale uniformément intégrable. Lorsque S est P-p.s. fini, il n'est pas difficile de voir que cela équivaut à la condition $E[H_S]=E[H_0]$. Mais $E[H_0]=\lambda\{0<\zeta\}$, $E[H_S]=\lambda\{S<\zeta\}$. Ainsi

Un temps d'arrêt P-p.s. fini S réduit (H_t) si et seulement si $S<\zeta$ λ-p.s.

Nous appliquons d'abord cela à S=n : dire que tout n réduit (H_t) signifie que (H_t) est une martingale, et nous obtenons

La martingale locale (H_t) est une vraie martingale si et seulement si $\zeta=\infty$ λ-p.s. (ou encore, si la mesure de FÖLLMER μ est portée par $\{\infty\}\times\Omega$).

D'autre part, on a le résultat suivant : la martingale locale (H_t) est une martingale uniformément intégrable si et seulement si λ est absolument continue par rapport à P.

- Si (H_t) est une martingale uniformément intégrable, on a $\lambda= H_{\infty-}.P$, cette mesure satisfaisant à la propriété caractéristique de λ.

- Inversement, supposons que λ soit absolument continue. D'abord les temps d'arrêt T_n considérés plus haut tendent P-p.s. vers $+\infty$; cela a donc lieu aussi λ-p.s.. Mais nous avons vu plus haut qu'ils tendent λ-p.s. vers ζ : donc $\zeta=\infty$ λ-p.s., et (H_t) est une martingale. Ensuite, soit $H^* = \sup_t H_t$, quantité finie P-p.s.. Soit $\varepsilon>0$. Choisissons h assez petit pour que $P(A)<h \Rightarrow \lambda(A)<\varepsilon$, puis c assez grand pour que $P\{H^*>c\}\leqq h$. On a alors

$$\int_{\{H_t>c\}} H_t dP = \lambda\{H_t>c\} \leqq \lambda\{H^*>c\} \leqq \varepsilon$$

donc les v.a. H_t sont bien uniformément intégrables.

REMARQUE. Soit S un temps d'arrêt de la famille ($\underline{\underline{F}}^{o}_{t+}$), fini (identiquement). Si (H_t) est une martingale, on a $\zeta=\infty$ λ-p.s., donc $\lambda\{S<\zeta\}=\lambda(\Omega)$, et S réduit ($H_t$). Ainsi S réduit toute martingale pour toute loi P. Cela suggère la conjecture suivante : tout temps d'arrêt fini de la famille ($\underline{\underline{F}}^{o}_{t+}$) est borné.

BIBLIOGRAPHIE

[1]. COURREGE (Ph.) et PRIOURET (P.). Temps d'arrêt d'une fonction aléatoire... Publ. ISUP, 14, 1965, p.245-274.

[2]. DOLEANS-DADE (C.). Existence du processus croissant naturel associé à une surmartingale de la classe (D). Z. fur W., 9, 1968, p. 309-314.

[3]. MEYER(P.A.). Le retournement du temps d'après CHUNG et WALSH. Séminaire de Probabilités de Strasbourg V. Lecture Notes in M. vol.191, Springer 1971.

[4]. PARTHASARATHY (K.R.). Probability measures on metric spaces. Academic Press 1967.

[5]. WEIL (M.). Quasi-processus. Séminaire de Probabilités de Strasbourg IV. Lecture Notes in M. vol.124 , Springer 1970.

LE SCHÉMA DE REMPLISSAGE EN TEMPS CONTINU

exposé de P.A.Meyer, d'après H.ROST

Cet exposé est la suite de celui qui a été fait l'an dernier, sur le schéma de remplissage en temps discret. Il reprend les résultats présentés par ROST à Oberwolfach en Mai 1970, et qui paraîtront aux Inventiones Math. dans un article intitulé " The stopping distribution of a Markov process". L'exposé complète l'article de ROST sur certains points, que ROST n'avait pas abordés, mais en revanche il laisse de côté le tout dernier aspect du travail de ROST, c'est à dire l'extension aux processus de Markov généraux du théorème de SKOROKHOD sur le mouvement brownien.

La théorie du schéma de remplissage en temps continu est nettement plus difficile qu'en temps discret. Je voudrais souligner ici qu'ayant essayé de simplifier et d'étendre les méthodes de ROST, je suis bien parvenu à démontrer des résultats en marge de ceux de ROST, mais que j'ai toujours dû me rabattre sur ses démonstrations lors des difficultés essentielles. Ce fait est parfois masqué sous des changements de présentation assez secondaires, tels que le remplacement du semi-groupe par sa résolvante en certains endroits.

§ 1 . COMPLEMENTS SUR LE CAS DISCRET

Les notations sont celles de l'exposé de l'an dernier[1]: P est un noyau sousmarkovien sur E ; $\mathcal{E}$ désigne le cône des fonctions P-excessives bornées sur E , la relation de préordre $\lambda\dashv\mu$ entre mesures bornées signifie $\lambda(f)\leq\mu(f)$ pour tout $f\in\mathcal{E}$. Si λ et μ sont deux mesures positives bornées, les mesures λ_n,μ_n du schéma de remplissage sont définies par

$$(1)\qquad \lambda_0=(\lambda-\mu)^+ \qquad \lambda_{n+1}=(\lambda_nP-\mu_n)^+$$
$$\mu_0=(\lambda-\mu)^- \qquad \mu_{n+1}=(\lambda_nP-\mu_n)^-$$

Nous poserons aussi $\sigma_n=\lambda_0+\ldots+\lambda_n$.

Les propriétés suivantes ont été établies dans l'exposé précédent : on a $\lambda_0\leq\lambda$, $\lambda_{i+1}\leq\lambda_iP$, $\mu_{i+1}\leq\mu_i\leq\mu$. On note $\mu_\infty=\lim_n\mu_n$ et $\mu'=\mu-\mu_\infty$.

[1] Travaux de H.ROST en théorie du balayage. Séminaire de Probabilités V, Université de Strasbourg, p.237-250 (Lecture Notes in M. 191, 1971).

La mesure μ' satisfait à $\mu' \dashv \lambda$, et toute mesure bornée γ (non nécessairement positive) telle que $\gamma \leq \mu$, $\gamma \dashv \lambda$ satisfait aussi à $\gamma \dashv \mu'$. Si (X_k) est la chaîne de Markov admettant P comme fonction de transition, construite sur un espace suffisamment riche, on a construit en outre un temps d'arrêt τ (dit canonique) tel que l'on ait $\mu'=\lambda P_T$, i.e.

$$\mu'(f) = E^{\lambda}[\ f\circ X_{\tau}\ ,\ \tau<\infty\ ]$$

et de plus

(2) $$< \mu-\mu_k, f > = E^{\lambda}[f\circ X_{\tau},\ \tau \geq k\ ]$$
$$< \lambda_k, f > \ = E^{\lambda}[f\circ X_k,\ \tau>k\ ]$$

La proposition suivante ne figure pas explicitement dans l'exposé précédent, mais jouera un rôle dans celui-ci :

PROPOSITION 1. Soit A un ensemble portant μ_{∞} , et tel que $\lambda_n(A)=0$ pour tout n. Alors on a

(3) $$\mu_{\infty} = (\mu-\lambda)H_A \quad (\text{ noyau de réduction sur } A\ )$$

Et on a, pour toute fonction excessive bornée f

(4) $$< \mu_{\infty}, f > = \sup_{\substack{g\leq f \\ g\in\mathcal{E}}} < \mu-\lambda,\ g >$$

DEMONSTRATION. Soit f une fonction bornée. D'après le lemme 2 de l'exposé précédent, on a $\lim_n <\lambda_n, e_A>=0$, où $e_A=H_A 1$; cela entraîne $\lim_n < \lambda_n, H_A f > =0$. On a ensuite

$$< \lambda_{k+1}-\mu_{k+1}, H_A f > = < \lambda_k P-\mu_k,\ H_A f > = < \lambda_k-\mu_k, H_A f >$$

car $H_A=PH_A$ sur A^c, qui porte λ_k . Ainsi

$$< \mu-\lambda,\ H_A f > = < \mu_0-\lambda_0, H_A f > = < \mu_n-\lambda_n, H_A f > \text{ pour tout } n$$

et on obtient (3) lorsque $n\to\infty$. Si $g\leq f$ appartient à $\mathcal{E}$, on a $<\mu-\lambda, g > = < \mu_{\infty}, g > + < \mu'-\lambda, g > \leq < \mu_{\infty}, g > \leq < \mu_{\infty}, f >$, de sorte que le premier membre de (4) majore toujours le second. L'égalité est réalisée pour $g=H_A f$, qui est excessive si f est excessive.

Il faut noter qu'on n'a fait aucune hypothèse de transience sur le noyau P, et c'est d'ailleurs ce qui fait l'intérêt du schéma de remplissage, qui a été inventé en vue de ses applications à la théorie ergodique. Mais lorsque le noyau potentiel $G=I+P+P^2...$ est propre, i.e. lorsque γG est σ-finie pour toute mesure bornée γ, la mesure μ_{∞} peut s'interpréter d'une autre manière, qui jouera un rôle fondamental dans cet exposé : formons la mesure $\alpha=(\mu-\lambda)G$, puis la réduite αR sur ce potentiel, c'est à dire la plus petite mesure excessive majorant α. Alors $\alpha R=\mu_{\infty} G$, et la mesure $\sigma_\infty = \sum_n \lambda_n$ est égale à $\alpha R-\alpha$. La première propriété ne fait que traduire la propriété caractéristique de μ', compte tenu du fait que $\alpha \dashv \beta \iff \alpha G \leq \beta G$ lorsque G est propre. La seconde résulte de la relation $\lambda_{k+1}-\mu_{k+1}=\lambda_k P-\mu_k$, qui entraîne $\sigma_{k+1}= \sigma_k P+(\lambda-\mu)+\mu_{k+1}$ (récurrence immédiate), puis à la limite $\sigma_\infty=\sigma_\infty P+(\lambda-\mu)+\mu_\infty$, et enfin $\sigma_\infty = (\mu_\infty-(\mu-\lambda))G= \alpha R-\alpha$.

Ainsi, dans le cas transient, les mesures μ_∞ et σ_∞ peuvent être caractérisées sans faire appel au schéma de remplissage. Nous allons montrer maintenant comment tout le schéma de remplissage peut être ramené à la construction des mesures μ_∞ et σ_∞, mais pour un autre noyau.

CONSTRUCTION DU SCHEMA DE REMPLISSAGE PAR DEPLIEMENT

Soit F l'ensemble $\mathbb{N}\times E$; une mesure sur F est une suite $(m_0,m_1,\ldots m_n\ldots)$ de mesures sur E. Nous définirons un noyau sousmarkovien Q sur F en posant

$$(m_0,m_1,\ldots)Q = (0,m_0P, m_1P,\ldots)$$

Ce noyau Q est transient au sens considéré précédemment.

Introduisons maintenant les mesures

$$\bar{\lambda} = (\lambda,\lambda,\lambda,\ldots\ldots)$$
$$\bar{\mu} = (\mu,\mu,\mu,\ldots\ldots)$$

-qui ne sont pas bornées, mais peu importe - et appliquons leur le schéma de remplissage sur F par rapport à Q. Nous avons successivement

$$(5)\qquad \left.\begin{aligned}\bar{\lambda}_0 &= (\lambda_0,\lambda_0,\lambda_0,\lambda_0,\ldots\ldots)\\ \bar{\mu}_0 &= (\mu_0,\mu_0,\mu_0,\mu_0,\ldots\ldots)\end{aligned}\right\}$$
$$\left.\begin{aligned}\bar{\lambda}_1 &= (0\ ,\lambda_1,\lambda_1,\lambda_1,\ldots\ldots)\\ \bar{\mu}_1 &= (\mu_0,\mu_1,\mu_1,\mu_1,\ldots\ldots)\end{aligned}\right\}$$
$$\left.\begin{aligned}\bar{\lambda}_2 &= (0\ ,0\ ,\lambda_2,\lambda_2,\ldots\ldots)\\ \bar{\mu}_2 &= (\mu_0,\mu_1,\mu_2,\mu_2,\ldots\ldots)\end{aligned}\right\}$$

d'où par passage à la limite

$$(6)\qquad \begin{aligned}\bar{\mu}_\infty &= (\mu_0,\mu_1,\mu_2,\ldots\ldots\ldots)\\ \bar{\sigma}_\infty &= (\sigma_0,\sigma_1,\sigma_2,\ldots\ldots\ldots)\end{aligned}$$

Il faut noter que, plus généralement, on peut considérer sur F des noyaux de la forme $(m_0,m_1,m_2,\ldots) \mapsto (0, m_0P_0,m_1P_1\ldots)$ et ramener ainsi au cas d'un seul noyau certaines généralisations du schéma de remplissage.

§ 2. REDUITE AU DESSUS D'UNE MESURE

Dans ce paragraphe, nous n'allons pas nous occuper du schéma de remplissage proprement dit : étant données deux mesures λ et μ, nous allons construire directement , sous une hypothèse de transience convenable, les mesures μ_∞ ,μ' et σ_∞ . Nous venons de voir que cette construction, faite sur un espace convenable, permet ensuite de retrouver tout le schéma de remplissage : l'extension de cette remarque au cas continu fera l'objet du paragraphe 3.

E sera un espace polonais, ou plus généralement un espace lusinien métrisable, i.e. homéomorphe à un sous-espace borélien d'un espace métrique compact. (P_t) sera un semi-groupe borélien sur E satisfaisant aux " hypothèses droites" de la théorie des processus de Markov (existence d'une réalisation continue à droite (X_t), propriété de Markov forte). Nous noterons (U_p) la résolvante de (P_t), U le potentiel, et nous supposerons que pour toute mesure bornée $\gamma \geqq 0$, γU est une mesure localement bornée.

Soit η une mesure positive localement bornée , telle que $\eta P_t \leqq \eta$ pour tout t de la forme 2^{-n}, et donc pour tout t dyadique. Soit f une fonction continue bornée, nulle hors d'un ouvert η-intégrable ; l'application $P_{\dot{}} f(x)$ étant continue à droite pour tout x, le lemme de Fatou nous donne $<\eta P_t, f>$ $\leqq < \eta, f > < \infty$ pour tout t, et la mesure η est donc surmédiane. Comme $P_t f \rightarrow f$ lorsque t->0 , le lemme de Fatou nous donne aussi $< \eta, f> \leqq \underline{\lim}_{t\to 0} <\eta P_t, f>$ d'où il résulte (l'inégalité inverse étant évidente) que η est excessive. On a des considérations analogues pour les mesures localement bornées $\eta \geqq 0$ telles que $\eta \geqq n\eta U_n$ pour n entier.

Notre premier travail va consister à étendre aux mesures certains résultats de MOKOBODZKI sur les réduites au dessus de fonctions, extension d'ailleurs à peu près évidente.

PROPOSITION 2. Soit δ une mesure excessive, majorée au sens fort par un potentiel (σ-fini) μU. Alors δ est potentiel d'une mesure positive $\nu \leqq \mu$.

DEMONSTRATION. Supposons d'abord μ bornée. Prenons une compactification de RAY-KNIGHT : E est plongé comme sous-ensemble borélien (non comme sous-espace) dans $\hat{E}$ métrique compact, muni d'une résolvante $(\hat{U}_p)$ telle que :

pour p>0, $\hat{U}_p$ applique $\underline{\underline{C}}(\hat{E})$ dans lui même,

pour $x \in E$, $\varepsilon_x \hat{U}_p = \varepsilon_x U_p$ (à des identifications évidentes près).

On a alors $p(\delta - p\delta U_p) \leqq p\mu U_p = p\mu \hat{U}_p$. Les mesures de droite convergent étroitement vers μ sur $\hat{E}$. Il existe des $p_n \uparrow \infty$ et une mesure $\nu \leqq \mu$ tels que $p_n(\delta - p_n \delta U_{p_n})$ converge étroitement vers ν. Comme $\hat{U}_q$ applique $\underline{\underline{C}}$ dans $\underline{\underline{C}}$, nous avons $\nu\hat{U}_q = \lim_n \; p_n \delta(I - p_n \hat{U}_{p_n})\hat{U}_q = \delta(I - q\hat{U}_q)$. On supprime les $\hat{}$, on fait tendre q vers 0 en remarquant que $\delta q U_q \leqq (\mu U) q U_q = \mu(U - U_q) \underset{q \to 0}{\longrightarrow} 0$.

Si μ n'est pas bornée, on choisit une fonction a partout >0 telle que $< \mu U, a > < \infty$, et on pose $h = Ua$. La mesure $\mu' = h\mu$ est bornée, et son potentiel par rapport au h-semi-groupe est $(\mu U).h$. La mesure $\delta' = h\delta$ est excessive pour ce semi-groupe, majorée au sens fort par $(\mu U).h$, et on peut leur appliquer le raisonnement précédent.

Passons aux réduites. Si γ est une mesure localement bornée (non nécessairement positive) majorée par une mesure excessive, nous notons γR la borne inférieure des mesures excessives majorant γ. Cette mesure est appelée la <u>réduite</u> au dessus de γ. Nous considérerons aussi le noyau sousmarkovien nU_n, et la réduite γR_n, borne inférieure des mesures nU_n-excessives majorant γ. Il est clair que $\gamma R_n \uparrow \gamma R$ lorsque $n \to \infty$.

PROPOSITION 3. <u>Soient</u> μ <u>une mesure positive telle que</u> μU <u>soit localement bornée</u>, θ <u>une mesure excessive</u>, <u>et</u> $\alpha = \mu U - \theta$. <u>On peut alors écrire</u> $\alpha R = \nu U$, <u>où</u> $0 \leqq \nu \leqq \mu$.

DEMONSTRATION. Rappelons les résultats de MOKOBODZKI dans le cas discret. Si N est un noyau sousmarkovien, de potentiel G (nous supposerons N transient), et si u est une mesure non nécessairement positive majorée par une mesure N-excessive, la réduite de uG est un potentiel vG, où $0 \leqq v \leqq u^+$, et il existe en outre un ensemble A portant v tel que la réduite de uG et uG soient égales sur A. Pour ces résultats, voir l'exposé [3], p. 172-174.

Pour démontrer la proposition, nous appliquons cela aux noyaux nU_n : on a $\alpha = u_n G_n$ (avec $u_n = \alpha(I - nU_n)$, et $G_n = I + nU$). On peut donc écrire

$$\alpha R_n = v_n G_n = \xi_n \left(\frac{I}{n} + U \right)$$

où $\xi_n \leqq n(\alpha(I - nU_n))^+ \leqq n\mu U_n$. Nous écrivons donc

$$\alpha R_n + \nu_n = n\mu U_n \left(\frac{I}{n} + U \right) \qquad (\nu_n \text{ est } nU_n\text{-excessive})$$

Faisons tendre n vers l'infini : αR_n tend vers αR, μU_n vers 0, $n\mu U_n U$ vers μU, donc ν_n converge vers ν (convergence forte sur tout ensemble μU-intégrable). On voit aussitôt que ν est excessive, donc αR est majorée au sens fort par μU, et $\alpha R = \nu U$ avec $0 \leqq \nu \leqq \mu$ (prop. 2).

Nous adoptons maintenant les notations suivantes : μ et λ étant deux mesures positives telles que λU et μU soient localement bornés. On pose

(7) $\alpha=(\mu-\lambda)U$, $\alpha R= \mu_{\infty} U$ (prop.3) , où $0\leq\mu_{\infty}\leq\mu$

$\mu'= \mu-\mu_{\infty}$, et $\sigma_{\infty} = \alpha R-\alpha = (\lambda-\mu')U$

La relation $\dashv$ est définie comme d'habitude, à l'aide du cône des fonctions excessives . Comme le noyau est transient, $\beta\dashv\gamma$ équivaut à $\beta U \leq \gamma U$.

La définition de μ_{∞} , μ', σ_{∞} correspond bien à celle que nous avons donnée en temps discret, au moyen du schéma de remplissage :

PROPOSITION 4. <u>On a</u> $\mu'\dashv\lambda$, <u>et toute mesure</u> θ <u>telle que</u> $\theta\leq\mu$, $\theta\dashv\lambda$ <u>est telle que</u> $\theta\dashv\mu'$.

DEMONSTRATION. La mesure $(\mu-\theta)U$ est excessive et majore $(\mu-\lambda)U=\alpha$, donc aussi $\alpha R= \mu_{\infty}U$, et enfin $\theta U\leq\mu' U$.

Nous arrivons au principal résultat d'approximation de ROST, que nous donnons sous une forme un peu transformée (nous approchons par les réduites αR_n de α relatives au noyau nU_n , alors que ROST travaille avec les réduites analogues pour le noyau $P_{2^{-n}}$).

PROPOSITION 5. <u>Ecrivons</u> $\alpha R_n=\mu^n_{\infty}(I+nU_n)$. <u>Soit</u> f <u>une fonction finement continue</u>, bornée, <u>μU-intégrable</u>, <u>ou excessive</u> <u>μ-intégrable</u>. <u>Alors</u>

(8) $$< \mu^n_{\infty} ,f > \underset{n\to\infty}{\to} < \mu_{\infty},f >$$

DEMONSTRATION. Nous fixons un entier m, et nous écrivons

$$\alpha R(I-mU_m) = \mu_{\infty} U(I-mU_m) = \mu_{\infty} U_n[I+(n-m)U_m]$$

$$\alpha R_n(I-mU_m) = \mu^n_{\infty} (I+nU)(I-mU_m) = \mu^n_{\infty} [I+(n-m)U_m]$$

et nous en déduisons , en posant $\rho_n= \mu_{\infty} U_n-\mu^n_{\infty}$

(9) $$\mu_{\infty} nU_n -n\mu^n_{\infty} = [\alpha R-\alpha R_n](I-mU_m) - \rho_n(I-mU_m) .$$

Nous avons $< \alpha R , (I+mU_m)|f| > \leq < \mu U, (I+mU_m)|f|> < \infty$, et aussi $|\rho_n| \leq \mu_{\infty} U_n+ \mu^n_{\infty} (I+nU)\leq 2\mu U$. Nous pouvons donc appliquer les deux membres de cette égalité à f, sous la première hypothèse.

Faisons tendre n vers $+\infty$: comme $\alpha R_n\uparrow\alpha R$, le premier terme tend vers 0. Le second est majoré par 2 $<\mu U, |f-mU_mf|>$. Nous notons que $mU_m|f| \to |f|$ lorsque $m\to\infty$, car $|f|$ est finement continue, et que $< \mu U,mU_m|f| > \to < \mu U,|f| >$; les fonctions $mU_m|f|$ sont donc μU-uniformément intégrables, et $< \mu U, |f-mU_mf|>$ tend donc vers 0 lorsque $m\to\infty$. Lorsque $n\to\infty$, le second membre de (9) est donc arbitrairement petit en valeur absolue, et il en résulte que

$$\lim_{n\to\infty} [< \mu_{\infty}, nU_n f > - < n\mu_{\infty}^n, f>] = 0$$

d'où l'énoncé sous la première hypothèse. Nous laissons au lecteur le raisonnement sous la seconde hypothèse, qui est plus simple.

Nous en déduisons, à la manière de ROST, l'important résultat suivant (rappelons que nous sommes dans le cas transient)

PROPOSITION 6. <u>Si</u> f <u>est excessive</u> μ-<u>intégrable, on a</u>

(10) $$< \mu_{\infty}, f > = \sup_{g\in\mathcal{E}, g\leq f} < \mu-\lambda, g >$$ ($\mathcal{E}$, cône des fonctions excessives)

DEMONSTRATION. Nous appliquons la formule (3) au noyau nU_n : désignons par A_n un ensemble portant μ_{∞}^n et tel que $\alpha R_n=\alpha$ sur A_n ; nous avons

$$< \mu_{\infty}^n, f > = < (\mu-\lambda)U_n , H_{A_n}^n f >$$

car $\alpha=(\mu-\lambda)U_n(I+nU)$. Posons $g_n= nU_nH_{A_n}^n f$, et remarquons que cette fonction appartient à $\mathcal{E}$ - pour <u>toute</u> fonction nU_n-excessive h, $U_n h$ est excessive. Nous pouvons donc écrire

$$< n\mu_{\infty}^n, f > = < \mu-\lambda, g_n >$$

Comme $g_n\leq nU_n f \leq f$, la proposition 5 nous donne que le premier membre de (10) est majoré par le second. Mais on a l'inégalité inverse, car

$$< \mu-\lambda, g > = < \mu_{\infty}, g > + <\mu', g> - <\lambda, g> \leq < \mu_{\infty}, g > \leq < \mu_{\infty}, f >$$

car $\mu' \dashv \lambda$, et g est excessive.

RESULTATS COMPLEMENTAIRES

La formule (10) est agréablement identique à la formule (4) du cas discret. Mais où est passée la formule (3) ? Nous allons répondre ici, dans le cas transient, à cette question qui n'est pas traitée dans le travail de ROST.

Je dois des remerciements sans nombre à MOKOBODZKI pour la démonstration de la proposition 7, qui remplace ma propre démonstration[1], atroce et qui exigeait des hypothèses particulières sur le semi-groupe.

PROPOSITION 7. <u>Supposons que</u> μ <u>ne charge pas les ensembles semi-polaires. Alors il existe un ensemble</u> (<u>finement parfait</u>)[2] A <u>tel que</u> $\mu_{\infty} =(\mu-\lambda)P_A$.

1 MOKOBODZKI avait démontré indépendamment cette proposition.
2 La parenthèse sous l'hypothèse de continuité absolue seulement.

DEMONSTRATION. Nous nous faciliterons l'existence en faisant l'hypothèse auxiliaire que λ et μ sont bornées, et que l'opérateur potentiel U est borné . Choisissons en effet une fonction j partout >0 , intégrable pour la mesure σ-finie $(\lambda+\mu)U$, et posons $h=Uj$. Le noyau

$$U'(x,dy) = \frac{1}{h(x)}U(x,dy)j(y) = U^{(h)}(x,dy)\,\frac{j(y)}{h(y)}$$

est en effet un noyau potentiel borné ($U'1=1$), qui se déduit de U par la formation d'un h-processus suivie d'un changement de temps ; ses fonctions excessives sont les fonctions de la forme u/h (u excessive pour U). La proposition 7 est équivalente à la proposition analogue pour le semi-groupe associé à U', et les mesures $\mu'=\mu.h$, $\lambda'=\lambda.h$, et l'hypothèse auxiliaire est satisfaite dans ce cas.

Nous allons commencer par remarquer que dans la formule (10), si f est bornée - donc μ-intégrable d'après l'hypothèse auxiliaire - il existe $g\leqq f$ excessive réalisant le sup. Choisissons d'abord des fonctions $g_n\leqq f$ excessives telles que $< \mu_\infty ,f > = \lim_n < \mu-\lambda, g_n >$. Ces fonctions étant bornées par f, nous pouvons extraire une suite (g_n^1) qui converge vers une fonction $\gamma\leqq f$ pour la topologie faible dans $L^1(\mu+\lambda)$. Les convexes faiblement fermés et fortement fermés étant les mêmes, γ est fortement adhérente à l'enveloppe convexe de la suite (g_n^1). Mais celle ci est formée de fonctions excessives $\leqq$ f . Autrement dit, il existe des fonctions $g_n^2 \leqq f$, excessives et convergeant fortement vers γ dans $L^1(\mu+\lambda)$. Quitte à extraire une sous-suite, nous pouvons supposer que les g_n^2 convergent $(\mu+\lambda)$-p.p.. Posons $g^3 = \liminf_n g_n^2$: c'est une fonction surmédiane, qui ne diffère de sa régularisée excessive g que sur un ensemble semi-polaire, d'après le théorème de convergence de DOOB.
Comme μ ne charge pas les ensembles semi-polaires, nous avons $\mu(g)=\mu(g^3)$ $= \lim_n \mu(g_n^2) = \mu(\gamma)$. D'autre part $\lambda(g)\leqq\lambda(g^3)=\lambda(\gamma)$. Ainsi

$$< \mu_\infty ,f > = < \mu-\lambda, \gamma > \leqq < \mu-\lambda, g >$$

Mais nous avons déjà vu que si g est excessive $\leqq$ f on a l'inégalité inverse, et la phrase soulignée est établie.
Soit H_f l'ensemble des fonctions excessives $g\leqq f$ possédant cette propriété, considéré comme sous-ensemble de $L^1(\mu+\lambda)$ - nous identifions donc deux éléments de H_f égaux $(\mu+\lambda)$-p.p.. Soit g_n une suite décroissante d'éléments de H_f , i.e. les g_n sont des fonctions excessives et décroissent $(\lambda+\mu)$-p.p. et soit g la régularisée excessive de $\liminf g_n$. On vérifie comme ci-dessus que $g\in H_f$. Il résulte alors du théorème de Zorn que H_f admet un élément minimal g : toute fonction excessive $h\in H_f$, $(\lambda+\mu)$-p.p. majorée par g,

est λ-p.p. égale à g. Soit alors A l'ensemble $\{f=g\}$; on a $< \mu_\infty, f >$ $\geqq < \mu_\infty, g > \geqq < \mu-\lambda, g > = < \mu_\infty, f >$, donc A porte μ_∞ . Ainsi $< \mu_\infty, f >$ $= < \mu_\infty, g > = < \mu_\infty, P_A g >$; $P_A g$ étant excessive, il existe h excessive $\leqq P_A g$ telle que $< \mu_\infty, f > = < \mu_\infty, P_A g > = < \mu-\lambda, h >$, donc $h \in H_f$. Comme g est minimale, on a h=g p.p., donc aussi $g=P_A g$ p.p. par encadrement, et enfin (comme g=f sur A) $g=P_A f$ p.p.. Finalement

(11) $$< \mu_\infty, f > = < \mu-\lambda, P_A f >$$

A porte μ_∞. Cette relation peut s'écrire aussi $\mu' P_A = \lambda P_A$.
Prenons pour f la fonction excessive bornée U1. Soit c une fonction comprise entre 0 et 1. Nous avons les inégalités

$$< \mu_\infty, Uc > \geqq < \mu-\lambda, P_A Uc >$$

$$< \mu_\infty, U(1-c) > \geqq < \mu-\lambda, P_A U(1-c) >$$

dont la somme est une égalité : chacune d'entre elles est donc une égalité, et on a $\mu_\infty U = (\mu-\lambda) P_A U$, donc enfin $\mu_\infty = (\mu-\lambda) P_A$.
Si l'hypothèse de continuité absolue est satisfaite, soit B le noyau finement parfait de A ; comme μ_∞ ne charge pas les ensembles semi-polaires B porte μ_∞ , et le raisonnement du haut de la page s'applique à B au lieu de A.

Nous allons passer maintenant au cas général. Nous désignerons comme d'habitude par D_A le <u>début</u> d'un ensemble presque borélien A

(12) $$D_A(\omega) = \inf \{ t \geqq 0 : X_t(\omega) \in A \}$$

et par H_A le noyau correspondant

(13) $$H_A f^x = E^x[f \circ X_{D_A} , D_A < \infty]$$

Il faut noter que si f est excessive la fonction $H_A f$ n'est pas excessive en général : elle est seulement <u>fortement surmédiane</u> , i.e. $P_T H_A f \leqq H_A f$ pour tout temps d'arrêt T.

Soit A un ensemble <u>totalement effilé</u> : le 1-potentiel d'équilibre de A est majoré sur A par une constante c>1 . A est alors finement fermé, et les trajectoires de (X_t) le rencontrent suivant un ensemble isolé. Si l'on pose

$$T_0=0 , T_1=T_A \ldots\ldots , \quad T_{n+1} = \inf \{ t > T_n , X_t \in A \}$$

on a $\lim_n T_n = +\infty$, et le processus (X_{T_n}) ($n \geqq 0$) est une chaîne de Markov sur E dont le noyau de transition est P_A . Nous dirons dans les quelques pages qui suivent que A est <u>adéquat</u> si cette chaîne est transiente. Soit G son potentiel, et soit L le noyau

$$L(x,f) = E^x[\int_0^{T_A} f \circ X_s \, ds]$$

on a $GL=U$. Soit h une fonction partout > 0 telle que Uh soit bornée ; la fonction Lh étant partout >0, et l'ensemble $A\cap\{Lh>\varepsilon\}$ étant adéquat pour tout $\varepsilon>0$, on voit que tout ensemble totalement effilé (donc aussi tout ensemble semi-polaire) est réunion dénombrable d'ensembles adéquats.

LEMME 1. *Supposons que* μ *admette une décomposition* $\mu=\mu^1+\mu^2$, *où* μ^1 *ne charge pas les ensembles semi-polaires et* μ^2 *est portée par un ensemble adéquat* A. *Il existe alors un ensemble finement fermé* B *tel que* $\mu_\infty = (\mu-\lambda)H_B$ (et non plus P_B) .

DEMONSTRATION. Nous transformons le processus de la manière suivante. Nous construisons un nouvel espace d'états $\overline{E}$ en adjoignant à E une copie de A (topologie somme), que nous noterons A^- (à $a\in A$ correspond $a^-\in A^-$, et nous notons i^- l'application de E dans $\overline{E}$ qui laisse fixe A^c et transforme a en a^-). Nous définissons un processus $\overline{X}_t$ de la manière suivante : en jargon probabiliste, une particule issue de $x\in E$ se promène suivant (P_t) jusqu'à l'instant T_A , où elle rencontre A pour la première fois après 0 en un point a. A cet instant, au lieu de lui attribuer la position a, nous lui attribuons la position a^- , et nous l'attachons à ce point pour une durée exponentielle de paramètre 1. Au bout de ce temps, elle saute au point $a\in E$ et reprend son évolution jusqu'à la seconde rencontre de A, etc. De même, une particule *issue de* a^- y reste un temps exponentiel, puis saute en a, etc. Le processus $\overline{X}_t$ est fortement markovien, et aucune partie de A^- n'est de potentiel nul.

Si θ est une mesure sur E, notons $\overline{\theta}$ la mesure image $i^-(\theta)$. *Je dis que la relation* $\alpha\dashv\beta$ (semi-groupe (P_t)) *est équivalente à la relation* $\overline{\alpha}\dashv\overline{\beta}$ (semi-groupe $(\overline{P}_t)$; la présence des $^-$ sur les lettres suffit à l'indiquer). Si f est une fonction sur E, identifiée à une fonction sur $\overline{E}$ nulle sur A^-, on a $\overline{U}f(x)=Uf(x)$ si $x\notin A$, et $\overline{U}f(a)=\overline{U}f(a^-)=Uf(a)$ si $a\in A$, d'où il résulte que $<\overline{\alpha},\overline{U}f> = <\alpha,Uf>$, et par conséquent que $\overline{\alpha}\dashv\overline{\beta} \Rightarrow \alpha\dashv\beta$. Inversement, supposons que $\alpha\dashv\beta$; nous verrons au § 3 (sans cercle vicieux) qu'il existe un temps d'arrêt T tel que $\alpha=\beta P_T$, et il en résulte que $\alpha(f)\leqq\beta(f)$ pour toute fonction *fortement surmédiane* f . Pour vérifier que $\overline{\alpha}\dashv\overline{\beta}$, il nous suffit de montrer que $<\overline{\alpha},\overline{U}g> \leqq <\overline{\beta},\overline{U}g>$ pour toute fonction $\overline{g}\geqq0$ nulle hors de A^- . Soit g la fonction sur E, nulle hors de A et telle que $g(a)=\overline{g}(a^-)$; on vérifie très aisément que $<\overline{\alpha},\overline{U}g>=<\alpha,Gg>$ et la relation analogue pour β ; comme Gg est fortement surmédiane sur E, la phrase soulignée est établie.

Considérons alors les mesures $\overline{\lambda}$ et $\overline{\mu}$: comme toute mesure majorée par $\overline{\mu}$ est de la forme $\overline{\theta}$, puisque $\overline{\mu}$ ne charge pas A, on déduit aussitôt de ce qui précède que la décomposition canonique de $\overline{\mu}$ relativement à $\overline{\lambda}$ est

(14) $$\overline{\mu} = \overline{\mu'} + \overline{\mu_\infty}$$

Mais $\overline{\mu}$ ne charge pas les ensembles semi-polaires dans $\overline{E}$, et d'après la proposition 7 il existe un ensemble $\overline{B}$ tel que $\overline{\mu}=\overline{\lambda P_{\overline{B}}}$. La descente sur E est alors immédiate : il faut seulement un peu prendre garde à ce qui se passe à l'instant 0 sur $\overline{B}\cap A^-$, qui impose la transformation de $P_{\overline{B}}$ en H_B, non en P_B. On passe maintenant au cas général :

PROPOSITION 8. Il existe un ensemble finement fermé B tel que $\mu_\infty = (\mu-\lambda)H_B$.

DEMONSTRATION. Nous utiliserons le lemme suivant, qui est immédiat dans le cas discret, et s'étend à la situation présente par la proposition 5 (ou bien voir MEYER [2])

LEMME 3. Considérons les décompositions canoniques relativement à λ

$$\mu_1 = \mu_1' + \mu_{1\infty} \quad , \quad \mu_2 = \mu_2' + \mu_{2\infty}$$

de deux mesures telles que $\mu_1 \leqq \mu_2$. Alors on a $\mu_{1\infty} \leqq \mu_{2\infty}$.

Dans ces conditions , décomposons μ en une partie μ_c qui ne charge pas les semi-polaires, et une partie μ_d portée par un semi-polaire A. Puis représentons A comme la réunion d'une suite croissante d'ensembles adéquats A_n , et posons

$$\mu_n = \mu_c + \mu_d I_{A_n}$$

Le lemme 2 est appliquable à μ_n. Ecrivons la décomposition canonique de μ_n relativement à λ

$$\mu_n = \mu_n' + \mu_{n\infty} \text{ , où l'on sait que } \mu_{n\infty} = (\mu_n - \lambda)H_{B_n}$$

D'après le lemme 3, les $\mu_{n\infty}$ croissent. Or $\mu_{n\infty}U = (\mu_n-\lambda)UR$ qui croît vers $(\mu-\lambda)R = \mu_\infty U$, donc la limite de $\mu_{n\infty}$ est μ_∞.

Posons $C_n = \bigcap_{m \geqq n} B_m$; comme B_m porte $\mu_{m\infty}$, donc $\mu_{n\infty}$, C_n porte $\mu_{n\infty}$. Comme $C_n \subset B_n$ la relation $\mu_n' H_{B_n} = \lambda H_{B_n}$ entraîne $\mu_n' H_{C_n} = \mu_n' H_{B_n} H_{C_n} = \lambda H_{B_n} H_{C_n} = \lambda H_{C_n}$. On en déduit que $\mu_{n\infty} = (\mu_n - \lambda) H_{C_n}$. Soient C la réunion des C_n, et B sa fermeture fine ; C porte μ_∞ (B aussi) et on a $\mu_\infty = (\mu-\lambda)H_B$, d'où la proposition.

APPLICATION A UN RESULTAT DE MOKOBODZKI

La méthode utilisée par MOKOBODZKI [4] pour établir la proposition suivante - qui est très jolie, mais constitue une digression - est tout à fait différente de celle-ci.

Nous notons A_λ l'ensemble des mesures positives μ telles que $\mu \dashv \lambda$. C'est un ensemble convexe .

PROPOSITION 9 . <u>Les points extrémaux de</u> A_λ <u>sont les mesures</u> λH_B .

DEMONSTRATION. Nous verrons au § 3 que les éléments de A_λ sont de la forme λP_T , où T est un temps d'arrêt. Si λH_B admet une représentation

(15) $$\lambda H_B = t.\lambda P_{T_1} + (1-t)\lambda P_{T_2}$$

Soit f une fonction excessive ; appliquons les deux membres à $H_B f$, il vient $\lambda H_B f = t.\lambda P_{T_1} H_B f + (1-t)\lambda P_{T_2} H_B f$; mais $P_{T_1} H_B f \leq H_B f$, $P_{T_2} H_B f \leq H_B f$, et aucune de ces deux inégalités ne peut être stricte. Cela donne[1] $T_1 \leq D_B$, $T_2 \leq D_B$ P^λ-p.s.. Mais alors $P_{T_1} f \geq H_B f$, $P_{T_2} f \geq H_B f$, et d'après (15) aucune de ces inégalités ne peut être stricte.[2] Il en résulte que λH_B est bien extrémale.

Inversement, soit μ un élément extrémal de A_λ . Nous avons $\mu \dashv \lambda$; ainsi si nous considérons la mesure $\nu = 2\mu$, et sa décomposition canonique $\nu = \nu' + \nu_\infty$, $\nu' \dashv \lambda$ relativement à λ , la décomposition $\nu = \mu + \mu$, $\mu \dashv \lambda$ nous donne $\mu \dashv \nu'$, donc $\nu_\infty = \nu - \nu' \dashv \nu - \mu = \mu$, donc $\nu_\infty \dashv \mu \dashv \lambda$. Les deux mesures ν' et ν_∞ appartiennent donc à A_λ , et nous avons $\mu = \frac{1}{2}\nu' + \frac{1}{2}\nu_\infty$. Comme μ est extrémale, $\nu' = \mu = \nu_\infty$, et l'existence d'un B portant ν_∞ tel que $\nu' H_B = \lambda H_B$ nous donne $\mu H_B = \lambda H_B$, puis $\mu = \lambda H_B$.

<u>APPLICATION AU SCHEMA DE REMPLISSAGE</u>

Nous n'avons pas besoin ici de savoir ce qu'est le schéma de remplissage : nous avons admis plus haut l'existence d'un temps d'arrêt T tel que $\mu' = \lambda P_T$. Définissons alors les mesures

$$\lambda_t(f) = E^\lambda[f \circ X_t,\ t<T\ ]$$
$$\mu'_t(f) = E^\lambda[\ f \circ X_T,\ T \leq t] \quad (\text{ ainsi } \mu'_t \uparrow \mu' \text{ lorsque } t \to \infty\ )$$
$$\mu_t(f) = \mu(f) - \mu'_t(f) = E^\lambda[f \circ X_T\ ,\ t<T<\infty\ ] + \mu_\infty(f)\ .$$

Ces mesures dépendent a priori du choix de T : on pourrait montrer qu' elles ne dépendent que de λ et μ , d'où la notation.

La propriété suivante correspond à une propriété bien connue du schéma de remplissage discret, et sera améliorée plus tard

PROPOSITION 10. λ_t <u>et</u> μ_∞ <u>sont étrangères pour tout</u> t.

DEMONSTRATION. Soit B finement fermé tel que $\mu' H_B = \lambda H_B$. Cela s'écrit $\lambda P_T H_B = \lambda H_B$, soit $\lambda P_{T+D_B \circ \theta_T} = \lambda P_{D_B}$. Mais $T+D_B \circ \theta_T \geq D_B$. En appliquant cette égalité à Uf, où f est partout >0 et Uf est bornée, on voit que $T+D_B \circ \theta_T = D_B$ P^λ-p.s., donc $T \leq D_B$ P^λ-p.s.. Ainsi B porte μ_∞ tandis que λ_t est portée par B^c.

[1]Cf la démonstration de la proposition 10.

§ 3 . LE SCHEMA DE REMPLISSAGE

Nous allons maintenant supprimer toutes les hypothèses de transience, et construire le schéma de remplissage par " dépliement" , à la manière de la dernière partie du § 1 . Il sera assez facile de construire les mesures μ_t, beaucoup plus difficile de construire les mesures λ_t . Nous suivons de très près les méthodes de ROST.

Nous considérons l'espace $F=\mathbb{R}_+\times E$, muni du semi-groupe (Q_t) défini par passage à l'espace-temps :

$$\varepsilon_{(s,x)}Q_t = \varepsilon_{s+t}\otimes \varepsilon_x P_t$$

Nous noterons V son potentiel, (V_p) sa résolvante, R la notion de réduite correspondante . Nous ne faisons aucune hypothèse de transience sur (P_t), mais V est un noyau propre : toute mesure θ bornée sur tout ensemble de la forme $[0,n]\times E$ a un potentiel θV possédant la même propriété, et donc σ-fini.

λ et μ sont deux mesures bornées sur E, et $\overline{\lambda}$ et $\overline{\mu}$ les mesures sur F

(16) $$\overline{\lambda} = \int_0^\infty \varepsilon_s\otimes \lambda \, ds \quad , \overline{\mu} = \int_0^\infty \varepsilon_s\otimes\mu \, ds$$

Par analogie avec le cas discret, nous introduisons les mesures

(17) $$\overline{\alpha} = (\overline{\mu}-\overline{\lambda})V \qquad \overline{\sigma} = \overline{\alpha}R-\overline{\alpha}$$

D'après la théorie de MOKOBODZKI (§2) il existe une mesure positive $\overline{\mu}_\infty$ sur F telle que $\overline{\alpha}R=\overline{\mu}_\infty V$, et que $\overline{\mu}_\infty \leqq \overline{\mu}$. La mesure $\overline{\mu}_\infty$ peut donc s'écrire

(18) $$\overline{\mu}_\infty = \int_0^\infty \varepsilon_s\otimes \mu_s \, ds \quad , \text{ avec } \mu_s\leqq\mu$$

Nous poserons $\overline{\mu}-\overline{\mu}_\infty = \mu'$, $\mu-\mu_s=\mu'_s$

De même, la relation $\overline{\alpha}R \leqq \overline{\mu}V$ entraîne $\overline{\sigma}\leqq\overline{\lambda}V$, donc

(19) $$\overline{\sigma} = \int_0^\infty \varepsilon_s\otimes\sigma_s \, ds \quad \text{avec } \sigma_s\leqq \int_0^s \lambda P_u \, du \ .$$

La relation $\overline{\lambda}V-\overline{\sigma} = \overline{\mu}'V$ s'écrit alors de la manière suivante, en l'appliquant à une fonction sur F de la forme $h(s,x)=e^{-ps}f(x)$

(20) $$\frac{1}{p}< \lambda,U_pf > - \int_0^\infty e^{-ps}< \sigma_s,f > ds = \int_0^\infty e^{-ps}< \mu'_s,U_pf > ds$$

La mesure $\varepsilon_{s,x}V$ s'écrit $\int_0^\infty \varepsilon_r \otimes \theta_r \, dr$, où $\theta_r=0$ pour $r<s$, $\theta_r=\varepsilon_x P_{r-s}$ pour $r \geqq s$. L'application $r \mapsto \theta_r$ est étroitement continue à droite, et on a $\theta_r P_s \leqq \theta_{r+s}$. Par intégration, on voit que tout potentiel de mesure positive (bornée sur $[0,n]\times E$ pour tout n) admet une représentation $\int_0^\infty \varepsilon_r \otimes \theta_r dr$ avec une famille θ_r satisfaisant aux mêmes propriétés. Par différence, on voit que l'application $t \mapsto \sigma_t$ (qui n'était définie qu'à une équivalence près) peut être supposée continue à droite. Nous le ferons dans la suite.

Notons $R^{(n)}$ l'opérateur de réduite par rapport au noyau discret $Q_{2^{-n}}$ (et non nV_n comme au §2). Comme on l'a signalé au début du § 2, $\bar{\alpha}R^{(n)}$ tend en croissant vers $\bar{\alpha}R$, car une mesure est excessive si et seulement si elle est $Q_{2^{-n}}$-excessive pour tout n. On peut calculer $\bar{\alpha}R^{(n)}$ de la manière suivante : soit G_n le noyau potentiel de $Q_{2^{-n}}$, et soit

$$\lambda^n = \int_0^{2^{-n}} \lambda P_s \, ds \qquad \mu^n = \int_0^{2^{-n}} \mu P_s ds$$

$$\bar{\lambda}^n = \int_0^{2^{-n}} \varepsilon_s \otimes \lambda^n \, ds \qquad \bar{\mu}^n = \int_0^{2^{-n}} \varepsilon_s \otimes \mu^n ds$$

Nous avons alors $\bar{\alpha}=(\bar{\mu}^n-\bar{\lambda}^n)G_n$, et si nous appliquons à λ^n, μ^n le schéma de remplissage discret par rapport à $P_{2^{-n}}$, obtenant ainsi des mesures λ_k^n, μ_k^n, σ_k^n, nous avons

$$\bar{\sigma}^n = \bar{\alpha}R^{(n)}-\bar{\alpha} = \int_0^\infty \varepsilon_s \otimes \sigma_s^n \, ds \text{ , où } \sigma_s^n=\sigma_k^n \text{ sur } [k2^{-n},(k+1)2^{-n}[$$

L'application $s \mapsto \sigma_s^n$ est croissante et continue à droite, et σ_s^n croît en n pour tout n. Il en résulte que l'application $s \mapsto \sigma_s$ est <u>croissante</u> et continue à droite, et que $\sigma_s^n \uparrow \sigma_s$ pour tout s. Si l'on convient de poser $\sigma_\infty^n = \sup_s \sigma_s^n$, $\sigma_\infty = \sup_s \sigma_s$, mesures non nécessairement σ-finies, on a par interversion de sup que $\sigma_\infty^n = \sup_n \sigma_\infty^n$.

Ensuite, si s,t,u sont trois nombres de la forme $k2^{-n}$, on a

$$\sigma_{s+t+u}^n-\sigma_{s+t}^n \leqq (\sigma_{t+u}^n-\sigma_t^n)P_s \leqq \int_{s+t}^{s+t+u} \lambda P_r \, dr$$

Par passage à la limite, on en déduit les inégalités analogues pour σ

$$\sigma_{s+t+u}-\sigma_{s+t} \leqq (\sigma_{t+u}-\sigma_t)P_s \leqq \int_{s+t}^{s+t+u} \lambda P_r \, dr$$

d'abord pour s,t,u dyadiques, puis quelconques. Pour toute fonction bornée f sur E, la fonction $t \mapsto < \sigma_t, f >$ est lipschitzienne, donc dérivable p.p. et l'intégrale de sa dérivée. Si f est p-excessive, on vérifie au moyen des inégalités ci-dessus que la fonction $t \mapsto \frac{d}{dt}(e^{-pt} < \sigma_t, f >)$ est p.p. égale à une fonction décroissante. La fonction $e^{-pt} < \sigma_t, f >$ est donc concave, et nous pouvons définir $\lambda_t(f)$ comme la dérivée à droite de $< \sigma_., f >$ au point t. On a défini ainsi une forme linéaire positive λ_t sur l'espace des différences de fonctions p-excessives, majorée par la mesure λP_t. C'est donc une mesure, et nous avons

$$(21) \qquad \sigma_t = \int_0^t \lambda_s \, ds \quad , \quad 0 \leqq \lambda_{s+t} \leqq \lambda_s P_t \leqq \lambda P_{s+t} \quad .$$

Soit g une fonction continue comprise entre 0 et 1. Si $\varepsilon \downarrow 0$ on a $< \lambda_t, g > = \lim < \lambda_t, P_\varepsilon g >$, et d'autre part $0 \leqq \lambda_{t+\varepsilon} - \lambda_t P_\varepsilon, g > \leqq$ $< \lambda_{t+\varepsilon} - \lambda_t P_\varepsilon, 1 >$ qui tend vers 0. Ainsi l'application $t \mapsto \lambda_t$ est étroitement continue à droite, et nous avons obtenu le résultat suivant :

PROPOSITION 11. Il existe une famille $t \mapsto \lambda_t$ de mesures bornées, étroitement continue à droite, telle que $0 \leqq \lambda_{s+t} \leqq \lambda_s P_t \leqq \lambda P_{s+t}$ $(s,t \geqq 0)$ et que

$$\overline{\alpha}R - \overline{\alpha} = \int_0^\infty \varepsilon_s \otimes \sigma_s \, ds \quad , \quad \sigma_t = \int_0^t \lambda_s \, ds$$

Il est intéressant de porter (21) dans la formule (20) : le premier membre s'écrit

$$(22) \quad \frac{1}{p} \int_0^\infty e^{-pu} < \lambda P_u - \lambda_u, f > du = < \overline{\lambda}V - \overline{\sigma}, h > = \int_0^\infty e^{-pu} < \mu'_u, U_p f > du$$

Nous allons maintenant utiliser la proposition suivante, dont nous renverrons la démonstration en appendice, pour éviter l'interruption du raisonnement principal.

PROPOSITION 12 . Soit (λ_t) une famille de mesures positives telle que $\lambda_{s+t} \leqq \lambda_s P_t \leqq \lambda P_{s+t}$, et en outre étroitement continue à droite. Il existe alors (pour une réalisation convenable de (P_t)) un temps d'arrêt T tel que

$$(23) \qquad \lambda_t(f) = E^\lambda[f \circ X_t \ , \ t<T \ ] \qquad (t \in \mathbb{R}_+ \ , \ f \text{ borélienne bornée})$$

Les notations de la proposition suivante sont un peu délicates. Il faut se rappeler que μ_t a été définie plus haut pour t fini (formule (18)), et que lorsque (P_t) est transient μ_∞ a été définie au § 2 par la formule $\mu_\infty U = (\mu - \lambda)UR$, où R est ici une réduite sur E, non sur F.

PROPOSITION 13. Posons $m' = \lambda P_T$, $m_\infty = \mu - m'$, $m_t(f) = E^\lambda[f \circ X_T, \ t<T<\infty] + m_\infty(f)$. Alors

1) $m_t = \mu_t$ pour presque tout t.

2) Si (P_t) est transient on a $\mu_\infty = m_\infty$.

DEMONSTRATION. Soit f borélienne bornée sur E, et soit $g=U_pf$. On a

$$\int_0^\infty e^{-pu} < m'_u, g > du = E^\lambda[\int_0^\infty e^{-pt} g\circ X_t I_{\{t\geq T\}} dt] = E^\lambda[\frac{1}{p} e^{-pT} g\circ X_T]$$

où l'on a posé $m'_u(g) = < \mu - m_u, g > = E^\lambda[g\circ X_T, T\leq u]$. Remplaçons g par U_pf et appliquons la propriété de Markov forte, on obtient la valeur

$$\frac{1}{p}E^\lambda[\int_0^\infty e^{-pu} f\circ X_u du - \int_0^T e^{-pu} f\circ X_u du] = \frac{1}{p}\int_0^\infty < \lambda P_u - \lambda_u, f > e^{-pu} du$$

C'est le premier membre de (22). Ainsi

$$< \int_0^\infty e^{-pu} \mu'_u \, du \, , U_pf > \; = \; < \int_0^\infty e^{-pu} m'_u \, du \, , U_pf >$$

Ces deux mesures coïncident sur l'image de la résolvante, donc sont égales. En inversant la transformation de Laplace, on voit que $\mu'_u = m'_u$ pour presque tout u, d'où 1).

Pour 2), nous rappellerons le résultat établi plus haut, suivant lequel $\sigma^n_\infty \uparrow \sigma_\infty = \sup_s \sigma^n_s$. Or nous avons

$$\sigma_\infty(f) = \int_0^\infty \lambda_t(f)\, dt = E^\lambda[\int_0^T f\circ X_s ds] = < \lambda U - \lambda P_T U \, , f >$$

d'autre part, σ^n_∞ est une mesure qui se calcule sur un schéma de remplissage discret : si $\alpha=(\mu-\lambda)U$, et si $R^{(n)}$ désigne une réduite sur E relativement à $P_{2^{-n}}$, on a $\sigma^n_\infty = \alpha R^{(n)} - \alpha$, et donc à la limite

$$< \sigma_\infty, f > \; = \; < \alpha R - \alpha, f > = <(\mu_\infty - \mu + \lambda)U, f >$$

en comparant ces deux relations, on trouve que $\mu' = \mu - \mu_\infty = \lambda P_T$, d'où 2).

REMARQUES. 1) La formule (18) ne définit les mesures μ_t que pour presque tout t. Désormais, nous définirons $\mu_t = m_t$ comme dans la proposition 13. La famille μ_t est alors décroissante et étroitement continue à droite, et ces propriétés plus (18) la caractérisent uniquement, indépendamment de T. Nous définirons $\mu_\infty = \inf_s \mu_s$, sans faire aucune hypothèse de transience : nous venons de voir que cette notation est cohérente.

2) Plaçons nous dans le cas transient, et supposons $\mu \dashv \lambda$. Alors $(\mu-\lambda)U \leq 0$, $(\mu-\lambda)UR=0$, et $\mu_\infty=0$. Donc $\mu'=\lambda P_T=\mu$, et nous avons établi (sans cercle vicieux!) la propriété utilisée dans la seconde partie du paragraphe 2. On posera dans tous les cas $\mu'=\mu-\mu_\infty$.

3) Il faut noter que les mesures $\overline{\mu}_\infty$ et $\overline{\sigma}$, puis λ_t, ont été construites sans faire appel à un temps d'arrêt T. C'est assez satisfaisant car (contrairement à ce qui se passait dans le cas discret) on n'a plus de choix canonique pour le temps d'arrêt T de la prop.12.

Notons $(\Omega, \underline{\underline{F}}, \underline{\underline{F}}_t, X_t\ P^{\cdot})$ la réalisation du semi-groupe (P_t) que nous avons utilisée pour construire le temps d'arrêt T (et qui sera décrite explicitement dans l'appendice). Nous construisons de la manière suivante une réalisation du semi-groupe (Q_t) :

$$\overline{\Omega} = \mathbb{R}_+ \times \Omega$$
$$(24) \qquad \overline{\underline{\underline{F}}} = \underline{\underline{B}}(\mathbb{R}_+) \times \underline{\underline{F}} \quad , \quad \overline{\underline{\underline{F}}}_t = \underline{\underline{B}}(\mathbb{R}_+) \times \underline{\underline{F}}_t$$
$$\overline{P}^{r,x} = \varepsilon_r \otimes P^x$$
$$\text{si } \overline{\omega} \in \overline{\Omega} = (r,x) \ , \ Y_t(\overline{\omega}) = (r+t, X_t(\omega)) \ , \ \overline{\Theta}_t(\overline{\omega}) = (r+t, \Theta_t \omega) \ .$$

enfin $\overline{T}(\overline{\omega}) = T(\omega)$.

$\overline{T}$ est un temps d'arrêt de la famille $(\overline{\underline{\underline{F}}}_t)$, et nous avons le résultat suivant :

LEMME 3. <u>Posons</u> $\overline{\lambda}_t(h) = \overline{E}^{\lambda}[h \circ Y_t \ , \ t < \overline{T}]$ (25)

$\overline{\mu}'_t(h) = \overline{E}^{\lambda}[h \circ Y_{\overline{T}} \ , \ \overline{T} \leq t] \qquad \overline{\mu}_t = \overline{\mu} - \overline{\mu}'_t$

<u>Alors</u>
$$\overline{\lambda}_t = \int_t^{\infty} \varepsilon_s \otimes \lambda_t \, ds$$
$$\overline{\mu}'_t = \int_0^t \varepsilon_s \otimes \mu'_s \, ds + \int_t^{\infty} \varepsilon_s \otimes \mu'_t \, ds \qquad (26)$$

<u>et en particulier</u> ($t=\infty$) $\overline{\lambda} Q_{\overline{T}} = \overline{\mu}'_{\infty}$ <u>est la mesure précédemment désignée par</u> $\overline{\mu}'$.

DEMONSTRATION. Les formules (26) sont l'extension de (5) au cas continu. Pour les établir, il suffit de vérifier qu'une fonction h de la forme $h(s,x) = e^{-ps} f(x)$ a même intégrale par rapport aux deux membres. Par exemple, la première formule (26) se vérifie ainsi

$$\overline{\lambda}_t(h) = \int_0^{\infty} dr \ E^{\lambda}[e^{-p(r+t)} f \circ X_t \ I_{\{t<T\}}]$$
$$= \int_t^{\infty} e^{-ps} E^{\lambda}[f \circ X_t \ I_{\{t<T\}}] \, ds = < \int_t^{\infty} \varepsilon_s \otimes \lambda_t \, ds \ , \ h >$$

et de même la dernière assertion de l'énoncé

$$< \overline{\lambda} Q_{\overline{T}}, h > = \int_0^{\infty} dr \ E^{\lambda}[e^{-p(r+T)} f \circ X_T, \ T<\infty] = \frac{1}{p} E^{\lambda}[e^{-pT} f \circ X_T]$$

et on est ramené à la vérification de la proposition 13 .

Mais la décomposition $\overline{\mu} = \overline{\mu}' + \overline{\mu}_{\infty}$ est la décomposition canonique de $\overline{\mu}$ relativement à $\overline{\lambda}$. Nous pouvons donc appliquer la proposition 10, qui nous donne la généralisation de la propriété fondamentale du schéma de remplissage discret :

PROPOSITION 14 . λ_t <u>et</u> μ_t <u>sont étrangères pour tout</u> t.

DEMONSTRATION. On écrit (prop.10) que $\overline{\lambda}_t$ et $\overline{\mu}_{\infty}$ sont étrangères. Cela entraîne que $\overline{\lambda}_t$ et $\overline{\mu}_{t+\varepsilon}$ sont étrangères pour tout $\varepsilon>0$, et on fait tendre ε vers 0.

Ensuite, nous étendons la proposition 8, sans aucune hypothèse de transience :

PROPOSITION 15. Il existe un ensemble finement fermé B tel que $\mu_\infty=(\mu-\lambda)H_B$.

DEMONSTRATION. Choisissons un ensemble presque-borélien finement fermé A dans F, tel que $\overline{\mu}_\infty=(\overline{\mu}-\overline{\lambda})H_A$ pour le semi-groupe (Q_t). Comme il existe un $\underline{\underline{K}}_\sigma$ A' contenu dans A tel que $\overline{D}_A=\overline{D}_{A'}$, $\overline{P}^{\overline{\lambda+\mu}}$-p.s., nous pouvons (quitte à changer de notation) supposer que A est borélien. Posons $\overline{D}_A=D$; c'est un temps d'entrée sur $\overline{\Omega}$, et nous pouvons poser

$$\text{si } \overline{\omega}=(r,\omega)\ ,\quad D(\overline{\omega})=D_r(\omega)$$

Pour tout u, $\{\overline{\omega} : D(\overline{\omega})<u\}$ est $\overline{\underline{\underline{F}}}$-analytique dans $\overline{\Omega}$, ce qui signifie que

$$\{(r,\omega) : D_r(\omega)<u\} \text{ est } \underline{\underline{B}}(\mathbb{R}_+)\times\underline{\underline{F}} \text{ -analytique dans } \mathbb{R}_+\times\Omega$$

Il n'est pas difficile de déduire alors du théorème de capacitabilité qu'il existe un processus mesurable $(D_r^!)$ indistinguable du processus (D_r) pour la mesure $P^{\lambda+\mu}$ sur Ω.

D'après WALSH [6], nous définirons si f est une fonction réelle sur $\mathbb{R}_+$

$$a=\liminf_{t\to\infty}\text{ess } f(t)$$

comme le sup des nombres b tels qu'il existe un intervalle $[N,\infty[$ sur lequel $f\geq b$ p.p. (au sens de Lebesgue). D'après l'article de WALSH cité, la fonction $\liminf_{t\to\infty}\text{ess } f_t(\omega)$ est une variable aléatoire pour tout processus mesurable (f_t) ; en utilisant le processus mesurable $(D_t^!)$ considéré plus haut, on voit alors que la fonction

$$\tau(\omega)=\liminf_{r\to\infty}\text{ess } D_r(\omega)$$

est une variable aléatoire. D'autre part, comme D est un temps d'entrée pour le processus (Y_t)

$$t<D_r(\omega) \Rightarrow D_{r+t}(\Theta_t\omega)=D_r(\omega)-t \quad (\text{ identiquement })$$

on a, en passant aux lim inf ess

$$t<\tau(\omega) \Rightarrow \tau(\Theta_t\omega)=\tau(\omega)-t \text{ identiquement}$$

et τ est un temps terminal. Enfin, nous avons $\overline{T}\leqq D$ $\overline{P}^{\overline{\lambda}}$-p.s. (cf. proposition 10), soit $\int_0^\infty dr\, P^\lambda\{T>D_r\}=0$, et il existe un ensemble de mesure nulle J tel que pour $r\notin J$ on ait $T\leqq D_r$ P^λ-p.s. ; prenant la lim inf ess le long de J, on voit que $T\leqq\tau$ P^λ-p.s. La relation $\mu'=\lambda P_T$, et le fait que τ est un temps terminal, entraînent alors que $\mu' P_\tau=\mu P_\tau$.

D'autre part, la mesure $\overline{\mu}_\infty$ est portée par A, donc $\overline{P}^{\overline{\mu}_\infty}\{D>0\}=0$, d'où l'on tire $\int_0^\infty P^{\mu_\infty}\{D_r>0\}\,dr=0$ et finalement, par le même argument que ci-dessus, le fait que μ_∞ est portée par l'ensemble $\{x : P^x\{\tau=0\}=1\}$ Soit C un ensemble borélien contenu dans cet ensemble et portant μ_∞ ; on a $\tau\leqq D_C$, donc $\mu' H_C=\lambda H_C$: comme C porte μ_∞, on a $\mu_\infty=(\mu-\lambda)H_C$.

On achève la démonstration en prenant pour B la fermeture fine de C.

Les deux propositions suivantes couronnent la théorie du schéma de remplissage.

PROPOSITION 16 . <u>Les propriétés suivantes sont équivalentes</u> :

1) $\mu_\infty=0$

2) <u>Il existe un temps d'arrêt</u> T <u>tel que</u> $\mu=\lambda P_T$.

3) $\mu(f)\leqq\lambda(f)$ <u>pour toute fonction fortement surmédiane</u> f.

4) $<\mu,H_C 1>\ \leqq\ <\lambda,H_C 1>$ <u>pour tout borélien</u> C (<u>ou seulement pour tout compact</u> C)

DEMONSTRATION. Nous savons que 1)=>2)=>3)=>4) (et le fait qu'il suffit de supposer 4) pour C compact est une conséquence immédiate du théorème de capacitabilité). Inversement, supposons 4) satisfaite, et choisissons C tel que $\mu_\infty=(\mu-\lambda)H_C$; alors $\mu_\infty(1)=<(\mu-\lambda)H_C,1>\ \leqq 0$, et nous avons $\mu_\infty=0$.

Nous noterons $\Dashv$ le préordre défini par 3) , qui est plus fort que le préordre $\dashv$. Si μ ne charge pas les ensembles semi-polaires, les relations $\mu\dashv\lambda$ et $\mu\Dashv\lambda$ sont équivalentes. En effet, soit f une fonction fortement surmédiane, et soit $\hat{f}$ sa régularisée excessive ; on a $\mu(\hat{f})\leqq\lambda(\hat{f})$ $\leqq\lambda(f)$ si $\mu\dashv\lambda$, et d'autre part l'ensemble $\{f\neq\hat{f}\}$ est semi-polaire (cf. CHUNG [1]). On en tire $\mu\Dashv\lambda$.

PROPOSITION 17. <u>Considérons une décomposition</u> $\mu=m'+m_\infty$, <u>où ces mesures sont positives et</u> $m'\Dashv\lambda$. <u>On a alors</u> $m'\Dashv\mu'$.

DEMONSTRATION. Il existe un temps d'arrêt S tel que $m'=\lambda P_S$. Posons aussi sur $\overline{\Omega}$ $\overline{S}(\overline{\omega})=S(\omega)$ si $\overline{\omega}=(r,\omega)$, puis

$$m'_t(f) = E^\lambda[f\circ X_S,\ S\leqq t] \quad \text{mesure sur } E$$

$$\overline{m}' = \int_0^\infty \varepsilon_s\otimes m'_s\,ds \quad \text{sur } F$$

Alors on vérifie à la manière du lemme 3 que $\overline{m}'=\overline{\lambda}Q_{\overline{S}}$. Or on a $\overline{\lambda}Q_{\overline{S}}\dashv\overline{\lambda}$ sur F, $m'_t\leqq m'\leqq\mu$, donc $\overline{m}'\leqq\overline{\mu}$. Le semi-groupe (Q_t) étant transient, la proposition 4 entraîne que $\overline{m}'\dashv\overline{\mu}'$ sur F. Si C est un ensemble borélien dans E, la fonction sur F

$$h(s,x) = e^{-ps}H_C 1^x$$

est fortement surmédiane sur F, donc

$$\int e^{-ps}< m'_s,H_C 1>ds \ \leqq\ \int e^{-ps}<\mu'_s,H_C 1>ds$$

On multiplie par p, on fait tendre p vers $+\infty$, et il vient que $m'\Dashv\mu'$.

BIBLIOGRAPHIE

[1] CHUNG (K.L.) A simple proof of DOOB'S convergence theorem . Séminaire de Probabilités V, Université de Strasbourg (Lecture Notes in M. vol. 191) p. 76

[2] MEYER (P.A.). Deux petits résultats de théorie du potentiel. Même réf. p.211-212.

[3] MOKOBODZKI (G.). Densité relative de deux potentiels comparables. Séminaire de Probabilités IV (Lecture Notes in M. vol. 124). p. 170-194.

[4] MOKOBODZKI (G.). Eléments extrémaux pour le balayage. Séminaire BRELOT-CHOQUET-DENY (Théorie du potentiel) 13e année, 1969/70, n°5.

[5] WALSH (J.). Some topologies connected with Lebesgue measure. Séminaire de Probabilités V, p.290-310.

APPENDICE : DEMONSTRATION DE LA PROP.12

Désignons par $(\Omega, \underline{\underline{F}}_t, X_t, \ldots,)$ la réalisation continue à droite canonique du semi-groupe (P_t). Nous allons établir l'existence d'un processus $(M_t)_{t \geq 0}$ sur Ω, adapté et continu à droite, à valeurs dans l'intervalle $[0,1]$, à trajectoires décroissantes et tel que l'on ait pour tout t et toute fonction borélienne bornée f

(21) $$< \lambda_t, f > = E^{\lambda}[f \circ X_t . M_t]$$

Cela suffira. Formons en effet $\overline{\Omega} = \mathbb{R}_+ \times \Omega$, $\overline{\underline{\underline{F}}} = \underline{\underline{B}}(\mathbb{R}_+) \times \underline{\underline{F}}$, $\overline{\underline{\underline{F}}}_t = \underline{\underline{B}}(\mathbb{R}_+) \times \underline{\underline{F}}_t$, $\overline{P}^{\lambda} = \gamma \otimes P^{\lambda}$, où γ est une loi exponentielle de paramètre 1 sur $\mathbb{R}_+$, et posons enfin $\overline{X}_t(s,\omega) = X_t(\omega)$ sur $\overline{\Omega}$. Nous avons construit ainsi une réalisation du semi-groupe (P_t). Puis nous posons

$$T(s,\omega) = \inf \{ t : -\log M_t(\omega) > s \}$$

de sorte que T est un temps d'arrêt de la famille $(\overline{\underline{\underline{F}}}_t)$, et l'on a $E^{\lambda}[f \circ X_t . M_t] = \overline{E}^{\lambda}[f \circ \overline{X}_t, t < T]$, le résultat cherché.

Pour établir (21), on utilisera un argument de compacité faible. On pose d'abord

$$h_{s,t} = \text{dérivée de RADON-NIKODYM de } \lambda_t \text{ par rapport à } \lambda_s P_{t-s}$$

nous noterons aussi h_0 la densité de λ_0 par rapport à λ. Si $\mathcal{P}$ est une subdivision de $\mathbb{R}_+$: $0 < t_1 < t_2 \ldots$, nous définirons le processus

M_t^{ρ} ainsi :

$$M_{t_n}^{\rho} = h_0 \circ X_0 . h_{0,t_1} \circ X_{t_1} . h_{t_1 t_2} \circ X_{t_2} \ldots . h_{t_{n-1}, t_n} \circ X_{t_n}$$

où t_n est le dernier point de subdivision $\leqq t$. On vérifie très facilement que, si t appartient à la subdivision ρ , on a $<\lambda_t, f>$ $= E^{\lambda}[f \circ X_t . M_t^{\rho}]$.

Désignons par ρ_n la n-ième subdivision dyadique de $\mathbb{R}_+$, et appliquons le procédé diagonal de manière à construire une suite n_k telle que, pour tout t dyadique , $M_t^{\rho_{nk}}$ converge faiblement dans L^1 vers une variable aléatoire M_t^o , $\underline{\underline{F}}_t$-mesurable. Nous aurons pour t dyadique $E^{\lambda}[f \circ X_t . M_t^o] = < \lambda_t, f >$.

Les processus M_t^{ρ} sont décroissants. Quitte à modifier chaque M_t^o sur un ensemble de mesure nulle, nous pouvons donc supposer que $t \mapsto M_t^o$ est un processus à trajectoires toutes décroissantes, pour t dyadique. On pose alors, pour finir, $M_t = M_{t+}^o$.

Il faut noter que (contrairement à ce qui se passait dans le cas discret) le processus (M_t) n'est pas canonique : il est construit par le procédé diagonal. On peut conjecturer qu'en fait la suite $M_t^{\rho_n}$ toute entière converge.

Séminaire de Probabilités
1970/71

LES RÉSULTATS RÉCENTS DE BURKHOLDER, DAVIS ET GUNDY

par P.A.Meyer

1. NOTATIONS, ENONCE DES DEUX THEOREMES PRINCIPAUX

$(\Omega,\underline{\underline{F}},P)$ désigne un espace probabilisé , muni d'une famille croissante $(\underline{\underline{F}}_n)$ de tribus. Martingales et temps d'arrêt seront relatifs à cette famille. Nous désignerons en général les processus par une lettre majuscule $X=(X_n)$, et nous utiliserons la même lettre minuscule pour les différences

$$x_0=X_0 \quad , \quad x_n=X_n-X_{n-1}$$

Nous poserons alors : $X_n^* = \sup_{m\leqq n} |X_m|$, $X^* = \sup_m |X_m|$, $x_n^* = \sup_{m\leqq n} |x_m|$, $x^*= \sup_m |x_m|$,

$$Q_n(X) = (\sum_{m\leqq n} x_m^2)^{1/2} \quad , \quad Q(X)= (\sum_m x_m^2)^{1/2}$$

Φ est une fonction convexe croissante sur $\mathbb{R}_+$, telle que $\Phi(0)=0$; nous supposerons de manière essentielle que Φ satisfait à la condition de "croissance modérée" $\Phi(2t)\leq \Lambda\Phi(t)$.

GUNDY , DAVIS et BURKHOLDER ont démontré, entre autres, les résultats suivants :

THEOREME 1. Soit (B_n) un processus croissant, non nécessairement adapté à la famille $(\underline{\underline{F}}_t)$. Posons

$$a_0=0 \ , \quad a_n=E[b_n|\underline{\underline{F}}_{n-1}] \ , \quad A_n= \sum_{m\leqq n} a_m$$

On a alors $E[\Phi\circ A_\infty] \leq \Theta E[\Phi\circ B_\infty]$, où la constante Θ ne dépend que du coefficient de croissance Λ .

THEOREME 2. Soit X une martingale. Alors

$$\Theta E[\Phi\circ Q(X)] \leqq E[\Phi\circ X^*] \leq \Theta' E[\Phi\circ Q(X)]$$

où Θ et Θ' ne dépendent que de Λ.

Ce sont des résultats extraordinaires. Malheureusement, l'article GDB n'est pas d'un abord spécialement aisé . En effet, on y établit des résultats beaucoup plus généraux que le théorème 2, de sorte qu'en plus de leurs difficultés propres, les démonstrations y sont recouvertes d' une épaisse couche d'axiomatique. C'est d'ailleurs là la seule justification de cet exposé : ayant vu ce qui se passe dans le cas particulier le plus intéressant, le lecteur aura certainement beaucoup moins de mal à comprendre les articles [1] et [2], qui méritent de toute façon une lecture approfondie.

2. QUELQUES REMARQUES D'ORDRE ANALYTIQUE

a) Notons ϕ la dérivée à droite de la fonction convexe Φ ; c'est une fonction croissante et continue à droite, et on a

$$(1)\qquad \phi(2t) \leqq \frac{1}{2t}\int_{2t}^{4t}\phi(s)ds \leqq \frac{1}{2t}\Phi(4t) \leqq \frac{\Lambda^2}{2t}\Phi(t) = \frac{\Lambda^2}{2}\,\frac{1}{t}\int_0^t \phi(s)ds \leqq \frac{\Lambda^2}{2}\phi(t)$$

On en déduit aussitôt que pour tout a on a une majoration de la forme $\phi(at) \leqq m(a)\phi(t)$.

Il faut noter aussi que Φ est <u>suradditive</u>

$$(2)\qquad \Phi(x+y) = \int_0^x\phi(s)ds+\int_x^{x+y}\phi(s)ds \geqq \int_0^x + \int_0^y = \Phi(x)+\Phi(y)$$

Tandis qu'on a inversement

$$(3)\qquad \Phi(x+y) \leqq \Lambda\Phi\left(\frac{x+y}{2}\right) \leqq \Lambda\,\frac{\Phi(x)+\Phi(y)}{2}$$

b) Les lemmes suivants sont tout simples. On les démontrera en appendice. On note h un nombre >1 .

LEMME 1. Soit $\psi(n)$ une fonction positive définie sur Z, telle que $\sum_{-\infty}^{0}\psi(n) < \infty$. Soit $U=\{n : \psi(n)< h\psi(n+1)\}$. Alors

$$(4)\qquad \sum_{-\infty}^{+\infty} \psi(n) \leqq \frac{h}{h-1}\sum_{U} \psi(n+1)$$

LEMME 1'. Soit $\psi(t)$ une fonction positive localement bornée sur $\mathbb{R}$, telle que $\int_{-\infty}^{0} \psi(s)ds < \infty$. Soit $U=\{t : \psi(t)<h\psi(t+1)\}$. Alors

$$(5)\qquad \int_{-\infty}^{+\infty} \psi(s)ds \leqq \frac{h}{h-1}\int_U \psi(s+1)ds$$

c) Le calcul suivant sera essentiel pour la démonstration du théorème 2. Soit Y une variable aléatoire positive. Nous avons

$$E[\Phi\circ Y] = E\left[\int_0^Y\phi(s)ds\right] = \int_0^{\infty}\phi(s)P\{Y>s\}ds$$

Mais en réalité <u>nous n'aurons pas besoin de connaître</u> $P\{Y>s\}$ <u>pour toutes les valeurs de s</u> pour majorer le premier membre. Soit h un nombre >1. Posons $a=h^2m(h)$ [la fonction m est définie à la ligne 9], et soit B l'ensemble légèrement bizarre

$$(6)\qquad B= \{\, s \;:\; P\{Y\geqq s\} \leqq aP\{Y\geqq hs\}\,\}$$

Alors

(7) $$E[\Phi\circ Y] \leqq \frac{a}{h-1} \int_B \phi(s)P\{Y>s\}\, ds$$

DEMONSTRATION. On applique le lemme 1' . Dans l'intégrale donnant $E[\Phi\circ Y]$ faisons le changement de variable $s=h^t$; cette intégrale s'écrit alors $\int_{-\infty}^{+\infty} \psi(t)dt$, avec $\psi(t)=\log(h)\phi(h^t)h^t P\{Y>h^t\}$. Le lemme 1' nous donne alors $E[\Phi\circ Y] \leqq \frac{h}{h-1}\int_U \psi(t+1)dt \leqq \frac{h^2 m(h)}{h-1}\int_U \psi(t)dt$, et lorsque t appartient à U h^t appartient à B.

3. DEMONSTRATION DU THEOREME 1

La démonstration qu'en donnent BGD ne repose pas sur les idées précédentes, mais sur le lemme 1 et un procédé de " discrétisation". Le lecteur qui préfère garder le fil des idées fera donc bien de passer directement au n°4.

Nous désignons par Θ, dans toute cette démonstration, une quantité qui varie de place en place, mais ne dépend que de Λ. Nous écrivons A au lieu de A_∞. Nous partons de

$$E[\Phi\circ A] = \int_0^\infty \phi(s)P\{A>s\}\, ds = \sum_j \int_{2^j}^{2^{j+1}} \cdots \leqq \sum_j P\{A>2^j\}\int_{2^j}^{2^{j+1}} \phi(s)ds$$

(8) $$= \sum_j P\{A>2^j\}(\Phi(2^{j+1})-\Phi(2^j)) \leq (\Lambda-1)\sum_j P\{A>2^j\}\Phi(2^j)$$

Désignons cette somme par S, et son terme général par $\psi(j)$. La suradditivité de Φ entraine aussitôt que

(9) $$\Phi(t)+\Phi(\tfrac{t}{2})+\Phi(\tfrac{t}{4})\ldots. \leqq \Phi(2t)$$

de sorte que le lemme 1 s'applique à ψ . D'après le lemme 1, nous pouvons remplacer S par $2\sum_{j\in U} \psi(j+1) \leqq \Theta\sum_{j\in U} P\{A>2^{j+1}\}\Phi(2^j)$.

Nous considérons maintenant les ensembles $K_j=\{A>2^j\}$, et $H_j=\{A>2^{j+1}, a^*< 2^{j-1}\}$. Le fait que $j\in U$ signifie que

(10) $$\Phi(2^j)P\{A>2^j\} \leqq 2\Phi(2^{j+1})P\{A>2^{j+1}\} \text{ et par conséquent } P(K_{j+1}) \geqq \Theta P(K_j)$$

Nous coupons maintenant la somme en deux morceaux : le premier est formé des $j\in U_1$, i.e. les $j\in U$ pour lesquels

(11) $$P\{A>2^{j+1}\}=P(K_{j+1}) \leq 2P\{A>2^{j+1}, a^*<2^{j-1}\}= P(H_j)$$

le second est formé des $j\in U$ pour lesquels cette condition n'a pas lieu. Comme K_{j+1} est contenu dans la réunion de H_j et de $\{a^*\geqq 2^{j-1}\}$, on a pour les indices j du second morceau

(12) $$P(K_{j+1}) \leqq 2P\{a^*\geqq 2^{j-1}\}$$

On majore les deux morceaux séparément, en commençant par le plus facile SECONDE SOMME. Elle est majorée par

(13) $\quad \Theta\sum_{j\in Z} \Phi(2^j)P\{a^*\geq 2^{j-1}\} = \Theta\sum_{j\in Z} P\{2^j > a^* \geq 2^{j-1}\}[\Phi(2^j)+\Phi(2^{j-1})+\ldots]$

D'après (9) cette somme est $\leq \Phi(2^{j+1}) \leq \Theta\Phi(2^{j-1})$, et il reste la somme $\sum P\{2^j > a^* \geq 2^{j-1}\}\Phi(2^{j-1}) \leq E[\Phi\circ a^*]$. Nous majorons très grossièrement $\Phi\circ a^*$ par $\sum \Phi\circ a_n$, puis nous appliquons l'inégalité de JENSEN (convexité de Φ) pour obtenir le majorant $\sum E[\Phi\circ b_n]$, et enfin la suradditivité pour obtenir $E[\Phi\circ B_\infty]$. La seconde somme est convenablement majorée.

PREMIERE SOMME. $\sum_{j\in U_1} \Phi(2^{j+1})P\{A > 2^{j+1}\} \leq 2\sum_{j\in U_1} \Phi(2^{j+1})P(K_j)$. On peut remplacer $\Phi(2^{j+1})$ par $\Phi(2^j)$ si on le désire.

Introduisons les temps d'arrêt suivants :

$S_j = \inf\{ n : A_n > 2^j \text{ ou } a_{n+1} > 2^{j-1}\}$

$T_j = \inf\{ n : A_n > 2^{j+1} \text{ ou } a_{n+1} > 2^{j-1}\}$

On a $S_j \leq T_j \leq S_{j+1}$. Posons aussi

(14) $\quad A_{T_j} - A_{S_j} = A^j \quad , \quad B_{T_j} - B_{S_j} = B^j$.

Sur K_j^c on a $A_\infty \leq 2^j$, donc $S_j = T_j$ et A^j et $B^j = 0$.

Sur $H_j \subset K_j$ on a $A_\infty > 2^{j+1}$, et $a^* < 2^{j-1}$. La seconde condition de définition de S_j et T_j ne joue pas, S_j et T_j sont finis tous deux et différents, et on a $A_{S_j} \leq 2^j + a^* \leq 2^j + 2^{j-1}$, $A_{T_j} \geq 2^{j+1}$, donc $A^j \geq 2^{j-1}$. On a d'autre part $E[B^j] = E[A^j] \geq 2^{j-1}P(H_j)$.

Soit $\mathcal{K}$ la tribu $\{K_j, K_j^c\}$; comme $B^j = 0$ sur K_j^c

(15) $\quad E[B^j|\mathcal{K}] = \dfrac{E[B^j]}{P[K_j]} I_{K_j} \geq 2^{j-1}\dfrac{P(H_j)}{P(K_j)} I_{K_j}$

Nous utilisons maintenant le fait que $j\in U_1$: d'après (11), $P(H_j) \geq \frac{1}{2}P(K_{j+1})$ d'après (10), $P(K_{j+1}) \geq \Theta P(K_j)$. Mettant tout ensemble

(16) $\quad E[B^j|\mathcal{K}] \geq \Theta 2^j I_{K_j}$

Appliquons Jensen, notons que $\Phi(\Theta x)$ peut être remplacé par $\Theta\Phi(x)$:

(17) $\quad E[\Phi\circ B^j|\mathcal{K}] \geq \Theta\Phi(2^j) I_{K_j}$

On intègre et on somme sur U_1 . Au second membre on a la somme cherchée. Au premier membre, $E[\sum_{j\in U_1} \Phi\circ B^j] \leq E[\Phi\circ B_\infty]$ par suradditivité. C'est fini.

4. LE THEOREME 2 : MARTINGALE A SAUTS BORNES

Ce cas renferme l'essentiel de la démonstration. Nous nous donnons deux nombres $a>0$, $h>1$, une martingale X telle que

(18) $$x^* \leq d$$

et nous posons $V(X)=Q(X)\vee X^*$, $V_n(X)=Q_n(X)\vee X_n^*$. La majoration essentielle est le lemme suivant :

LEMME 2. <u>Il existe des constantes</u> Θ (<u>dépendant seulement de</u> Λ,a,h) <u>telles que l'on ait</u>

(19) $$P\{V(X)>t\} \leq \begin{matrix} \Theta P\{\Theta X^*>t\} + \Theta P\{\Theta x^*>t\} \\ \Theta P\{Q(X)>t\} + \Theta P\{\Theta x^*>t\} \end{matrix}$$

<u>pour tous les</u> $t\geq d$ <u>tels que</u>

(20) $$P\{V(X)>t\} \leq aP\{V(X)>ht\}$$

DEMONSTRATION. Nous démontrerons la première ligne, par exemple. Introduisons la constante $c=\frac{h-1}{2}$ et remarquons que l'ensemble $\{V(X)>ht\}$ est contenu dans la réunion de $\{V(X)>ht\ ,\ x^*\leq ct\}$ et de $\{x^*>ct\}$. On a donc l'une des deux inégalités

$$P\{V(X)>ht\} \leq 2P\{x^*>ct\}$$
$$P\{V(X)>ht\} \leq 2P\{V(X)>ht\ ,\ x^*\leq ct\}$$

Pour les t de la première classe , (19) est déjà toute démontrée. Les seuls t dont nous allons nous occuper sont donc les t de la seconde classe satisfaisant à (20), t pour lesquels on a l'inégalité

(21) $$P\{V(X)>t\} \leq 2aP\{V(X)>ht\ ,\ x^*\leq ct\} \qquad (\text{ et } t\geq d\ )$$

et on va montrer que pour ceux là

(22) $$P\{V(X)>t\} \leq \Theta P\{\Theta X^*>t\}$$

Comment va t'on faire ? DGB utilisent l'ingénieux petit lemme suivant, dont la démonstration est en appendice.

LEMME 3. Soient H un ensemble, u une fonction positive. Les inégalités $\int_H u \geq 2\ell P(H)$, $\int_H u^2 \leq m^2P(H)$ entraînent $P\{u>\ell\} \geq \frac{\ell^2}{4m^2}P(H)$.

Posons

(23) $$S=\inf\{\ n : V_n(X) > t\ \}$$
$$T=\inf\{\ n : V_n(X) > ht\}$$

Nous introduisons les deux martingales X^T et X^S arrêtées à S et T, et la martingale $Y=X^T-X^S$. L'ensemble H du lemme sera $\{S<\infty\}=\{V(X)>t\}$, et la fonction u du lemme sera Y^{*2} .

Sur l'ensemble de droite de (21), , nous avons $T<\infty$ et

$$ht \leqq V_T(X) = V(X^T)=V(X^S+Y)\leqq V(X^S)+V(Y)\leqq t+ct+V(Y)$$

d'où par différence $V(Y)\geqq ht-t-ct = ct$. Sur l'ensemble de droite de (21) nous avons donc $V(Y)\geqq ct$, et cela entraîne, pour les t "intéressants" qui satisfont à (21)

(24) $\quad P\{V(X)>t\} \leqq 2aP\{V(Y)\geqq ct\}$

Nous obtenons la première inégalité du lemme 3 en écrivant que Y^* et $Q(Y)$ ont des normes comparables dans L^2 (inégalité de DOOB). Comme $Y^*=0$ sur $\{S=\infty\}$,

(25) $\quad \int_{\{S<\infty\}} Y^{*2} = \int Y^{*2} \geqq 2\theta E[V(Y)^2] \geqq 2\theta(ct)^2 P\{V(Y)\geqq ct\}$

$\geqq 2\theta(ct)^2 P\{V(X)>t\} = 2\theta(ct)^2 P\{S<\infty\} \qquad (\ell=\theta(ct)^2)$

Pour avoir la seconde inégalité, nous remarquons que pour $n<T$ on a $V_n(X)\leqq ht$, donc $X_n^*\leqq ht$, et <u>comme</u> $t\geqq d$ (l'hypothèse est utilisée pour la première fois) on a $X_n^*\leqq (h+1)t$ pour $n\leqq T$. On a naturellement le même résultat pour $n\leqq S$, et par différence $Y^*\leqq 2(h+1)t$. Par conséquent

(26) $\quad \int_{\{S<\infty\}} Y^{*4} \leqq (2(h+1)t)^4 P\{S<\infty\} \qquad (m=4(h+1)^2t^2)$

Le lemme 3 nous donne alors $P\{Y^{*2} \geqq \theta c^2t^2\} \geqq \frac{\ell^2}{4m^2} P\{S<\infty\}$, ou en changeant de notation $P\{Y^*\geqq\theta t\} \geqq \theta P\{V(X)>t\}$. Mais on a évidemment $Y^*\leqq 2X^*$, de sorte que l'on a aussi

$$P\{X^*\geqq\theta t\} \geqq \theta P\{V(X)>t\}$$

c'est à dire (22) aux notations près. L'autre inégalité se prouverait de même , en prenant dans le lemme 3 $u=Q(Y)^2$ au lieu de Y^{*2} .

Nous n'appliquerons pas le lemme 2 directement, mais plutôt la petite extension que voici :

LEMME 4. <u>Soit</u> X <u>une martingale telle que l'on ait pour tout</u> n

(27) $\quad |x_n| \leqq w_n$

<u>où</u> w_n <u>est une variable aléatoire positive</u> $\underline{\underline{F}}_{n-1}$<u>-mesurable</u>. <u>Alors on a</u>

(28) $\quad P\{V(X)>t\} \leqq \begin{matrix} \theta P\{\theta X^*>t\} + \theta P\{\theta w^*>t\} \\ \theta P\{\theta Q(X)>t\} + \theta P\{\theta w^*>t\} \end{matrix}$

<u>pour tous les</u> t <u>tels que</u>

(29) $\quad P\{V(X)>t\} \leqq aP\{V(X)>ht\}$

DEMONSTRATION. Suivant un raisonnement familier, nous partageons les t en deux classes. D'abord ceux pour lesquels on a

(30) $P\{V(X)>t\} \leqq 2aP\{w^*>t\}$

Pour ceux ci, les inégalités (27) sont triviales. Les t intéressants sont donc ceux qui satisfont à (29) mais non à (30), et pour ceux là on a

(31) $P\{V(X)>t\} \leqq 2aP\{V(X)>ht,\ w^*\leqq t\}$

Introduisons le temps d'arrêt

$$T=\inf\{n : w_{n+1}>t\}$$

et la martingale $Y=X^T$, <u>dont les sauts sont bornés par t</u>. Nous avons

(32) $P\{V(Y)>t\} \leqq P\{V(X)>t\} \leqq 2aP\{V(X)>ht,\ w^*\leqq t\}$ (31)

$$=2aP\{V(X)>ht,\ T=\infty\} \leqq 2aP\{V(Y)\geqq ht\}$$

ainsi, t satisfait à (20) relativement à Y, avec seulement 2a au lieu de a. Le lemme 2 nous donne alors

(33) $P\{V(Y)>t\} \leqq \Theta P\{\Theta Y^*>t\}+\Theta P\{\Theta y^*>t\}$ (de même pour l'autre inégalité)

Nous avons d'autre part $P\{V(X)>t\}\leqq P\{V(Y)>t\}+P\{T<\infty\} = P\{V(X)>t\}+P\{w^*>t\}$. D'où

(34) $P\{V(X)>t\}\leqq \Theta P\{\Theta Y^*>t\}+\Theta P\{\Theta y^*>t\} + P\{w^*>t\}$

On majore Y^* par X^*, y^* par w^*, et c'est fini.

5. FIN DE LA DEMONSTRATION : DECOMPOSITION DE DAVIS

Nous prenons maintenant une martingale quelconque X . Nous posons $x^*_{-1}=0$ et

(35)
$$j_n= x_n I_{\{|x_n|\leqq 2x^*_{n-1}\}} \qquad j_0=0$$
$$k_n= x_n I_{\{|x_n|>2x^*_{n-1}\}} \qquad k_0=x_0$$

Nous posons $J_n=j_0+\dots+j_n$, $K_n=k_0+\dots k_n$; puis nous compensons ces deux processus :

(36)
$$\tilde{J}_n=E[j_1|\underline{\underline{F}}_0]+\dots E[j_n|\underline{\underline{F}}_{n-1}],\tilde{K}_n=E[k_1|\underline{\underline{F}}_0]+\dots+E[k_n|\underline{\underline{F}}_{n-1}]$$
$$Y_n=J_n-\tilde{J}_n \quad , \quad Z_n=K_n-\tilde{K}_n$$

On a X=Y+Z, ces deux processus sont des martingales. Cette décomposition a été introduite par DAVIS dans [3]. Quelles sont ses propriétés ?

Tout d'abord, sur l'ensemble où $|x_n|>2x^*_{n-1}$ on a $|x_n|+2x^*_{n-1}\leqq 2|x_n|=2x^*_n$, donc $|x_n| \leqq 2(x^*_n-x^*_{n-1})$. En sommant

(37) $\sum|k_n| \leqq 2x^*$

Tandis que l'on a $|j_n|\leqq x^*_{n-1}$ et $|\tilde{j}_n|\leqq x^*_{n-1}$, donc $|y_n|\leqq 2x^*_{n-1}$.

Nous avons $Q(Z) \leq \sum(|k_n|+|\tilde{k}_n|)$, et le même résultat pour Z^*. Donc

$$E[\Phi\circ V(Z)] \leq E[\Phi(\sum|k_n|+\sum|\tilde{k}_n|)] \leq \Theta E[\Phi(\sum|k_n|)+\Phi(\sum|\tilde{k}_n|)]$$

Nous appliquons le théorème 1 : $E[\Phi(\sum|\tilde{k}_n|)] \leq \Theta E[\Phi(\sum|k_n|]$, et nous avons enfin

$$(38) \qquad E[\Phi\circ V(Z)] \leq \Theta E[\Phi\circ x^*] \leq \begin{matrix} \Theta E[\Phi\circ Q(X)] \\ \Theta E[\Phi\circ X^*] \end{matrix}$$

Nous appliquons à Y le lemme 4 et le calcul du n°2, c). Il vient

$$(39) \qquad E[\Phi\circ V(Y)] \leq \begin{matrix} \Theta E[\Phi\circ Y^*] + \Theta E[\Phi\circ x^*] \\ \Theta E[\Phi\circ Q(Y)] + \Theta E[\Phi\circ x^*] \end{matrix}$$

(38) permet, par différence, de majorer $E[\Phi\circ Y^*]$ en fonction de $E[\Phi\circ X^*]$ et $E[\Phi\circ Q(Y)]$ en fonction de $E[\Phi\circ Q(X)]$. On regroupe enfin (38) et (39) et la démonstration est achevée.

BIBLIOGRAPHIE

[1]. D.L.BURKHOLDER et R.F.GUNDY . Extrapolation and interpolation of quasi-linear operators on martingales. Acta.Math., 124, 1970, 249-30

[2]. D.L. BURKHOLDER, B.J.DAVIS et R.F.GUNDY. Integral inequalities for convex functions of operators on martingales. Proc. 6-th Berkeley Symposium (à paraître).

[3]. B.J.DAVIS. On the integrability of the martingale square function. Israel J.Math. 8, 1970, 187-190.

APPENDICE : DEMONSTRATION DES PETITS LEMMES

Les lemmes 1 et 1' se démontrent de la même manière. Démontrons par exemple 1'. On commence par le cas où $\int\psi(t)dt<\infty$ et on écrit

$$\int\psi(s)ds = \int\psi(s+1)ds = \int_U\psi(s+1)ds + \int_{U^c}\psi(s+1)ds \leq \int_U\psi(s+1)ds + \int_{U^c}\frac{\psi(s)}{h}ds$$

$$\leq \int_U\psi(s+1)ds + \frac{1}{h}\int\psi(s)ds$$ et le résultat par différence. On traite le cas général en appliquant ce résultat à $\psi I_{]-\infty,x]}$ et en faisant ensuite tendre x vers $+\infty$.

Pour le lemme 3 : on se ramène aussitôt au cas où $H=\Omega$. Puis on écrit $2\ell = \int u = \int_0^\infty P\{u>t\}dt \leq \int_0^\ell dt + \int_0^{r\ell} P\{u>\ell\} + \int_{r\ell}^\infty P\{u>t\}dt$ ($r\geq 1$). Dans le dernier terme on majore $P\{u>t\}$ par m^2/t^2 et il vient

$$2\ell \leq \ell + r\ell P\{u>\ell\} + m^2/r\ell$$

On a $m^2 \geq 4\ell^2$ (Jensen). On prend $r=2m^2/\ell^2$ et on a l'inégalité cherchée.

Université de Strasbourg
Séminaire de Probabilités 1970/71

TEMPS D'ARRÊT ALGÉBRIQUEMENT PRÉVISIBLES

exposé de P.A.Meyer

Depuis quelques années, la théorie des processus de Markov a eu besoin de résultats " algébriques" très simples sur les familles de tribus, les opérateurs de translation et de meurtre, les temps d'arrêt, etc. Par exemple, Courrège et Priouret ont donné une caractérisation simple des temps d'arrêt T et des tribus $\underline{\underline{F}}_T$ qui leur correspondent, au moyen de certaines relations d'équivalence naturelles sur les espaces de trajectoires. Nous allons ici faire la même chose pour les temps d'arrêt prévisibles et les tribus $\underline{\underline{F}}_{T-}$ correspondantes

Nous allons utiliser ci-dessous les propriétés des espaces de Blackwell. Rappelons qu'un espace mesurable $(E,\underline{\underline{E}})$ est dit de Blackwell si la tribu $\underline{\underline{E}}$ est séparable, et si pour toute variable aléatoire réelle X sur $(E,\underline{\underline{E}})$, l'image $X(E)$ est un ensemble souslinien dans $\mathbb{R}$. Cela revient à dire que si l'on passe au quotient par la relation d'équivalence dont les classes sont les atomes de $\underline{\underline{E}}$, l'espace devient isomorphe à un espace souslinien de $\mathbb{R}$, muni de sa tribu borélienne. Si $\underline{\underline{F}}$ est alors une sous-tribu séparable de $\underline{\underline{E}}$, et si elle a les mêmes atomes que $\underline{\underline{E}}$, elle est alors identique à $\underline{\underline{E}}$. Noter que toute tribu séparable contenue dans une tribu de Blackwell est elle même de Blackwell.

On pourrait peut être débarrasser cet exposé de l'utilisation des espaces de Blackwell - mais je n'ai pas cherché à le faire.

CARACTERISATION DE LA TRIBU $\underline{\underline{F}}_{T-}$

Notations $(\Omega,\underline{\underline{F}})$ est un espace de Blackwell ; $(X_t)_{t\geq 0}$ est un processus continu à droite à valeurs dans un espace E polonais (par exemple). On introduit la famille de tribus naturelle du processus.

$$\underline{\underline{F}}^o_t = \underline{\underline{T}}(X_s \ , \ s\leq t) \qquad ; \quad \underline{\underline{F}}^o = \underline{\underline{T}}(X_s \ , \ s\geq 0)$$

Nous allons commencer par travailler sur des fonctions $\underline{\underline{F}}^o$-mesurables et des temps d'arrêt de la famille $(\underline{\underline{F}}^o_{t+})$. Puis nous affaiblirons ces hypothèses (et nous supprimerons la propriété de Blackwell de Ω, au moins en partie).

Si T est une fonction positive sur Ω , nous introduirons les relations d'équivalence R_T et R_{T+} que voici

$$(\omega\equiv\omega'\ (R_T)) \Leftrightarrow (\ T(\omega)=T(\omega') \text{ et } X_s(\omega)=X_s(\omega') \text{ pour } 0\leq s\leq T(\omega))$$

$$(\omega\equiv\omega'(R_{T+})) \Leftrightarrow (\ T(\omega)=T(\omega') \text{ et il ex. } h>0\ ;\ X_s(\omega)=X_s(\omega'),\ 0\leq s<T+h)$$

A titre d'introduction, rappelons les résultats de Courrège et Priouret, que nous démontrerons sans utiliser les opérateurs d'arrêt, mais en nous servant des propriétés des espaces de Blackwell.

PROPOSITION 1. Soit T une fonction $\underline{\underline{F}}$ -mesurable positive. Alors T est un temps d'arrêt de la famille $(\underline{\underline{F}}_t^o)$ si et seulement si

(1) $(T(\omega)\leq t\ ,\ \omega\equiv\omega'\ (R_t)) \Rightarrow (T(\omega')=T(\omega))$

Un ensemble $A\in\underline{\underline{F}}$ appartient alors à $\underline{\underline{F}}_T^o$ si et seulement s'il est saturé pour (R_T). De même, T est un temps d'arrêt de la famille $(\underline{\underline{F}}_{t+}^o)$ si et seulement si

(2) $(T(\omega)<t\ ,\ \omega\equiv\omega'(R_t\ )) \Rightarrow (T(\omega)=T(\omega')\ )$

et A est $\underline{\underline{F}}_{T+}^o$-mesurable si et seulement s'il est saturé pour R_{T+} .

DEMONSTRATION. Tout élément de $\underline{\underline{F}}_t^o$ est saturé pour R_t . Inversement si $A\in\underline{\underline{F}}$ est saturé pour R_t , les tribus $\underline{\underline{F}}_t^o$ et $\underline{\underline{F}}_t^o\vee A$ sont séparables, ont les mêmes atomes, et la seconde contient la première. D'après le th. de Blackwell, elles sont égales et $A\in\underline{\underline{F}}_t^o$.

Si T est un temps d'arrêt de la famille $(\underline{\underline{F}}_t^o)$, on a $\{T\leq t\}\in\underline{\underline{F}}_t^o$, d'où (1). Réciproquement, (1) $\Rightarrow(\{T\leq t\}\in\underline{\underline{F}}_t^o\ )$. Si $A\in\underline{\underline{F}}_T^o$, $\omega\in A$, $\omega'\equiv\omega\ (R_T)$ on a en posant $t=T(\omega)$ $A\cap\{T=t\}\in\underline{\underline{F}}_t^o$, $\omega\in A\cap\{T=t\}$, $\omega'\equiv\omega(R_t)$, donc $\omega'\in A$ et A est R_T-saturé. Inversement, si A est R_T-saturé, $A\cap\{T\leq t\}$ est R_t-saturé et appartient à $\underline{\underline{F}}_t^o$ pour tout t , donc $A\in\underline{\underline{F}}_T^o$.

Pour (2), on exprime que T est un temps d'arrêt en écrivant que $\{T<t\}$ est R_t-saturé pour tout t. La fin est laissée au lecteur.

Nous introduisons maintenant la nouvelle relation d'équivalence R_{T-} :

$$(\omega\equiv\omega'\ (R_{T-})) \Leftrightarrow (T(\omega)=T(\omega'),\ X_0(\omega)=X_0(\omega') \text{ et } X_s(\omega)=X_s(\omega') \text{ pour } 0<s<T(\omega)\ )$$

et nous démontrons la proposition suivante :

PROPOSITION 2 . Soit T un temps d'arrêt de la famille $(\underline{\underline{F}}_{t+}^o)$, et soit $A\in\underline{\underline{F}}$. Alors

$$(A\in\underline{\underline{F}}_{T-}^o\ ) \Leftrightarrow (\ A \text{ est saturé pour } R_{T-}\ ) .$$

DEMONSTRATION. La tribu $\underline{\underline{F}}^o_{T-}$ est par définition engendrée par les ensembles de la forme $A\cap\{t<T\}$, $A\in\underline{\underline{F}}^o_t$; elle est donc séparable, et formée d'ensembles saturés pour R_{T-} . Si nous montrons que les classes d'équivalence pour R_{T-} sont des réunions d'atomes de $\underline{\underline{F}}^o_{T-}$, nous aurons gagné : soit alors en effet $A\in\underline{\underline{F}}$ saturé pour R_{T-} ; les tribus $\underline{\underline{F}}^o_{T-}$ et $\underline{\underline{F}}^o_{T-}\vee A$ auront mêmes atomes, et seront donc identiques.

Soient donc ω et ω' appartenant au même atome de $\underline{\underline{F}}^o_{T-}$. Comme T est $\underline{\underline{F}}^o_{T-}$-mesurable, nous avons $T(\omega)=T(\omega')$; de même $X_0(\omega)=X_0(\omega')$. Enfin, soit $s<T(\omega)$, et soit $X_s(\omega)=x$; l'ensemble $\{X_s=x\}\cap\{s<T\}$ appartient à $\underline{\underline{F}}^o_{T-}$ et contient ω, donc ω', et $X_s(\omega')=x$ aussi. On en déduit que $\omega\equiv\omega'(R_{T-})$.

CARACTERISATION DE LA TRIBU PREVISIBLE

Conservons les notations et hypothèses précédentes. Nous appellerons tribu prévisible et tribu bien-mesurable (sans référence à aucune mesure sur Ω) les tribus engendrées respectivement sur $\mathbb{R}_+\times\Omega$ par les processus adaptés à la famille $(\underline{\underline{F}}^o_{t+})$ et continus à gauche, resp. à droite.

Posons $\overline{\Omega} = \mathbb{R}_+\times\Omega$, $\overline{\underline{\underline{F}}} = \underline{\underline{B}}(\mathbb{R}_+)\times\underline{\underline{F}}$. Notons Z la première projection. Posons aussi, ∂ désignant un point adjoint à E comme d'habitude

$$\begin{aligned}\overline{X}_t(r,\omega) &= X_t(\omega) \text{ si } r>t\\ &= \partial \text{ si } r\leq t\end{aligned}$$

Noter que chaque variable aléatoire $\overline{X}_t$ est un processus adapté continu à gauche sur Ω , et que le processus $(\overline{X}_t)$ sur $\overline{\Omega}$ est continu à droite. Nous introduirons, sur l'espace de Blackwell $(\overline{\Omega},\overline{\underline{\underline{F}}})$, la famille de tribus naturelle $\overline{\underline{\underline{F}}}^o$, $\overline{\underline{\underline{F}}}^o_t$ du processus $(\overline{X}_t)$. L'utilisation de ce processus est une jolie idée de H. Föllmer, à qui est emprunté le lemme suivant :

LEMME. Z est un temps d'arrêt de la famille $(\overline{\underline{\underline{F}}}^o_{t+})$, et la tribu prévisible $\underline{\underline{P}}$ est égale à $\overline{\underline{\underline{F}}}^o_{Z-}$.

DEMONSTRATION. $Z(r,\omega)=r = \inf \{ t \text{ rationnels} , \overline{X}_t(r,\omega)= \partial\}$. La tribu $\underline{\underline{P}}$ est engendrée par les ensembles $\{0\}\times A$ $(A\in\underline{\underline{F}}^o_0)$ et $]t,\infty]\times A$ $(A\in\underline{\underline{F}}^o_{t-})$. On peut remplacer A par $\{X_0\in B\}$ dans le premier cas, par $\{X_s \in B\}$ ($s<t$) dans le second, et l'ensemble s'écrit alors $\{\overline{X}_0\in B, Z=0\}$ ou $\{\overline{X}_s\in B,\ t<Z\}$. On retrouve ainsi exactement les générateurs de $\overline{\underline{\underline{F}}}^o_{Z-}$.

Nous appliquons maintenant la proposition 2 :

PROPOSITION 3. Soit (H_t) un processus $\underline{\underline{B}}(\overline{\mathbb{R}}_+)\times\underline{\underline{F}}$ -mesurable sur Ω. Pour qu'il soit prévisible, il faut et il suffit que

$$\forall r\in[0,\infty]\ \forall\omega\ \forall\omega'\ (\ H_s(\omega)=H_s(\omega')\ \text{pour}\ s<r) \Rightarrow (H_r(\omega)=H_r(\omega'))$$

DEMONSTRATION. Regarder la définition de $\overline{\mathbb{R}}_{Z-}$.

Nous dirons maintenant qu'un temps d'arrêt T de la famille $(\underline{\underline{F}}^o_{t+})$ est <u>algébriquement prévisible</u> si

$$\forall\omega\ \forall\omega'\ (X_s(\omega)=X_s(\omega')\ \text{pour}\ s<T(\omega)) \Rightarrow (T(\omega)=T(\omega'))$$

Posons comme d'habitude $A_t=0$ pour $t<T$, $A_t=1$ si $t\geq T$; le processus (A_t) est l'indicatrice de l'intervalle stochastique $[T,\infty]$; celui-ci est prévisible si et seulement si le graphe $[T]$ de T est prévisible , car $]T,\infty]$ est toujours prévisible. Grâce à la proposition 3, on vérifie maintenant que T est <u>algébriquement prévisible si et seulement si</u> (A_t) <u>est un processus prévisible</u>. En effet

- supposons (A_t) prévisible ; soient ω et ω', $T(\omega)=r$, supposons $X_s(\omega)=X_s(\omega')$ pour $s<r$. D'après la prop.3 on a $A_r(\omega')=A_r(\omega)=1$, donc $T(\omega')\leq r$. Recommençons le raisonnement avec $r'=T(\omega')$, il vient $T(\omega)\leq r'$, donc $T(\omega)=T(\omega')$, et T est algébriquement prévisible.

- Inversement, supposons T algébriquement prévisible. Supposons $X_s(\omega)=X_s(\omega')$ pour $s<r$. Si $T(\omega)\leq r$ on a $T(\omega)=T(\omega')$, donc $A_r(\omega)=A_r(\omega')$ De même si $T(\omega')\leq r$. Enfin, si $T(\omega)>r$, $T(\omega')>r$ on a $A_r(\omega)=A_r(\omega')=0$.

On a donc prouvé,

PROPOSITION 4. T algébriquement prévisible $\Leftrightarrow [T]$ prévisible.

SUPPRESSION DES HYPOTHESES AUXILIAIRES

Considérons maintenant un espace probabilisé $(\Omega,\underline{\underline{F}},P)$ complet, qui soit <u>la complétion d'un espace de Blackwell</u> $(\Omega,\underline{\underline{G}})$. C'est une situation assez fréquente : par exemple, prenons pour Ω l'ensemble de toutes les applications continues à droite de $\mathbb{R}_+$ dans E, X_t les coordonnées , $\underline{\underline{F}}^o$ la tribu qu'elles engendrent, P une loi quelconque sur $(\Omega,\underline{\underline{F}}^o)$, et $\underline{\underline{F}}$ la complétée . On sait que P est portée par un sous-ensemble $\underline{\underline{F}}^o$-mesurable et <u>lusinien</u> U de Ω. La tribu de Blackwell $\underline{\underline{G}}$ est alors engendrée par les sous-ensembles $\underline{\underline{F}}^o$-mesurables de U, et par U^c.

Soit (X_t) un processus sur $(\Omega,\underline{\underline{F}},P)$, <u>indistinguable</u> d'un processus continu à droite. Soit $\underline{\underline{F}}^X_t$ la tribu engendrée par les variables aléatoires X_s ($s\leq t$) et les ensembles P-négligeables.

THEOREME. Soit T un temps d'arrêt de la famille $(\underline{\underline{F}}^X_{t+})$; supposons que N soit un ensemble P-négligeable et que

$$\forall\omega\in N^c\ \forall\omega'\in N^c\ (X_s(\omega)=X_s(\omega')\ \text{pour}\ s<T(\omega)) \Rightarrow (T(\omega')=T(\omega))$$

Alors T est prévisible (dans la famille $(\underline{\underline{F}}^X_{t+})$).

DEMONSTRATION. Comme la prévisibilité ne dépend pas de ce qui se passe sur un ensemble négligeable, nous pouvons jeter un ensemble N de sorte que sur N^c

- la relation algébrique ci-dessus ait lieu identiquement
- les trajectoires $X_.(\omega)$ soient continues à droite
- chaque X_t (t rationnel) soit égale à une fonction $\underline{\underline{G}}$-mesurable
- T soit égal à un temps d'arrêt de la famille $(\underline{\underline{F}}^o_{t+})$

Quitte à agrandir un peu N nous pouvons supposer aussi que $N\in\underline{\underline{G}}$. Si alors on se restreint à l'espace mesurable $(N^c,\underline{\underline{G}})$, toutes les hypothèses de la prop.4 sont satisfaites.

REMARQUE. Le théorème ci-dessus admet une réciproque : tout temps d'arrêt prévisible est égal P-p.s. à un temps d'arrêt T possédant les propriétés ci-dessus. Mais ce n'est pas intéressant, et nous ne le démontrerons pas.

UN EXEMPLE. Considérons un processus de Hunt, une fonction p-excessive f et posons

$$T(\omega) = \inf \{ t : | f\circ X_{t-}(\omega)-(f\circ X_t)_-(\omega)|>a\}$$

alors T est algébriquement prévisible, donc prévisible. Bien entendu, on peut le démontrer par les méthodes usuelles de la théorie des processus.

Université de Strasbourg
Séminaire de Probabilités 1970/71

UNE NOTE SUR LE THÉORÈME DE HUNT

par P.A.Meyer

Nous considérons ici, avec les notations usuelles, un processus de Markov (X_t) à valeurs dans E, satisfaisant aux hypothèses droites, un ensemble A presque borélien, une fonction excessive u. Le processus est supposé transient. Rappelons l'énoncé du célèbre théorème de HUNT sur le balayage :

THEOREME 1. Pour toute mesure μ ne chargeant pas $A\setminus reg(A)$, il existe une suite décroissante (v_n) de fonctions excessives majorant u sur A, telle que $P_A u = \lim_n v_n$ μ-presque partout.

Quitte à remplacer les v_n par les $v_n \wedge u$, on peut en fait supposer que $v_n = u$ sur A. En prenant pour μ une masse unité ε_x, on retrouve l'énoncé de HUNT sous sa forme familière (et un peu moins forte) : l'enveloppe inférieure u_A de l'ensemble des fonctions excessives majorant u sur A est égale à $P_A u$, sauf peut être en des points de $A\setminus reg(A)$.

Notre objet est ici le suivant : nous allons faire l'hypothèse de continuité absolue, et chercher alors - comme on peut le faire pour tant d'autres questions - à rendre l'énoncé du théorème 1 indépendant d'une mesure μ. Cela nous donnera quelques petits résultats amusants sur la topologie fine, comme sous-produits. J'ai du mal à croire que tout cela soit nouveau, mais je ne l'ai vu écrit nulle part.

Nous n'avons aucun problème sur reg(A), car $P_A u$ y est égal à u. Nous n'avons non plus aucun problème sur $A\setminus reg(A)$, puisqu'il est impossible d'y affirmer quoi que ce soit ! En définitive, la seule chose intéressante est ce qui se passe sur l'ensemble $(\overline{A})^c$ restant, où $\overline{A}$ désigne ici, comme dans toute la suite de cet exposé, l'adhérence fine de A, qui est presque borélienne. Nous allons établir le théorème suivant :

THEOREME 2. Sous l'hypothèse de continuité absolue, il existe une suite décroissante (v_n) de fonctions excessives, majorant u sur A, telle que $\lim_n v_n = P_A u$ quasi-partout sur $\overline{A}^c$.

Le texte fournira d'ailleurs quelques compléments : il y aura des conditions suffisantes pour que l'égalité ait lieu partout, on verra que l'ensemble polaire exceptionnel peut être choisi indépendamment de u si celle-ci est finie, etc.

Nous allons commencer par établir le résultat suivant, relatif à la topologie fine : bien entendu, sous l'hypothèse de cont. absolue.

PROPOSITION 1. Soit A un ensemble presque borélien finement fermé. Il existe une suite décroissante d'ensembles finement ouverts A_n contenant A, tels que $\overline{A}_{n+1} \subset A_n$ pour tout n, et que $A = \bigcap_n A_n = \bigcap_n \overline{A}_n$ à un ensemble polaire près.

Avant de l'établir, notons un corollaire amusant : A est l'intersections des ouverts fins A_n , et du complémentaire (finement ouvert) de l'ensemble polaire en question. Donc tout fermé fin (presque borélien) est intersection dénombrable d'ouverts fins.

DEMONSTRATION. Prenons $\lambda>0$, et choisissons une suite décroissante de fonctions λ-excessives $f_n \leq 1$, égales à 1 sur A, convergeant presque partout vers $P_A^\lambda 1$, et posons $B_n = \{ f_n > 1 - 1/n \}$, de sorte que B_n est ouvert fin, contient A, décroît, et $\overline{B}_{n+1} \subset B_n$. Posons $A^* = \bigcap_n B_n = \bigcap_n \overline{B}_n$.

On a $P_A^\lambda 1 \leq P_{B_n}^\lambda 1 \leq P_{B_n}^\lambda (f_n + \frac{1}{n}) \leq f_n + \frac{1}{n}$. Donc $P_{B_n}^\lambda 1$ converge presque partout vers $P_A^\lambda 1$. Comme $P_{A^*}^\lambda 1$ est entre les deux, elle est égale à $P_A^\lambda 1$ presque partout, donc partout.

Soit $\beta = A^* \setminus A$. Comme reg(A)=reg(A^*), β est contenu dans $A^* \setminus$reg(A^*), donc semi-polaire. D'après une remarque simple de DELLACHERIE[1], il existe alors une mesure μ portée par β - et ne chargeant donc pas A - telle que toute partie μ-négligeable de β soit polaire. Choisissons à nouveau des g_n λ-excessives majorant 1 sur A, décroissant μ-p.p. vers $P_A^\lambda 1$, et posons $C_n = \{g_n > 1 - 1/n\}$, $A_n = B_n \cap C_n$; on a encore $\overline{A}_{n+1} \subset A_n$, A_n contient A, est finement ouvert.

Posons $A' = \bigcap_n A_n = \bigcap_n \overline{A}_n$. Pour μ-presque tout $x \in \beta$, $P_{C_n}^\lambda 1^x$, donc a fortiori $P_{A_n}^\lambda 1^x$ qui est plus petit, converge vers $P_A^\lambda 1^x$. Mais ceci est <1, donc pour n assez grand on a $x \notin C_n$, donc $x \notin A'$. Autrement dit, $A' \cap \beta$ est μ-négligeable, donc polaire, et $A' \setminus A$ est polaire.

Si A satisfait à l'énoncé sans ensemble polaire exceptionnel, i.e. si $A = \bigcap_n \overline{A}_n$, nous dirons que A est <u>aimable</u> . C'est le cas des fermés ordinaires.

Nous passons maintenant aux réduites.

PROPOSITION 2. Soit A presque borélien. Si u est finie sur A, il existe une suite décroissante (G_n) d'ouverts fins presque boréliens contenant A, telle que $P_{G_n} u$ converge vers $P_A u$ quasi-partout dans $\overline{A}^c$. On peut remplacer quasi partout par partout si u est partout finie et $\overline{A}$ est aimable.

---

[1] Voir à la fin de l'exposé.

DEMONSTRATION. Les notations A', A_n sont celles de la démonstration de la proposition 1, relativement à l'ensemble finement fermé $\bar{A}$. Nous choisissons des fonctions excessives v_n égales à u sur A, décroissant p.s. vers $P_A u$ presque partout, et nous posons

$$D_n = \{ v_n > u - \frac{1}{n} \}$$

Ce sont des ouverts fins qui décroissent, et contiennent A <u>parce que u est finie sur</u> A. Le même raisonnement que dans la proposition 1 montre que $P_{D_n} u$ converge vers $P_A u$ presque partout. Posons ensuite

$$E_n = A_n \cap D_n \ , \ w_n = P_{E_n} u \ , \ w = \lim_n w_n \ ,$$

E_n est un ensemble finement ouvert contenant A ; $P_{E_n} u = w_n$ converge p.p. vers $P_A u$; on a $A = \bigcap_n \bar{E}_n$ à un ensemble polaire près.

Nous utilisons maintenant un petit raisonnement de KUNITA-T.WATANABE. Nous avons si $m \geqq n$ $P_{E_n} P_{E_m} = P_{E_m}$; le théorème de LEBESGUE nous donne donc $P_{E_n} w = w$ <u>en tout point où</u> w <u>est finie</u>. Mais cela entraîne que w est égale à sa régularisée excessive dans $\bar{E}_n^c \cap \{w < \infty\}$, car si $x \in \bar{E}_n^c \cap \{w < \infty\}$

$$P_t w^x \geqq P_t P_{E_n} w^x = P_{t+T_{E_n} \circ \theta_t} w^x \geqq E^x[w \circ X_{T_{E_n}} I_{\{t < T_{E_n}\}}]$$

et comme x est irrégulier pour E_n cela tend, lorsque $t \to 0$, vers $P_{E_n} w^x = w(x)$.

Supposons d'abord que u soit <u>partout finie</u> ; w l'est alors aussi, et on a $w = P_A u$ dans $\bigcup_n E_n^c$, c'est à dire quasi-partout dans $\bar{A}^c$, et partout dans $\bar{A}^c$ si A est aimable. Noter que de toute façon, si u est partout finie, l'ensemble polaire exceptionnel est contenu dans $\bar{A}^c \setminus A'^c$, ensemble polaire fixe.

Ensuite, supposons que u soit finie seulement sur A. L'ensemble $\gamma = \bar{A}^c \cap \{w > P_A u\}$ est semi-polaire, et en utilisant à nouveau la remarque de DELLACHERIE, nous choisissons une mesure μ portée par γ (donc ne chargeant pas A) telle que toute partie μ-négligeable de γ soit polaire, puis une suite décroissante d'ouverts fins contenant A, mettons H_n , telle que $P_{H_n} u$ tende vers $P_A u$ μ-presque partout. Un raisonnement déjà fait plus haut montre qu'alors, si nous remplaçons E_n par $G_n = E_n \cap H_n$, nous avons bien $\lim_n P_{G_n} u = P_A u$ quasi-partout dans $\bar{A}^c$.

Il nous faut maintenant démontrer le théorème 2 dans le cas où u n'est plus nécessairement finie sur A. Nous ne pourrons plus alors choisir des fonctions v_n de la forme $P_{G_n} u$, G_n ouvert fin contenant A, comme le montre l'exemple de la théorie classique dans $\mathbb{R}^3$, avec $A = \{x\}$, $u = g_x$, la fonction de GREEN en x : dans ce cas $P_A u = 0$, mais $P_G u = u$ pour tout G non effilé en x.

Etant donné ce que nous avons vu, il suffira d'esquisser la démonstration : nous prenons des fonctions excessives w_n majorant u sur A, qui décroissent, et dont la limite est presque partout égale à $P_A u$. Notons w cette limite, et β l'ensemble des points de $\bar{A}^c$ où $w > P_A u$. β est semi-polaire, nous choisissons une mesure μ portée par β telle que toute partie μ-négligeable de β soit semi-polaire, et nous choisissons une suite w'_n de fonctions excessives majorant u sur A, qui converge vers $P_A u$ μ-p.p., et nous posons $v_n = w_n \wedge w'_n$. La suite v_n maintenant converge vers $P_A u$ quasi-partout dans $\bar{A}^c$.

C'est plus facile que la proposition 2, parce qu'on n'a fait aucune restriction sur la forme des fonctions excessives utilisées, tandis qu'alors on voulait des fonctions de la forme $P_G u$. Mais le résultat peut s'améliorer : par exemple, si $\bar{A}$ est aimable, A_n une suite décroissante d'ouverts fins contenant $\bar{A}$ telle que $\bar{A} = \bigcap_n \bar{A}_n$, et si l'on remplace les v_n par les $P_{A_n} v_n$, la nouvelle limite sera égale à $P_A u$, non seulement quasi-partout dans $\bar{A}^c$, mais aussi en <u>tout</u> point de $\bar{A}^c$ où elle est finie.

APPENDICE : LA REMARQUE DE DELLACHERIE

On considère un ensemble semi-polaire S. On le représente comme réunion d'ensembles totalement effilés S_n. On prend une mesure de référence de masse 1, appelons la λ, et on pose

$$a_n = \sup_{x \in S_n} P^{\lambda,x}_{S_n} 1 < 1$$

$$\mu_n(f) = E^\lambda\left[\sum_t e^{-\lambda t} I_{S_n} \circ X_t . f \circ X_t \right]$$

mesure de masse $\leq a_n / 1 - a_n$, et enfin

$$\mu = \sum c_n \mu_n$$

où les $c_n > 0$ sont tels que μ soit bornée. Une partie μ-négligeable de S n'est P^λ-p.s. jamais rencontrée, comme λ est une mesure de référence, elle est polaire.

Université de Strasbourg
Séminaire de Probabilités 1970-71

UN RÉSULTAT SUR LES RÉSOLVANTES DE RAY

par P.A.Meyer et J.B.Walsh

Nous désignons par F un espace métrique compact, par (U_p) une résolvante de RAY markovienne sur F, par (P_t) le semi-groupe associé. Nous construisons la réalisation canonique de (P_t)

$$\Omega,\ (X_t),\ P^\mu,\ \underline{\underline{F}}_t\ \ldots \text{ etc} \qquad (\text{ notations usuelles })$$

où Ω est l'ensemble de toutes les applications continues à droite et pourvues de limites à gauche de $\mathbb{R}_+$ dans F, les X_t sont les applications coordonnées, et P^μ est la loi du processus qui admet $(\mu P_t)_{t\geq 0}$ comme loi d'entrée : le remplacement de μ par μP_0 (qui est portée par l'ensemble D des points de non-branchement) ne modifie donc pas P^μ.

Dans notre article " quelques résultats sur les résolvantes de RAY" (à paraître en 1971 aux Invent.Math.), toute l'étude de la famille des tribus $(\underline{\underline{F}}_t)$ repose sur le lemme suivant :

LEMME. Il existe suffisamment de variables aléatoires Z , $\underline{\underline{F}}$-mesurables et bornées, telles que si l'on considère la martingale continue à droite

(1) $$z_t=E^\mu[Z|\underline{\underline{F}}_t]$$

alors, pour P^μ-presque tout ω, la relation $X_t(\omega)=X_{t-}(\omega)$ entraîne $z_t(\omega)=z_{t-}(\omega)$.

Autrement dit, $z_\cdot(\omega)$ doit être continue là où la trajectoire $X_\cdot(\omega)$ est continue. Le mot " suffisamment" signifie que ces variables Z doivent former un ensemble total dans $L^1(P^\mu)$.

Le choix naturel pour de telles variables aléatoires est celui qui est dû à BLUMENTHAL et GETOOR : on se donne un entier n, des nombres $p_1,\ldots,p_n > 0$, des fonctions $f_1,\ldots,f_n$ continues sur F, et on pose

(2) $$Z = \left(\int_0^\infty e^{-p_1 t} f_1\circ X_t\, dt\right)\ldots\ldots\left(\int_0^\infty e^{-p_n t} f_n\circ X_t\, dt\right)$$

Ces variables aléatoires sont en effet bornées, forment un ensemble total dans $L^1(P^\mu)$ quelle que soit μ (cf. [1] p.172). Il est d'autre part facile de calculer la martingale (z_t). Mais nos souvenirs de [1] étaient trop optimistes : BLUMENTHAL et GETOOR y démontrent une propriété qui, pour les résolvantes de RAY, est plus faible que le lemme. Notre renvoi à [1] était donc insuffisant, et nous allons donner ici la démonstration du lemme. Nous y ajouterons un résultat de convergence étroite, sous-produit de notre première démonstration correcte du lemme, et qui a sans doute un certain intérêt.

I. DEMONSTRATION DU LEMME

Nous adoptons d'abord une notation explicite, en notant la variable aléatoire (2) $Z_n(p_1,\dots,p_n\ ;\ f_1,\dots,f_n)$. Pour calculer z_t, nous partageons toutes les intégrales $\int_0^\infty$ en $\int_0^t + \int_t^\infty$ et nous développons. Nous sommes ramenés à étudier une somme de termes de la forme

$$\prod_1^p \left(\int_0^t e^{-r_i s} h_i \circ X_s ds\right) \cdot E\left[\prod_1^m \int_t^\infty e^{-q_i s} g_i \circ X_s ds \mid \underline{\underline{F}}_t\right]$$

où $p+m = n$, et les couples (r_i,h_i) et (q_i,g_i) désignent certains des couples (p_i,f_i). Le premier facteur est une fonction continue de t. Le second s'écrit, grâce à la propriété de Markov

$$E\left[e^{-(q_1+..+q_m)t} Z_m(q_1,\dots,q_m\ ;\ g_1,\dots,g_m)\circ\theta_t \mid \underline{\underline{F}}_t\right]$$

$$= e^{-(q_1+..+q_m)t} E^{X_t}[Z_m(q_1,\dots,q_m\ ;\ g_1,\dots,g_m)]$$

On est donc ramené à démontrer la propriété suivante :

PROPOSITION 1. <u>La fonction</u> $x \mapsto E^x[Z]$ <u>est continue</u>.

Si $Z=Z_n(p_1,\dots,p_n\ ;\ f_1,\dots,f_n)$, nous noterons $J_n(p_1,\dots,p_n\ ;\ f_1,\dots,f_n\ ;\ x)$ la fonction $E^x[Z]$. Nous allons montrer par récurrence sur n que J_n est continue. A cet effet, nous formons

$$\frac{1}{t}\left(J_n - e^{-(p_1+\dots+p_n)t} P_t J_n\right)$$

$$= \frac{1}{t} E^{\cdot}\left[\prod_1^n \int_0^\infty e^{-p_i s} f_i \circ X_s ds - \prod_1^n \int_t^\infty e^{-p_i s} f_i \circ X_s ds\right]$$

qui tend en restant borné vers

$$\sum_1^n f_i \cdot J_{n-1}(p_1,\dots,\hat{p}_i,\dots,p_n\ ;\ f_1,\dots,\hat{f}_i,\dots f_n) = F_*$$

où le ^ marque la suppression du terme correspondant. D'après l'hypothèse de récurrence et la continuité des f_i, F_* est continue, et alors $J_n = U_{p_1+\dots+p_n} F_*$ l'est aussi, par définition des résolvantes de RAY.

Nous allons transformer ce résultat en un résultat plus fort de convergence étroite.

II. UN RESULTAT DE CONVERGENCE ETROITE SUR Ω

Il est traditionnel de munir l'espace Ω des applications continues à droite et pourvues de limites à gauche de $\mathbb{R}_+$ dans F de la topologie de SKOROKHOD. Bien que cette topologie ne soit pas compliquée, nous allons la remplacer par une topologie beaucoup plus familière : nous munirons Ω de la topologie de la convergence en mesure, et nous allons prouver

PROPOSITION 2. L'application $x \mapsto P^x$ est étroitement continue sur F.

Quelques remarques sont nécessaires pour donner un sens à cette phrase. Soit (f_n) une suite de fonctions continues comprises entre 0 et 1, qui sépare F. La topologie de F est alors définie par la distance $d(x,y) = \sum 2^{-n}|f_n(x)-f_n(y)|$, et la topologie de Ω par la distance

$$d(\omega,\omega') = \sum 2^{-n}\int_0^{\infty} |f_n\circ X_t(\omega)-f_n\circ X_t(\omega')|e^{-t}dt$$

Quelle est la tribu borélienne de Ω ? Rappelons qu'on désigne par $\underline{\underline{F}}^{\circ}$ la tribu engendrée (sans complétion) par les X_t ; comme les boules $\{\omega' : d(\omega,\omega')<a\}$ sont $\underline{\underline{F}}^{\circ}$-mesurables , et comme Ω est séparable (il est facile de construire des fonctions étagées qui forment une suite dense dans Ω), la tribu borélienne est contenue dans $\underline{\underline{F}}^{\circ}$. Mais inversement les fonctions $\int_a^b f\circ X_s(\omega)ds$ sont continues sur Ω si f est continue, et il en résulte que les X_s sont boréliennes sur Ω. Donc la tribu borélienne est égale à $\underline{\underline{F}}^{\circ}$. On peut donc considérer les mesures P^{μ} comme des mesures sur la tribu borélienne de Ω, et parler de leur convergence étroite.

On peut montrer que Ω est lusinien, de sorte que toutes les mesures sur Ω sont de Radon, mais nous ne le ferons pas ici : nous allons montrer directement que les mesures P^x sont de Radon, en vérifiant la condition de PROKHOROV.

Nous pouvons supposer[1] que toutes les fonctions continues f_n définissant la distance de Ω sont 1-surmédianes. Notons I_p^k le k-ième intervalle de la subdivision dyadique de pas 2^{-p} de $[0,1]$, et notons

$D_{pn}^k(\omega)$ le nombre des descentes[2] de la fonction $e^{-t}f_n\circ X_t(\omega)$ par dessus l'intervalle fermé I_p^k

Alors l'inégalité de DOOB nous donne pour tout x

$$E^x[D_{pn}^k] \leq 2^p$$

Choisissons maintenant des constantes A_{pn}^k si grandes, que $\sum_{k,p,n} \frac{2^p}{A_{pn}^k} < \varepsilon$.

1. Définition des rés. de RAY. 2. Définies au moyen d'inégalités strictes.

L'ensemble

$$K = \{ \omega : \forall k,p,n \quad D^k_{pn}(\omega) \leqq A^k_{pn} \}$$

porte alors toutes les mesures P^x à ε près. Nous allons montrer que K est compact dans Ω. Cela prouvera que les mesures P^x satisfont à la condition de PROKHOROV.

Admettant ce point pour l'instant, achevons la démonstration du théorème : les sommes finies de variables aléatoires Z du type (2) forment une algèbre de fonctions continues bornées sur Ω, qui sépare Ω et contient les constantes. Deux mesures μ et μ' sur Ω telles que $\mu(Z)=\mu'(Z)$ pour tout Z de ce type sont donc égales [c'est d'ailleurs évident pour d'autres raisons!] Les fonctions $E^{\cdot}[Z]$ étant continues, P^x est la seule valeur d'adhérence étroite possible de P^y lorsque $y \to x$. En vertu de la condition de PROKHOROV, on a donc $P^y \underset{y\to x}{\to} P^x$, et la proposition est établie.

Reste donc à montrer que K est compact. Nous allons supposer que $F=[0,1]$, et qu'il y a une seule fonction f_n, l'application identique. Nous écrirons aussi $\omega(t)=X_t(\omega)$. L'indice n disparaît donc des notations. Le cas général se ramène à celui-ci au moyen du procédé diagonal.

Soit (ω_m) une suite d'éléments de K. Quitte à extraire une sous-suite, nous pouvons supposer que pour tout s rationnel $\omega_m(s)$ converge vers un nombre $\underline{\omega}(s) \in [0,1]$. La fonction $\underline{\omega}$ définie sur les rationnels satisfait encore aux inégalités $D^k_p(\underline{\omega}) \leqq A^k_p$ (à cause de notre précaution de définir les descentes au moyen d'inégalités strictes), et admet donc des limites à droite et à gauche le long des rationnels, en tout point de $\mathbb{R}_+$. La fonction

$$\omega(t) = \lim_{\substack{s \to t \\ s \text{ rationnel} \\ s>t}} \underline{\omega}(s)$$

et continue à droite, pourvue de limites à gauche, et appartient à K. Il reste seulement à montrer qu'une sous-suite de la suite (ω_m) converge en mesure vers ω .

Soit $\varepsilon=2^{-q}$; notons $B(\omega_m,\varepsilon)$ l'ensemble isolé (en fait <u>fini</u>) constitué par les points

$$t_0 = 0 \quad , \qquad t_{k+1} = \inf \{ t>t_k \quad , \ |e^{-t}\omega_m(t) - e^{-t_k}\omega_m(t_k)| > \varepsilon \}$$

entre t_k et t_{k+1} , il y a au moins une montée ou une descente de la fonction $e^{-t}\omega_m(t)$ sur l'un des 2^{q+1} intervalles I^{q+1}_j. Noter que le nombre des montées est au plus le nombre des descentes +1. La relation $\omega_m \in K$ permet donc de borner uniformément en m le nombre des points de $B(\omega_m,\varepsilon)$ par un nombre $N(\varepsilon)$.

Nous extrayons alors, par precédé diagonal, une sous-suite ω'_n telle que, pour tout $\varepsilon=2^{-q}$ les fermés $B(\omega'_m,\varepsilon)$ convergent vers un fermé $B(\varepsilon)$, qui comporte aussi $N(\varepsilon)$ points au plus.

Soit $x\notin B(\varepsilon)$; pour m assez grand, x est à distance $\geqq h>0$ de $B(\omega'_m,\varepsilon)$, donc toutes les fonctions ω'_m ont une oscillation $<2\varepsilon$ sur l'intervalle $]x-h,x+h[$. Il en est alors de même de ω. Choisissant un rationnel r dans cet intervalle, et notant que $|\omega(x)-\underline{\omega}(r)|\leqq 2\varepsilon$, on voit que $|\omega'_m(x)-\omega(x)|\leqq 6\varepsilon$ pour m grand.

Donc, si x n'appartient pas à l'ensemble dénombrable réunion des $B(\varepsilon)$ $(\varepsilon=2^{-q})$, nous voyons que $\omega'_m(x)$ converge vers $\omega(x)$, ce qui est mieux que la convergence en mesure. La démonstration est ▯.

Bibliographie

[1]. R.M.Blumenthal et R.K.Getoor. Markov processes and potential theory. Academic Press, New York 1968.

REMARQUE. La propriété de compacité qui a été utilisée dans la démonstration précédente est fausse pour la topologie de SKOROKHOD , comme B.MAISONNEUVE nous l'a fait remarquer : les fonctions $I_{[1,1+2^{-n}[}$ présentent une seule montée au dessus de tout intervalle, et aucune sous-suite ne converge au sens de SKOROKHOD , alors qu'elles convergent en mesure vers 0. Nous n'avons pas cherché à voir si la proposition 2 est vraie pour la topologie de SKOROKHOD.

Université de Strasbourg
Journées Probabilistes 31 Mars - 3 Avril 1971

PSEUDO-QUOTIENT DE DEUX MESURES PAR RAPPORT À UN CÔNE DE POTENTIELS . APPLICATION À LA DUALITÉ

par Gabriel MOKOBODZKI

Première partie : rappels

Cadre : X espace compact métrisable, $\mathfrak{R}=(V_\lambda)_{\lambda\geqq 0}$ une famille résolvante de noyaux $\geqq 0$ sur $\underline{\underline{C}}(X)$ telle que

a) $V=V_0$ est borné et $\lambda V_\lambda 1 \leqq 1 \ \forall \ \lambda>0$

b) $V(\underline{\underline{C}}(X))$ sépare X

c) Pour toute f borélienne bornée, $Vf\in\underline{\underline{C}}(X)$

Notations : toutes les fonctions considérées sont numériques

B = fonctions boréliennes bornées sur X

B^+ = fonctions boréliennes bornées et positives sur X

C = fonctions surmédianes positives (pour $\mathfrak{R}$)

S = fonctions excessives positives (pour $\mathfrak{R}$)

$S_0 = V(B^+)$

Théorème : Si G désigne l'un des trois cônes convexes C,S,S_0, alors pour tous $u,v \in G$, $R(u-v) = \inf \{ w\in G \ ; \ w\geq u-v \}$ vérifie $R(u-v)\in G$ et $(u-R(u-v))\in G$ (propriété caractéristique des cônes de potentiels).

Dans le cadre considéré, l'hypothèse (L) est satisfaite : toute fonction $\mathfrak{R}$-excessive est semi-continue inférieurement, il existe $\mu\in\underline{\underline{M}}^+(X)$ telle que V soit de base μ et que pour tout $u\in S$ ($\int u d\mu =0$) $\Rightarrow$ ($u\equiv 0$).

Frontière associée à $\mathfrak{R}$: C'est la frontière de Choquet de l'espace $V(\underline{\underline{C}}(X))+ \mathbb{R}$, que l'on notera ∂X. L'ensemble ∂X est un G_δ et l'on a les propriétés suivantes :

1) Pour toute u surmédiane s.c.i., on a $\hat{u}(x)=u(x) \ \forall x\in\partial X$, où $\hat{u} = \sup_\lambda \lambda V_\lambda u$.

2) Pour toute famille finie $(u_i) \subset S$, $\widehat{\inf_i u_i} = \inf u_i$ sur ∂X .

3) Pour toute forme linéaire croissante T sur $V(\underline{\underline{C}}^+(X))$, bornée sur l'ensemble $\{ Vf \ ; \ f\in\underline{\underline{C}}^+(X), \ Vf\leqq 1 \}$, il existe une mesure μ et une seule portée par ∂X telle que

$$< T,Vf > = \int Vf \, d\mu \quad , \quad \forall \ f \in \underline{\underline{C}}^+(X)$$

4) Les mesures du type νV, ou $\nu\in \underline{\underline{M}}^+(X)$, sont portées par ∂X .

Définition : 1) Sur ∂X on appelle topologie fine la topologie la moins fine rendant continus les éléments de S .

2) Pour tout $u\in S$, $A\subset\partial X$, $R^A u = \inf \{ w\in S , w\geq u \text{ sur } A \}$.

3) Un fermé fin $F\subset\partial X$ sera dit régulier si pour tout $u\in S$, $R^F u\in S$. (Il suffit pour cela que $R^F V1 \in S$) .

Théorème : 1) Si $F\subset\partial X$ est un fermé fin régulier , alors

$$F= \{ V1 = R^F V1 \}\cap\partial X$$

F est donc un G_δ de X .

2) La réunion de deux fermés fins réguliers est un fermé fin régulier.

3) L'adhérence fine de la réunion d'une famille de fermés fins réguliers est un fermé fin régulier.

Additivité de la réduite et balayage des mesures

Théorème : 1) Pour tout ensemble $A\subset\partial X$ et tous $v_1,v_2 \in S$, on a

$$R^A_{v_1} + R^A_{v_2} = R^A_{v_1+v_2}$$

2) Si F est un fermé fin régulier, $F\subset\partial X$, pour toute mesure $\nu\in\underline{\underline{M}}^+(X)$, il existe une mesure ν^F et une seule, portée par $F\subset\partial X$, telle que

$$\int R^F_v \, d\nu = \int v \, d\nu^F \qquad \forall\, v\in S .$$

3) Pour tout $A\subset\partial X$, et toute $\nu\in\underline{\underline{M}}^+(X)$, il existe une mesure et une seule $\nu^A\in\underline{\underline{M}}^+(\partial X)$ telle que

$$\text{pour tout } u\in S_0 , \int u \, d\nu^A = \inf \{ \int R^\omega_u \, d\nu , \ \omega \text{ ouvert fin}, \omega\supset A \}$$

(Si A est un fermé fin régulier, les deux définitions coïncident)

Définitions : 1) Pour $\mu,\nu \in \underline{\underline{M}}^+(\partial X)$, on dit que μ est balayée de ν relativement à S , si l'on a $\int u d\mu \leq \int u d\nu \ \ \forall u\in S$. On note $\mu \prec \nu$.

2) On dira qu'un ensemble $A\subset\partial X$ est μ-polaire si l'on a $\mu^A=0$.

La réunion d'une famille dénombrable d'ensembles μ- polaires est un ensemble μ-polaire .

Deuxième partie

Soient $\nu,\mu \in \underline{\underline{M}}^+(X)$. On va indiquer dans cette dernière partie un mode de calcul de la densité $\frac{d(\nu V)}{d(\mu V)}$ qui fera intervenir uniquement les cônes convexes S et S_0, et la topologie fine sur ∂X , ce sera donc un procédé canonique.

Théorème : 1) Soient $\nu,\mu \in \underline{\underline{M}}^+(X)$. Il existe un plus grand fermé fin régulier F tel que $\nu^F \prec \mu$.

2) Si $A \subset \partial X$ est un ensemble borélien tel que $(\nu V)_{|A} \leqq (\mu V)_{|A}$, alors $(\nu V)_{|A}$ est portée par F .

On suppose μ et ν fixées, et on définit les familles de fermés fins réguliers (F_λ) et (G_λ) de la façon suivante ($\lambda \in \overline{\mathbb{R}}^+$) :

F_λ = plus grand fermé fin régulier tel que $\nu^{F_\lambda} \prec \lambda\mu$

G_λ = plus grand fermé fin régulier tel que $\nu \succ \lambda\mu^{G_\lambda}$

Propriétés immédiates : $(\lambda_1 < \lambda_2) \Rightarrow (F_{\lambda_1} \subset F_{\lambda_2})$ et $(G_{\lambda_2} \subset G_{\lambda_1})$

Lemme : si $\lambda < \lambda'$, alors $F_\lambda \cap G_{\lambda'}$ est $(\mu+\nu)$-polaire.

Ce lemme est le résultat clé. Il implique que si f représente la densité $\frac{d(\nu V)}{d(\mu V)}$, alors F_λ équivaut grosso-modo à l'ensemble $\{f \leqq \lambda\}$.

On définit maintenant Φ et Ψ sur ∂X de la façon suivante :

1) $\Phi = \sup_\lambda \lambda 1_{\complement F_\lambda}$, de sorte que $\{\Phi \leqq \lambda\} = \bigcap_{\lambda' > \lambda} F_{\lambda'}$.

2) $\Psi = \inf_\lambda g_\lambda$, où $g_\lambda(x) = \begin{cases} +\infty & \text{si } x \in G_\lambda \\ 0 & \text{si } x \notin G_\lambda \end{cases}$, de sorte que $\{\Psi \geqq \lambda\} = \bigcap_{\lambda' < \lambda} G_{\lambda'}$.

On a toujours $\Phi \leqq \Psi$.

Théorème : Φ est finement s.c.i., Ψ est finement s.c.s. et d'après le lemme précédent, l'ensemble $\{\Phi \neq \Psi\}$ est $(\mu+\nu)$-polaire. (En fait, Φ et Ψ sont boréliennes sur ∂X, puisque F_λ et G_λ sont boréliens).

Corollaire : si f représente la densité $\frac{d(\nu V)}{d(\mu V)}$, alors $f = \Phi = \Psi$ $(\mu+\nu)V$ presque-partout.

Posons, pour tout ouvert fin $\omega \subset \partial X$,

$\overline{D}(\omega) = \inf \{ \lambda \in \overline{\mathbb{R}}^+ \ ; \ \nu^\omega \prec \lambda\mu \}$

$\underline{D}(\omega) = \sup \{ \lambda \in \overline{\mathbb{R}}^+ \ ; \ \nu \succ \lambda\mu^\omega \}$

Puis

$\overline{D}(x) = \inf \{ \overline{D}(\omega) \ ; \ \omega \ni x \}$

$\underline{D}(x) = \sup \{ \underline{D}(\omega) \ ; \ \omega \ni x \}$

Théorème : 1) $\overline{D}$ est finement s.c.s., $\underline{D}$ est finement s.c.i., et si V est de base μ, alors

$$\Phi \leqq \underline{D} \leqq \overline{D} \leqq \Psi$$

et $\{\Phi \neq \Psi\}$ est polaire.

2) S'il existe $k>0$ tel que $\nu \prec k\mu$, et si V est de base μ, alors

$$\Phi \leqq \underline{D} \leqq \liminf_{\lambda\to\infty} \lambda V_\lambda f \leqq \limsup_{\lambda\to\infty} \lambda V_\lambda f \leqq \overline{D} \leqq \Psi$$

où f représente la densité $\frac{d(\nu V)}{d(\mu V)}$.

Corollaire : Pour tout noyau W régulier, subordonné au cône S, chacune des quatre fonctions $\Psi, \overline{D}, \underline{D}, \Phi$ représente la densité $\frac{d(\nu W)}{d(\mu\nu)}$.

BRANCHING PROPERTY OF MARKOV PROCESSES

Masao Nagasawa

Introduction

In a probabilistic treatment of semi-linear parabolic equations key steps were to construct a certain class of Markov processes on a "big" state space and to prove the branching property of semi-groups of the processes (cf. Ikeda-Nagasawa-Watanabe [1]). In this paper branching property will be characterized in terms of multiplicativity (or decomposability) of semigroup of a Markov process on a multiplicative state space (cf. § 1 for definitions). This characterization will then be applied to branching Markov processes with age and sign in § 2, and to a branching Markov process treated recently by Sirao [7] in § 3.

1. Multiplicativity of Markov processes

Definition 1.1. A measure space $\mathcal{S}$ is called multiplicative if a multiplication with a unit is defined in it, i.e. if

(1) for $\underline{\underline{a}}, \underline{\underline{b}} \in \mathcal{S}$ a multiplication $\underline{\underline{a}}\cdot\underline{\underline{b}} \in \mathcal{S}$ is defined and measurable,

(2) there exists a unit $\partial \in \mathcal{S}$ such that

$$\partial\cdot\underline{\underline{a}} = \underline{\underline{a}}\cdot\partial = \underline{\underline{a}} \qquad \text{for every } \underline{\underline{a}} \in \mathcal{S}.$$

Given a multiplicative space $\mathcal{S}$, taking $N = \{0,1,2,\dots\}$ and $J = \{0,1\}$, the state space E of Markov processes treated in this section is one of $\mathcal{S}$, $\mathcal{S}\times N$, $\mathcal{S}\times J$, and $\mathcal{S}\times N\times J$. Theorems will be stated for $E = \mathcal{S}\times N\times J$, but all arguments are valid for other cases. Only we need to do is to get rid of unnecessary variables.

We denoted the space of measurable functions on E by $\mathcal{L}(E)$ (and $\mathcal{L}(\mathcal{S})$ etc.) and $\mathcal{L}^+$ denotes the space of non-negative elements of $\mathcal{L}$.

Definition 12. $F \in \mathcal{L}(E)$ is said to be multiplicative if

(3) $F(\partial,0,0) = 1$,

(4) $F(\underline{a}\cdot\underline{b},k,j) = g(k,j)F(\underline{a})F(\underline{b})$,

where $F(\underline{a}) = F(\underline{a},0,0)$ and

(5) $g(k,j) = (-1)^j \lambda^k$

for a fixed positive constant λ. *)

Let $(X_t, B_t, P.)$ be a strong Markov process **) on the state space E where $\{(\partial,k,j);\ k\in N,\ j\in J\}$ are traps and let τ be a fixed quasi-hitting time ***) satisfying

(6) $P.[\tau = t] = 0$ for all $t \geq 0$.

Introducing a sequence of Markov times

(7)
$$\tau_0 \equiv 0$$
$$\tau_1 = \tau$$
$$\tau_n = \tau_{n-1} + \tau\circ\theta_{\tau_{n-1}}, \qquad \text{for } n = 2,3,\ldots,$$

we define kernels; for a measurable subset B of E,

---

*) We will take $\lambda = 2$ in applications.

**) X_t is supposed to be measurable.

***) A B_t Markov time τ is said to be quasi-hitting time if $t \leq \tau$ implies $\tau = t + \tau\circ\theta_t$, where θ_t is the shift operator.

(8) $U_t^{(r)}(\cdot,B) = P_\cdot[X_t \in B,\ \tau_r \leq t < \tau_{r+1}], \qquad r=0,1,2,\dots;$

for a measurable subset $\Gamma \times B$ in $[0,\infty)\times E$,

(9) $\psi(\cdot,\ \Gamma \times B) = P_\cdot[\tau \in \Gamma,\ X_\tau \in B]\ .$

Let μ and ν be finite measure on E. We assume in addition the support of ν is $\mathcal{S}\times N \times\{0\}$. Then a product measure $\mu * \nu$ on E is defined by

(10) $$\int_E \mu * \nu(d(\underline{c},k,j))F(\underline{c},k,j) = \int_E \mu(d(\underline{c}_1,k_1,j))\int_E \nu(d(\underline{c}_2,k_2,0))\cdot$$

$$\cdot F(\underline{c}_1\cdot\underline{c}_2,k_1+k_2,j)\ ,$$

for $F \in \mathcal{L}(E)^+$. $\nu * \mu$ can be defined in the same way interchanging the order in (10).

When μ is a finite measure on $[0,\infty)\times E$, and ν depends on t and measurable in t, then a product measure $\mu * \nu(\Gamma \times B)$ is defined by

(11) $$\int_{[0,\infty)\times E} \mu * \nu(ds,d(\underline{c},k,j))F(s,\underline{c},k,j)$$

$$= \int_{[0,\infty)\times E} \mu(ds,d(\underline{c}_1,k_1,j))\int_E \nu_s(d(\underline{c}_2,k_2,0))F(s,\underline{c}_1\cdot\underline{c}_2,k_1+k_2,j)$$

for $F \in \mathcal{L}([0,\infty)\times E)^+$.

In this section we assume that the Markov process $(X_t,B_t,P_\cdot)$ on E satisfies the following two conditions:

Condition 1. The support of $U_t^{(0)}((\underline{a},0,0),B)$ is $\mathcal{S}\times N\times\{0\}$, and for $F \in \mathcal{L}(E)$ of the form $F(\underline{a},k,j) = g(k,j)F(\underline{a})$, where $F(\underline{a}) = F(\underline{a},0,0)$,

$$(12)\quad \int_E U_t^{(o)}((\underline{\underline{a}}\cdot\underline{\underline{b}},k,j),d(\cdot))F(\cdot)$$

$$= g(k,j)\int_E U_t^{(o)}((\underline{\underline{a}},0,0),d(\cdot))*U_t^{(o)}((\underline{\underline{b}},0,0),d(\cdot))F(\cdot) \; :$$

Condition 2. *) For $F\in\mathcal{L}([0,\infty)\times E)$ of the form $F(s,\underline{\underline{a}},k,j) = g(k,j)F(s,\underline{\underline{a}})$ where $F(s,\underline{\underline{a}}) = F(s,\underline{\underline{a}},0,0)$,

$$(13)\quad \int_0^t\int_E \psi((\underline{\underline{a}}\cdot\underline{\underline{b}},k,j),ds,d(\cdot))F(s,\cdot)$$

$$= g(k,j)\Big\{\int_0^t\int_E \psi((\underline{\underline{a}},0,0),ds,d(\cdot))*U_s^{(o)}((\underline{\underline{b}},0,0),d(\cdot))F(s,\cdot)$$

$$+\int_0^t\int_E U_s^{(o)}((\underline{\underline{a}},0,0),d(\cdot))*\psi((\underline{\underline{b}},0,0),ds,d(\cdot))F(s,\cdot)\Big\}\,,$$

and $\psi((\partial,k,j),\cdot)$ has no mass on $[0,\infty)\times E$.

Remark. As a special case of (13),

$$\int_0^t\int_E \psi((\underline{\underline{a}},k,j),ds,d(\cdot))F(s,\cdot) = g(k,j)\int_0^t\int_E \psi((\underline{\underline{a}},0,0),ds,d(\cdot))F(s,\cdot).$$

All equalities in the paper should be so understood, unless otherwise stated, that if the left hand side has definite value then so does the right hand side and both sides coincide.

Lemma 1.1. *Let* $F\in\mathcal{L}(E)$ *be multiplicative, then*

$$(14)\quad U_t^{(r)}F(\underline{\underline{a}}\cdot\underline{\underline{b}},k,j) = g(k,j)\sum_{i=o}^{r} U_t^{(i)}F(\underline{\underline{a}})U_t^{(r-i)}F(\underline{\underline{b}}), \qquad r=0,1,2,\ldots,$$

where $U_t^{(i)}F(\underline{\underline{a}})$ *stands for* $U_t^{(i)}F(\underline{\underline{a}},0,0)$.

---

*) The condition 1 and 2 are rephrasing of Property B.III. of [1], P. 262.

Proof. When $r=0$, (14) is implied by (12). Assume that (14) holds for $0,1,2,\ldots,r$, then by the strong Markov property and the induction hypothesis

$$U_t^{(r+1)}F(\underline{a}\cdot\underline{b},k,j) = \int_0^t\int_E \psi((\underline{a}\cdot\underline{b},k,j),ds,d(\underline{c},k',j'))U_{t-s}^{(r)}F(\underline{c},k',j')$$

$$= g(k,j)\Big\{\int_0^t\int_E \psi((\underline{a},0,0),ds,d(\underline{c}_1,k_1,j'))\int_E U_s^{(0)}((\underline{b},0,0),d(\underline{c}_2,k_2,0))$$

$$\cdot \sum_{i=0}^{r} g(k_1,j')U_{t-s}^{(i)}F(\underline{c}_1)g(k_2,0)U_{t-s}^{(r-i)}F(\underline{c}_2)$$

$$+ \int_0^t\int_E \psi((\underline{b},0,0),ds,d(\underline{c}_2,k_2,j'))\int_E U_s^{(0)}((\underline{a},0,0),d(\underline{c}_1,k_1,0))$$

$$\cdot \sum_{i=0}^{r} g(k_1,0)U_{t-s}^{(i)}F(\underline{c}_1)g(k_2,j')U_{t-s}^{(r-i)}F(\underline{c}_2)\Big\} .$$

On the other hand, because

$$U_s^{(0)}U_{t-s}^{(r)}F(\cdot) = \int_s^t\int_E \psi(\cdot,du,d(\underline{b},k,j))U_{t-u}^{(r-1)}F(\underline{b},k,j) ,$$

by the strong Markov property and because it is continuous in s by the assumption (6), we have

$$U_t^{(r+1)}F(\underline{a}\cdot\underline{b},k,j)$$

$$= g(k,j)\sum_{i=0}^{r}\Big[\int_0^t\Big\{d(-U_s^{(0)}U_{t-s}^{(i+1)}F(\underline{a}))U_s^{(0)}U_{t-s}^{(r-i)}F(\underline{b})$$

$$+ U_s^{(0)}U_{t-s}^{(i)}F(\underline{a})d(-U_s^{(0)}U_{t-s}^{(r+1-i)}F(\underline{b}))\Big\}\Big] ,$$

where d applies to s, but since $d(-U_s^{(0)}U_{t-s}^{(0)}F) \equiv 0$ because

$U_s^{(0)}U_{t-s}^{(0)}F = U_t^{(0)}F$ does not depend on s, it takes the following form

$$g(k,j)\sum_{i=0}^{r+1}\int_0^t d(-U_s^{(0)}U_{t-s}^{(i)}F(\underline{a})U_s^{(0)}U_{t-s}^{(r+1-i)}F(\underline{b}))$$

$$= g(k,j)\sum_{i=0}^{r+1} U_t^{(i)}F(\underline{a})U_t^{(r+1-i)}F(\underline{b}) ,$$

which completes the proof.

Theorem 1. Let $F \in \mathcal{L}(E)$ be multiplicative. If

(15) $$U_tF(\cdot) = \sum_{r=0}^{\infty} U_t^{(r)}F(\cdot)$$

has definite value, then it is multiplicative, i.e.

(16) $$U_tF(\underline{a}\cdot\underline{b},k,j) = g(k,j)U_tF(\underline{a})U_tF(\underline{b}) ,$$

where $U_tF(\underline{a}) = U_tF(\underline{a},0,0)$.

Proof is straightforward by summing up both sides in (14) over $r=0,1,2,\ldots$;

$$U_tF(\underline{a}\cdot\underline{b},k,j) = g(k,j)\sum_{r=0}^{\infty}\sum_{i=0}^{r} U_t^{(i)}F(\underline{a})U_t^{(r-i)}F(\underline{b})$$

$$= g(k,j)U_tF(\underline{a})U_tF(\underline{b}) .$$

§ 2. Branching Markov processes with age and sign *)

Given a metric space S, let

$$\mathcal{S} = \bigcup_{n=0}^{\infty} S^n ,$$

where

*) Lemma 5.1 in Nagasawa [2] is valid only when $q_0 \equiv 0$. We can correct the lemma modifying the definition of branching law, but simpler construction is given in this section and Theorem 1 in § 1 will be applied to show the branching property.

$$S^o = \{\partial\} \ , \quad \partial \ \text{an extra point, and}$$

$$S^n = S \times \ldots \times S, \quad \text{n-fold Cartesian product of} \quad S. \quad *)$$

If we define a multiplication of $\underline{\underline{x}} = (x_1, \ldots, x_n)$ and $\underline{\underline{y}} = (y_1, \ldots, y_m)$ by

$$\underline{\underline{x}} \cdot \underline{\underline{y}} = (x_1, \ldots, x_n, y_1, \ldots, y_m) \ ,$$

and

$$\partial \cdot \underline{\underline{x}} = (x_1, \ldots, x_n) \ ,$$

then $\mathcal{S}$ turns out to be multiplicative.

Given a strong Markov process $(W, B_t, x_t, P_x, \ x \in S)$ with right continuous paths on the state space S, the canonical realization of n-fold direct product of it is defined on the fundamental space

$$W^n = W \times \ldots \times W, \quad \text{n-fold product of} \quad W \ .$$

When $\underline{\underline{w}} = (w_1, \ldots, w_n) \in W^n$, we put

$$\underline{\underline{x}}_t(\underline{\underline{w}}) = (x_t(w_1), \ldots, x_t(w_n)), \quad \text{and}$$

$$P_{(x_1, \ldots, x_n)} = P_{x_1} \times P_{x_2} \times \ldots \times P_{x_n} \ .$$

Then $(W^n, N_t, \underline{\underline{x}}_t, P_{\underline{\underline{x}}}, \ \underline{\underline{x}} \in S^n)$ **) is a strong Markov process with right continuous paths. (cf. Theorem 3.1 of [1].)

Let A_t be a right continuous non-negative additive functional of x_t, then

$$A_t(\underline{\underline{w}}) = A_t(w_1) + \ldots + A_t(w_n)$$

---

*) In [1] and [2], symmetric product was employed instead of Cartesian product. However arguments becomes simpler if we take usual Cartesian product as pointed out by Sawyer [4].

**) $N_t = \sigma(x_s, s \leq t)$.

is that of $\underline{\underline{x}}_t(\underline{\underline{w}})$. Taking up a Poisson process (W', p_t, P'_k) with rate 1 which is independent of $\underline{\underline{x}}_t$, define

$$\Omega_n = W^n \times W' ,$$

$$P^o_{(\underline{\underline{x}},k)} = P_{\underline{\underline{x}}} \times P'_k ,$$

and for $(\underline{\underline{w}}, w') \in \Omega_n$

$$\begin{aligned} Z^o_t(\underline{\underline{w}}, w') &= (\underline{\underline{x}}_t(\underline{\underline{w}}), p_{A_t(\underline{\underline{w}})}(w')), \quad \text{if } A_t(\underline{\underline{w}}) < \infty \\ &= \Delta \quad \text{(an extra point), if } A_t(\underline{\underline{w}}) = \infty . \end{aligned}$$

Then $(\Omega_n, Z^o_t, P^o_{(\underline{\underline{x}},k)})$ is a strong Markov process on $S^n \times N$ (cf. [2], where a different construction is given and it is called a Markov process with age since p_{A_t} can be understood as "age" of particles.)

A strong Markov process with right continuous paths on $E = \mathcal{S} \times N \times J \cup \{\Delta\}$ is defined on

$$\Omega = \{\omega_{\partial k_j}\} \cup (\bigcup_{n=1}^{\infty} \Omega_n \times J) \cup \{\omega_\Delta\}$$

by

i) $\{(\partial, k, j);\ k \in N,\ j \in J\}$ are traps,

ii) $P^o_{(\underline{\underline{x}},k,j)} = P^o_{(\underline{\underline{x}},k)} \times \delta_{jj'}$

iii) for $\omega = (\underline{\underline{w}}, w', j) \in \Omega$

$$\begin{aligned} & Z^o_t(\omega) = (\underline{\underline{x}}_t(\underline{\underline{w}}), p_{A_t(\underline{\underline{w}})}(w'), j) \\ (1) \qquad & Z^o_t(\omega_{\partial k_j}) = (\partial, k, j) \\ & Z^o_t(\omega_\Delta) = \Delta . \end{aligned}$$

The next step is to define a branching distribution. Given a sequence of measurable functions $\{q_n(x)\}$ on S with

$$(2) \qquad \sum_{n=0}^{\infty} |q_n(x)| = 1, \quad x \in S ,$$

where $|q_n| = q_n^+ + q_n^-$, $q_n^+ = q_n \vee 0$ and $q_n^- = (-q_n) \vee 0$, and given a system of kernels $\pi_n(x,d\underline{y})$ on $S \times S^n$, which is a probability measure in $d\underline{y}$ and measurable in x, we define μ_i^+ and μ_i^- for $F \in \mathcal{L}(E)^+$ by, when $\underline{x} \in S^n$ $(n \geq 1)$,

$$(3) \quad \mu_i^{\pm} F(\underline{x},k,j) = \int \mu_i^{\pm}((\underline{x},k,j),d(\underline{y},k',j'))F(\underline{y},k',j')$$

$$= q_o(x_i)F(x_1,\ldots,x_{i-1},x_{i+1},\ldots,x_n,k,j^{\pm})$$

$$+ \sum_{m=1}^{\infty} \int_{S^m} q_m^{\pm}(x_i)\,\pi_m(x_i,dy_1 \times \ldots \times dy_m)F(x_1,\ldots,x_{i-1},y_1,\ldots,y_m,$$
$$x_{i+1},\ldots,x_n,k,j^{\pm}) ,$$

where the first term is $q_o(x)F(\partial,k,j^{\pm})$ when $n=1$, and j^+ and j^- are functions of j defined by the table 1.

j	j^+	j^-
0	0	1
1	1	0

Table 1 .

Furthermore we put $\mu^{\pm}F(\partial,k,j) = F(\partial,k,j)$.

Let $e_1,\ldots,e_n$ be n-random variables *) independent of each other and Z_t^o with exponential distribution $P_x[t < e_k | N_t] = e^{-t}$, and set

$$(4) \qquad \zeta_k(w_k) = \sup\{\, t;\ A_t(w_k) \leq e_k\},$$

---

*) We can always assume the existence of such random variables enlarging W and B_t if necessary.

and

(5) $$\tau(\underline{w}) = \min_{1\leq k\leq n} \zeta_k(w_k) .$$

ζ_k is the life time of k-th particle killed by a multiplicative functional $M_t = e^{-A_t}$.

Then a branching distribution is defined by

(6) $$\mu(\omega, B) = \sum_i I_{[\tau=\zeta_i]}(\mu_i^+(Z_\tau^0, B) + \mu_i^-(Z_\tau^0, B)) .$$

Because μ is an instantaneous distribution (cf. definition 2.1 of [1]), we can construct a big Markov process on E by piecing path Z_t^0, $t \leq \tau$ together by the distribution μ. Then the big process $(Z_t, B_t, P(\underline{x}, k, j))$ is strong Markov with right continuous paths *) (Theorem 2.2 of [1] and cf. Chapter 3 of [4]).

From construction it is easily seen that the big process $(Z_t, P_\cdot)$ on E satisfies condition 1 and 2 in § 1.

If we define for $f \in \mathcal{L}(S)$

(7) $$\tilde{f}(\underline{x}, k, j) = (-1)^j \lambda^k \hat{f}(\underline{x})$$

where

(8) $$\hat{f}(\underline{x}) = \prod_{j=1}^{n} f(x_j), \qquad \text{if } \underline{x} = (x_1, \ldots, x_n)$$
$$= 1, \qquad \text{if } \underline{x} = \partial$$
$$= 0, \qquad \text{if } \underline{x} = \Delta,$$

then $\tilde{f} \in \mathcal{L}(E)$ is multiplicative, and therefore applying Theorem 1, we have

---

*) B_t is not equal to $N_t \equiv \sigma(Z_s; s \leq t)$ in general. τ is B_t Markov time but not necessarily N_t Markov time.

Theorem 2. The big Markov process $(Z_t, P_\cdot)$ on E has the branching property

(9) $$U_t\tilde{f} = \widetilde{(U_t\tilde{f})|_S} \quad . \qquad *)$$

Corollary. If $U_t f(x,0,0)$ has definite value, $u(t,x) = U_t\tilde{f}(x,0,0)$ is a solution of

(10) $$u(t,x) = T_t f(x) + \int_0^t \int K(x,ds,dy) \sum_{n=0}^{\infty} q_n(y) \int_{S^n} \pi_n(y,d\underline{z}) u_{t-s}(\underline{z}) ,$$

where

$$T_t f(x) = E_x[f(x_t)] ,$$

$$K(x,ds,dy) = E_x[I_{dy}(x_s)dA_s] .$$

Remark. As for applications cf. Sirao [6], Nagasawa-Sirao [3], and Nagasawa [2].

§ 3. Branching Markov processes with differential space **)

Let S be a locally compact Hausdorff space with a countable open base with C^∞- structure. A big state space $\mathcal{S}$ is defined constructively as follows:

$$\underline{S}^{(0)} = \bigcup_{n=0}^{\infty} S^n ,$$

(we use the notation $\underline{S}^{(0)}$, which was denoted as $\mathcal{S}$ in § 2). Introducing an operation D, the role of which will be specified later on, $\underline{S}^{(1)}$ is defined to be the collection of all elements of the form

---

*) For a function F on E, $F|_S$ is a function on S defined by
$$F|_S(x) = F(x,0,0), \quad x \in S .$$

**) The construction and the proof of branching property given in this section are simpler but essentially the same as Sirao's [7]. In [7], multiplication is assumed to be commutative.

$$(\underline{x}_0, D(\underline{x}_1), \ldots, D(\underline{x}_m)), \qquad m=1,2,\ldots,$$

where $\underline{x}_i \in \underline{S}^{(0)}$, at least one of $\underline{x}_i$ $(i>0)$ is not equal to ∂, and of all elements obtained by possible permutation of components. When ∂ and $D(\partial)$ appear in the components, they must be erased off, for example,

$$(\partial, D(\underline{x}_1), D\partial, D(\underline{x}_3)) \longrightarrow (D(\underline{x}_1), D(\underline{x}_3)) :$$

After $\underline{S}^{(0)}, \underline{S}^{(1)}, \ldots, \underline{S}^{(n-1)}$ are defined, $\underline{S}^{(n)}$ is the collection of all elements of the form

$$(\underline{a}_0, D(\underline{a}_1), \ldots, D(\underline{a}_m)) , \qquad m=1,2,\ldots,$$

where $\underline{a}_0 \in \underline{S}^{(0)} \cup \underline{S}^{(1)} \cup \ldots \cup \underline{S}^{(n-1)}$, $\underline{a}_j \in \underline{S}^{(n-1)}$ $(j \geq 1)$, and of all elements obtained by possible permutation of components: Then finally we put

(1) $$\mathcal{S} = \bigcup_{n=0}^{\infty} \underline{S}^{(n)} .$$

Elements of $\mathcal{S}$ can be expressed by diagrams, for example,

(x_1, x_2, Dx_3, Dx_4) $\longleftrightarrow$ 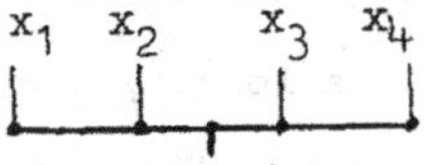

$(\underline{a}_1, D(\underline{a}_2 D\underline{a}_3))$ $\longleftrightarrow$ 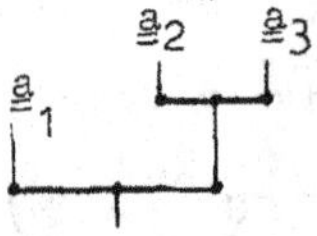

<u>Definition 3.1</u>. The <u>stripping operator</u> γ is a mapping from $\mathcal{S}$ to $\underline{S}^{(0)}$ which maps $\underline{a} \in \mathcal{S}$ to an element in $\underline{S}^{(0)}$ obtained by stripping off all D operation in $\underline{a}$.

For example, when $\underline{a} = (x_0, x_1, Dx_2, D(x_3, D(x_4, x_5)))$,

$$\gamma\underline{a} = (x_0, x_1, \ldots, x_5) \in \underline{S}^{(0)} .$$

The Cartesian product topology is given to S^n. Collecting all elements of the same form, we consider it as a subspace of

$\mathcal{S}$ and give the induced topology by γ^{-1}. For example, (x_1, Dx_2) belongs to a subspace $S \times DS$ with the induced topology from S^2 by γ^{-1}, $((Dx_1, x_2)$ belongs to a different subspace $DS \times S)$. All different subspaces of $\mathcal{S}$ should be considered as discrete. Then $\mathcal{S}$ is a locally compact Hausdorff space with a countable open base.

If we define a multiplication in $\mathcal{S}$ by

$$\text{(2)} \qquad \underline{\underline{a}}\cdot\underline{\underline{b}} = (\underline{\underline{a}},\underline{\underline{b}}) \qquad \text{for } \underline{\underline{a}},\ \underline{\underline{b}} \in \mathcal{S},$$

$$\partial\cdot\underline{\underline{a}} = \underline{\underline{a}}\cdot\partial = \underline{\underline{a}},$$

$$D\cdot\partial = \partial,$$

then $\mathcal{S}$ is multiplicative.

Given a strong Markov process $(W, x_t, P_x, x \in S)$ on S with right continuous paths and let $T_t(x,dy)$ be the transition semi-group of the process.

We assume in this section that

$$\text{(3)} \qquad T_tD = DT_t$$

where D is a first order differential operator.

Remark. For example, when S is n-dimensional Eucledian space and if $T_t(x,dy)$ is given in terms of a C^{∞}-function $p_t(x)$ which vanishes at ∞ by

$$\int T_t(x,dy)f(y) = \int p_t(x-y)f(y)dy,$$

where dy is the Lebesgue measure, then the assumption is satisfied.

Step 1. For each subspace $\mathcal{S}_1 \subset \mathcal{S}$, first we define a Markov process on $\mathcal{S}_1$ as follows: If $\gamma\underline{\underline{a}} = (x_1,\dots,x_n), \underline{\underline{a}} \in \mathcal{S}_1$, taking n-fold direct product $(W^n, \underline{\underline{x}}_t, P_{\underline{\underline{x}}})$ of the given Markov process (x_t, P_x) on S, put

(4) $$X_t = \gamma^{-1}\underline{\underline{x}}_t ,$$

$$P_{\underline{\underline{a}}} = P_{\gamma \underline{\underline{a}}} .$$

Then $(W^n, X_t, P_{\underline{\underline{a}}})$ is a right continuous strong Markov process on $\mathcal{S}_1$ and the transition semigroup $T_t(\underline{\underline{a}}, d\underline{\underline{b}})$ is given by

(5) $$T_t(\gamma^{-1}(x_1,\ldots,x_n), d(\gamma^{-1}(y_1,\ldots,y_n)) = T_t(x_1,dy_1)\times \ldots \times T_t(x_n,dy_n) ,$$

where γ is the stripping operator from $\mathcal{S}_1$ to S^n.

Secondly, taking a Poisson process (W', p_t, P'_k) with rate nc (c is a positive constant) which is independent of $(X_t, P_{\underline{\underline{a}}})$, put

$$\Omega_{\mathcal{S}_1} = W^n \times W' \times J, \qquad J = \{0,1\}$$

$$Z_t^o(\underline{\underline{w}}, w', j) = (X_t(\underline{\underline{w}}), p_t(w'), j) ,$$

$$P^o_{(\underline{\underline{a}},k,j)} = P_{\underline{\underline{a}}} \times P'_k .$$

Finally, collecting the processes thus defined on all subspaces, we can get a big (but still "minimal") Markov process $(\Omega^o, B_t^o, Z_t^o, P_\cdot^o)$ on $E = \mathcal{S} \times N \times J$, which is strong Markov with right continuous paths, where $\Omega^o = \bigcup \Omega_{\mathcal{S}_1}$ (union over all subspaces $\mathcal{S}_1$ of $\mathcal{S}$).

Step 2. Now, consider Z_t^o on a subspace $\mathcal{S}_1 \subset \mathcal{S}$ and assume $\gamma\underline{\underline{a}} = (x_1,\ldots,x_n)$, $\underline{\underline{a}} \in \mathcal{S}_1$. We define the first branching time τ in the same way as in the previous section; taking n-random variables $e_1,\ldots,e_n$ independent of each other and Z_t^o with exponential distribution, put

(6) $$\zeta_k = \sup\{t;\ ct \le e_k\},$$
$$\tau = \min_{1\le k\le n} \zeta_k .$$

Step 3. For $\underline{\underline{a}} \in \mathcal{S}$, $\gamma\underline{\underline{a}} = (x_1,\ldots,x_n)$, we define $\underline{\underline{a}}_m^{pq} \in \mathcal{S}$ as follows:

i) $\underline{\underline{a}}_m^{oo}$ is an element obtained by replacing x_m in $\underline{\underline{a}}$ by ∂,

ii) $\underline{\underline{a}}_m^{pq}$ $(p \neq 0$ or $q \neq 0)$ is obtained by replacing x_m in $\underline{\underline{a}}$ by

$$\underbrace{x_m \ldots x_m}_{p}\ \underbrace{D(x_m) \ldots D(x_m)}_{q} .$$

Given constants c_{pq} with

$$\sum_{p,q=0}^{\infty} |c_{pq}| = 1 ,$$

kernels μ_m^{+} are defined by

(7) $$\mu_m^{+}((\underline{\underline{a}},k,j),d(\underline{\underline{b}},k',j')) = \sum_{\substack{p,q=0\\ c_{pq}\ge 0}}^{\infty} |c_{pq}|\,\delta(\underline{\underline{a}}_m^{pq},d\underline{\underline{b}})\cdot\delta_{k,k'}\cdot\delta_{j^+,j'} ,$$

and μ_m^{-} replacing $c_{pq} \ge 0$ by $c_{pq} < 0$ and j^+ by j^- on the right hand side of (7), where j^+ and j^- are defined by table 1 in § 2. Then a branching distribution is given by

(8) $$\mu(\omega,B) = \sum_m I_{[\tau=\zeta_m]}(\mu_m^{+}(Z_\tau^{o},B) + \mu_m^{-}(Z_\tau^{o},B)) .$$

Step 4. Applying Theorem of piecing out to the Markov process $(Z_t^o, P_\cdot^o)$ and the branching distribution μ, we can construct a "big" Markov process $(Z_t, B_t, P_\cdot)$ on E which is strong Markov with right continuous paths. (Theorem 2.2 of [1], cf. Chapter 3 of [4]). It is not difficult to see that by construction the big Markov process satisfies the condition 1 and

2 in § 1, and therefore <u>the big Markov process is multiplicative</u> by Theorem 1.

For $f \in C^{\infty}(S)$, we define a function $\tilde{f}$ on E inductively:

$$(9-1) \qquad \hat{f}(\partial) = 1$$

$$\hat{f}(x_1,\dots,x_n) = \prod_{i=1}^{n} f(x_i) \ ;$$

when $\underline{\underline{a}} = (\underline{\underline{x}}_0, D(\underline{\underline{x}}_1),\dots,D(\underline{\underline{x}}_m)) \in \underline{\underline{S}}^{(1)}$

$$(9-2) \qquad \hat{f}(\underline{\underline{a}}) = \hat{f}(\underline{\underline{x}}_0)D\hat{f}(\underline{\underline{x}}_1)\dots D\hat{f}(\underline{\underline{x}}_m) ,$$

where

$$(9-3) \qquad D\hat{f}(x_1,\dots,x_n) = \sum_{i=1}^{n} D_i f(x_1,\dots,x_n)$$

and D_i is a first order differential operator applied to the i-th variable x_i;

when $\underline{\underline{a}} = (\underline{\underline{a}}_0, D(\underline{\underline{a}}_1),\dots,D(\underline{\underline{a}}_m)) \in \underline{\underline{S}}^{(n)}$

$$(9-4) \qquad \hat{f}(\underline{\underline{a}}) = \hat{f}(\underline{\underline{a}}_0)D\hat{f}(\underline{\underline{a}}_1)\dots D\hat{f}(\underline{\underline{a}}_m)$$

where D is operated to $\hat{f}(\underline{\underline{a}}_i)$ regarded as a function of $\gamma \underline{\underline{a}}_i$; finally we define $\tilde{f}$ by

$$(9-5) \qquad \tilde{f}(\underline{\underline{a}},k,j) = (-1)^j \lambda^k \hat{f}(\underline{\underline{a}}), \quad \lambda > 0, \text{ a fixed constant.}$$

$\tilde{f}$ thus defined is multiplicative.

Let $U_t^{(r)}$ and ψ be defined for the big Markov process $(Z_t, P_\cdot)$ as in § 1. Then we have

<u>Lemma 3.1</u>. <u>For</u> $F \in \mathcal{L}([0,\infty)\times E)$,

$$(10) \qquad \int_0^t \int_E \psi((\underline{\underline{a}},0,0),ds,d(\underline{b},k,j))(-1)^j 2^k F(s,\underline{b})$$

$$= \int_0^t c\,ds \int T_s(\underline{a}, d\underline{b}) \sum_m \sum_{p,q=o}^{\infty} c_{pq}\, F(s, \underline{b}_m^{pq}) \ .$$

Proof. Because

$$E_x[\zeta \in ds,\ x_\zeta \in dy] = c\,ds\ T_s(x,dy)e^{-cs}, \quad \text{and}$$

$$E_x[x_s \in dy,\ s < \zeta] = T_s(x,dy)e^{-cs} \ ,$$

if $\gamma\underline{a} = (x_1,\dots,x_n)$, denoting $\gamma\underline{b} = (y_1,\dots,y_n)$, the left hand side of (10) takes the following form

$$\sum_{m=1}^{n} \int_0^t \int E_{x_m}[\zeta_m \in ds,\ x_{\zeta_m} \in dy_m] \prod_{\substack{l=1 \\ l \neq m}}^{n} E_{x_l}[x_s \in dy_l,\ s < \zeta_l]$$

$$\sum_{k=o}^{\infty} e^{-nct} \frac{(2nct)^n}{n!} \sum_{p,q=o}^{\infty} c_{pq} F(s, \underline{b}_m^{pq})$$

$$= \sum_m \int_0^t c\,ds \int \prod_{l=1}^{n} T_s(x_l, dy_l) \sum_{p,q} c_{pq} F(s, \underline{b}_m^{pq})$$

$$= \int_0^t c\,ds \int T_s(\underline{a}, d\underline{b}) \sum_m \sum_{p,q} c_{pq}\ F(s, \underline{b}_m^{pq}) \ ,$$

which completes the proof.

Lemma 3.2. *For* $f \in C^{\infty}(S)$,

(11) $\quad U_t^{(r)}\tilde{f}(D\underline{a}) = DU_t^{(r)}\tilde{f}(\underline{a}) \quad$ *for* $\underline{a} \neq \partial$, $r = 0, 1, 2, \dots,$

where $U_t^{(r)} f(\underline{a})$ *stands for* $U_t^{(r)} f(\underline{a}, 0, 0)$.

Proof. When $r = 0$, by definition of $\tilde{f}$ and $U_t^{(0)}$ we have

$$U_t^{(0)}\tilde{f}(D\underline{\underline{a}}) = \int U_t^{(0)}((D\underline{\underline{a}},0,0),d(D\underline{\underline{b}},k,0))\tilde{f}(D\underline{\underline{b}},k,0)$$

$$= \int U_t^{(0)}((\underline{\underline{a}},0,0),d(\underline{\underline{b}},k,0))D\tilde{f}(\underline{\underline{b}},k,0)$$

$$= DU_t^{(0)}\tilde{f}(\underline{\underline{a}}) ,$$

where we applied commutativity $DU_t^{(0)} = U_t^{(0)}D$ in the last step.

Assume (11) holds for $0,1,2,\dots,r$, then by the strong Markov property of $(Z_t, P_\cdot)$ and lemma 3.1,

$$U_t^{(r+1)}\tilde{f}(D\underline{\underline{a}})$$

$$= \int_0^t \int \psi((D\underline{\underline{a}},0,0),ds,d(D\underline{\underline{b}},k,j))U_{t-s}^{(r)}\tilde{f}(D\underline{\underline{b}},k,j)$$

$$= \int_0^t cds \int T_s(D\underline{\underline{a}},d(D\underline{\underline{b}})) \sum_m \sum_{p,q} c_{p,q}U_{t-s}^{(r)}\ \tilde{f}(D\underline{\underline{b}}_m^{pq},0,0)$$

$$= \int_0^t cds \int T_s(\underline{\underline{a}},d\underline{\underline{b}}) \sum_m \sum_{p,q} c_{pq}\ U_{t-s}^{(r)}\ D\tilde{f}(\underline{\underline{b}}_m^{pq},0,0) .$$

But here, firstly, D commutes with $U_{t-s}^{(r)}$ by induction hypothesis: secondly because

$$\gamma\underline{\underline{b}}_m^{pq} = (y_1,\dots,y_{m-1},\underbrace{y_m,\dots,y_m}_{p+q},y_{m+1},\dots,y_n) \text{ if } \gamma\underline{\underline{b}} = (y_1,\dots,y_n),$$

we can write as

$$DU_{t-s}^{(r)}\ \tilde{f}(\underline{\underline{b}}_m^{pq},0,0) = \sum_{i=1}^n D_i\ U_{t-s}^{(r)}\tilde{f}(\underline{\underline{b}}_m^{pq},0,0) ,$$

where D_i operates to y_i, and then $D \equiv \sum_{i=1}^n D_i$ commutes with $T_t(\underline{\underline{a}},d\underline{\underline{b}})$.

Finally we have

$$U_t^{(r+1)}\tilde{f}(D\underline{a}) = D\int_0^t c\,ds \int T_s(\underline{a},d\underline{b}) \sum_m \sum_{p,q} U_t^{(r)} f(\underline{b}_m^{pq},0,0)$$

$$= DU_t^{(r+1)}\tilde{f}(\underline{a}) ,$$

completing the proof.

Summing up (11) over $r = 0,1,2,\ldots,$

Lemma 3.3. When $U_t\,\tilde{f}(D\underline{a}) = \sum_{r=0}^{\infty} U_t^{(r)}\tilde{f}(D\underline{a})$ converges,

(12) $$U_t\tilde{f}(D\underline{a}) = DU_t\tilde{f}(\underline{a}), \qquad \text{for } \underline{a} \neq \partial .$$

Theorem 3. When $U_t\,\tilde{f}(\underline{a})$ has definite value, it has the branching property:

(13) $$U_t\tilde{f}(\underline{a},k,j) = \widetilde{(U_t\tilde{f})|_S}(\underline{a},k,j) .$$

Proof. Because $U_t\tilde{f}$ is multiplicative and satisfies (12), we can decompose it into multiplication and differentiation successively until we get the right hand side.

For example, when $\underline{a} = (x_1,\ldots,x_n,Dy_1,\ldots,Dy_m)$, $x_1,\ldots,x_n,y_1,\ldots,y_m \in S$,

(14) $$U_t\tilde{f}(\underline{a},0,0) = \prod_{i=1}^{n} U_t\tilde{f}(x_i,0,0) \prod_{j=1}^{m} DU_t\tilde{f}(y_j,0,0) ,$$

which will be of use in the following

Corollary. Choose $\lambda = 2$ in (9-4). If $U_t\tilde{f}(x,0,0)$ has definite value, then

(15) $$u(t,x) = U_t\tilde{f}(x,0,0)$$

is a solution of

(16) $$u(t,x) = T_t f(x) + \int_0^t c\,ds \int_S T_s(x,dy) \sum_{p,q} c_{pq}(u(t-s,y))^p(Du(t-s,y))^q .$$

Proof. By the strong Markov property applied to the first branching time τ, we have

$$u(t,x) = T_t f(x) + \int_0^t c\,ds \int_S T_s(x,dy) \sum c_{pq} U_{t-s} \tilde{f}(\underbrace{y,\ldots,y}_{p},\underbrace{Dy,\ldots,Dy}_{q})$$

Because of (14),

$$U_{t-s}\tilde{f}(y,\ldots,y,Dy,\ldots,Dy) = (u(t-s,y))^p (Du(t-s,y))^q ,$$

and hence $u(t,x) = U_t\tilde{f}(x,0,0)$ is a solution of (16).

REFERENCES

[1] N. Ikeda - M. Nagasawa - S. Watanabe, Branching Markov processes I, II, III. Journal of Math. Kyoto Univ. Vol. 8 (1968) 233-278, 365-410, vol. 9 (1969) 45-160.

[2] M. Nagasawa, Construction of branching Markov processes with age and sign, Kodai Math. Sem. Rep. vol. 20 (1968) 469-508.

[3] M. Nagasawa - T. Sirao, Probabilistic treatment of the blowing up of solutions for a nonlinear integral equation, Trans. A.M.S. vol. 139 (1969) 301-310.

[4] M. Nagasawa, Lecture note on Markov processes, Aarhus University 1970/71.

[5] S.A. Sawyer, A formula for semigroups, with an application to branching diffusion processes, Trans A.M.S. vol 152 (1970) 1-38.

[6] T. Sirao, On signed branching Markov processes with age, Nagoya Math. J. vol. 32 (1968) 155-225.

[7] T. Sirao, On a branching Markov process with derivatives, (to appear).

Matematisk Institut
Aarhus Universitet
Ny Munkegade
8000 Aarhus C, Danmark. *)

/EDJ

---

*) On leave of Tokyo Institute of Technology.

DOOB DECOMPOSITION AND BURKHOLDER INEQUALITIES*

Murali Rao

Let $X_o,\dots,X_N$ be a martingale relative to σ-fields $F_o,\dots,F_N$. Let $x_o = X_o$, $x_i = X_i - X_{i-1}$ for $i=1,\dots,N$ so that $X_n = \sum_o^n x_i$. Let $|v_i| \leq 1$, $0 \leq i \leq N$ and v_{i+1} F_i-measurable for $i=0,\dots,N-1$.

Put $g_n = \sum_o^n v_i x_i$, $n=0,\dots,N$, $g_N^* = \max_n |g_n|$ and $S_N = S_N(X) = (\sum x_i^2)^{\frac{1}{2}}$.

In [1] Burkholder proved the following remarkable inequalities:

For $a>0$,

(1) $$a\,P[g_N^* > a] \leq 52\ E[|X_N|]$$

(2) $$a\,P[S_N > a] \leq 52\ E[|X_N|] .$$

In [2] Gundy, making use of his decomposition for L'-bounded martingales obtaines inequalities for "class B mappings" which include (1) and (2) above. In this note we exploit Doob decomposition to give completely elementary proofs of (1) and (2) thus answering a question raised by Luis Baez-Duarte [3]. Let us add in passing that our method also gives inequalities for class B mappings of Gundy. For terminology not defined here we refer to [4].

For random variables $f_o,\dots,f_N$, f_N^* will denote $\max_{0\leq i\leq N} |f_i|$.

We shall show that if the martingale $X_o,\dots,X_N$ is non-negative (1) and (2) can be replaced by

(3) $$a\,P[g_N^* > a] \leq 13\ E[|X_o|]$$

(4) $$a\,P[S_N > a] \leq 13\ E[|X_o|] .$$

---

* **Prof. Neveu pointed out to P.A.Meyer that he has given in his Cours de 3e Cycle on martingale theory, Paris 1969/70, a proof of the Burkholder maximal lemma which is very closely related to that of Prof. Rao.**

Lemma. Let $Z_o,\dots,Z_N$ be a square integrable super martingale and $Z_i = M_i - A_i$ be its Doob-decomposition. Then

$$(5) \qquad E[M_N^2] \leq E[Z_N^2] + 2\,E[\sum_o^{N-1} Z_i\,(A_{i+1} - A_i)] \ .$$

Proof. Noting $E[(Z_{i+1} - Z_i) \mid F_i] = A_i - A_{i+1}$

$$E[M_{i+1}^2 - M_i^2] = E[(M_{i+1} - M_i)^2]$$

$$= E[(Z_{i+1} - Z_i)^2 + 2\,(A_{i+1} - A_i)(Z_{i+1} - Z_i) + (A_{i+1} - A_i)^2]$$

$$= E[(Z_{i+1} - Z_i)^2] - E[(A_{i+1} - A_i)^2]$$

$$\leq E\,|\,(Z_{i+1} - Z_i)^2\,|$$

$$= E[Z_{i+1}^2 - Z_i^2] + 2\,E[Z_i(Z_i - Z_{i+1})]$$

$$= E[Z_{i+1}^2 - Z_i^2] + 2\,E[Z_i(A_{i+1} - A_i)] \ .$$

And since $M_o = Z_o$ we get

$$E[M_N^2] = E[M_o^2] + \sum_o^{N-1} E[M_{i+1}^2 - M_i^2]$$

$$\leq E[Z_o^2] + \sum_o^{N-1} E[Z_{i+1}^2 - Z_i^2] + 2\sum_o^{N-1} E[Z_i(A_{i+1} - A_i)]$$

$$= E[Z_N^2] + 2\sum_o^{N-1} E[Z_i(A_{i+1} - A_i)] \ .$$

That proves the Lemma.

If $Z_i \geq 0$, $E[A_N] \leq E[M_N] = E[Z_o]$ and we have

Corollary. If $0 \leq Z_i \leq a$ is a super martingale and $Z_i = M_i - A_i$ its Doob decomposition then

$$(6) \qquad E[M_N^2] \leq 3a\,E[Z_o] \ .$$

Now let us prove (3). Let $a > 0$ and $Z_i = X_i \wedge a$. Let $Z_i = M_i - A_i$ be its Doob decomposition and

$$U_n = Z_o v_o + \sum_1^n (Z_i - Z_{i-1}) v_i$$
$$V_n = v_o M_o + \sum_1^n (M_i - M_{i-1}) v_i \ .$$

By martingale inequality $aP(X_N^* > a) \le E(X_o)$. On the set $(X_N^* \le a)$, $g_n = U_n$ for all n. Thus

(7) $$aP(g_N^* > a) \le aP[X_N^* > a] + aP[g_N^* > a, X_N^* \le a]$$
$$\le E[X_o] + aP[U_N^* > a] \ .$$

Clearly $|U_n| \le |V_n| + A_n$ (note that $|v_i| \le 1$ and $A_n \geq 0$) and $|V_n| + A_n$ is a submartingale. Submartingale inequality gives

$$P[U_N^* > a] \le P[(|V|+A)_N^* > a]$$
$$\le \frac{1}{a^2} E[(|V_N|+A_N)^2]$$
$$\le \frac{2}{a^2} E[V_N^2 + A_N^2]$$
$$\le \frac{4}{a^2} E[M_N^2]$$

since $E[V_N^2] \le E[M_N^2]$ and $A_N \le M_N$. Using (6) and that $Z_o \le X_o$

$$P[U_N^* > a] \le \frac{12}{a} E[X_o] \ .$$

Together with (7) this gives (3).

As another example of application of the Lemma let us derive (4). Put again $Z_i = X_i \wedge a$, and let $Z_i = M_i - A_i$ be its Doob decomposition.

(8) $$P[S_N(X) > a] \le P[X_N^* > a] + P[S_N(X) > a, X_N^* \le a] \le \frac{1}{a} E[X_o] + P[S_N(Z)^2 > a^2] \ .$$

Clearly $S_N(Z)^2 \leq 2S_N(M)^2 + 2S_N(A)^2 \leq 2S_N(M)^2 + 2A_N^2$.

$$P[S_N(Z)^2 > a^2] \leq P[S_N(M)^2 + A_N^2 > \frac{a^2}{2}]$$

$$\leq \frac{2}{a^2} E[S_N(M)^2 + A_N^2]$$

$$= \frac{2}{a^2} E[M_N^2 + A_N^2]$$

$$\leq \frac{4}{a^2} E[M_N^2] \leq \frac{13}{a} E[X_o] .$$

This together with (8) gives (4). Similar argument applies to any class B mapping. We remark that (3) implies (4) but with 54 instead of 13.

References

[1] D. L. Burkholder: Martingale Transforms, Ann. Math. Stat. 37 (1966), 1494-1504.

[2] R. F. Gundy: A decomposition for L'-bounded martingales, Ann. Math. Stat. 39 (1968), 134-138.

[3] Luis Baez-Duarte: On the convergence of Martingale transforms, Z. Wahrscheinlichkeitstheorie und Verw. Gebiete 19 (1971), 319-322.

[4] P. A. Meyer: Probability and Potentials, Blaisdell (1966).

MATEMATISK INSTITUT
AARHUS UNIVERSITET

TBR/LD/

LE PRINCIPE SEMI-COMPLET DU MAXIMUM

D. REVUZ(*)

(Paris)

Il est bien connu que le potentiel U d'un processus de Markov transient ou mieux d'une résolvante transiente vérifie le principe complet du maximum : si f et g sont des fonctions mesurables positives et si $a \in \mathbb{R}_+$, l'inégalité

$$Uf \leq a + Ug \quad \text{sur } \{f>0\} ,$$

entraîne $\quad Uf \leq a + Ug \quad$ partout.

De même le noyau potentiel G d'une chaîne de Markov transiente vérifie le principe plus fort dit principe complet du maximum renforcé :

$$Gf \leq a + Gg-g \quad \text{sur } \{f>0\}$$

entraîne $\quad Gf \leq a + Gg-g \quad$ partout.

Le problème de savoir si ces propriétés sont caractéristiques, c'est-à-dire, étant donné un noyau ayant l'une de ces propriétés de construire une résolvante ou une chaîne transiente dont ce soit le potentiel a été traité par Hunt ([1]) puis par de nombreux auteurs dans le cas du principe complet du maximum et par Meyer ([5]) dans le cas du principe renforcé.

Notre propos est d'étudier comment le problème se transpose au

---

(*)Equipe de Recherche n° 1 "Processus stochastiques et applications" dépendant de la section n° 2 "Théories physiques et Probabilités" associée au C.N.R.S.)

cas récurrent et de dire les solutions partielles qui lui ont été apportées jusqu'à présent.

I. NOYAUX POTENTIELS DANS LE CAS RECURRENT. PRINCIPES SEMI-COMPLETS DU MAXIMUM

Dans le cas récurrent où il n'y a pas de noyau potentiel au sens classique il convient de lui définir un substitut. Ce problème a fait l'objet de nombreux travaux ([12],[2],[8],[3],[11]), et vient de recevoir une solution générale grâce à des résultats de Neveu ([7]) que nous allons d'abord décrire rapidement.

(1.1) Soit $(E,\underline{\underline{E}})$ un espace mesurable de type dénombrable et X une chaîne de Markov sur E, de probabilité de transition P. On suppose X récurrente au sens de Harris, c'est-à-dire qu'il existe une mesure invariante μ telle que si $A \in \underline{\underline{E}}$ et $\mu(A) > 0$,

$$P_x[\sum_{n=1}^{\infty} 1_A(X_n) = \infty] = 1 \quad \text{pour tout} \quad x \in E .$$

(Toutes les notations non précisées sont celles qui sont habituelles dans la théorie des chaînes et des processus de Markov).

En suivant Neveu ([7]) appelons $\underline{\underline{H}}$ l'espace des fonctions de $\underline{\underline{E}}$ comprises entre 0 et 1 et pour $h \in \underline{\underline{H}}$ définissons l'opérateur

$$U_h = \sum_{n=1Q}^{\infty} (PM_{1-h})^n P = \sum_{n=1}^{\infty} P(M_{1-h}P)^n$$

où M_g est l'opérateur de multiplication par g. En particulier pour $h = 1$ on a $U_h = P$ et pour $h = 1_A (A \in \underline{\underline{E}})$,

$$U_h f(x) = E_x[\sum_{n=1}^{n=T'_A} f(X_n)]$$

où T'_A est le temps de retour à A. On écrira U_A pour U_{1_A} et l'on a $U_A M_A = \Pi_A$ où $M_A \Pi_A$ est la probabilité de transition de la trace de X sur A.

Ces opérateurs sont très maniables à cause de l'équation résolvente suivante : pour $h,k \in \underline{\underline{H}}$ et $h \leq k$ on a

$$U_h - U_k = U_h M_{k-h} U_k = U_k M_{k-h} U_h .$$

Neveu montre qu'il existe une fonction $h_1 \in \underline{\underline{H}}$ telle que

$$U_{h_1} \geq 1 \otimes \mu,$$

et qu'en posant $V = U_{h_1} - 1 \otimes \mu$ et

$$W = \sum_{n=1}^{\infty} (VM_{h_1})^n V = \sum_{n=1}^{\infty} V(M_{h_1} V)^n$$

on définit un noyau, positif, propre, et qui pour $h \in \underline{\underline{H}}$ et non négligeable vérifie les équations résolventes

(1.2)
$$U_h + U_h M_h W = W + \frac{1}{\mu(h_1)} U_h(h_1) \otimes \mu$$

et
$$U_h + W M_h U_h = W + \frac{1}{\mu(h_1)} 1 \otimes (h_1 \mu) U_h .$$

Nous poserons $G = I + W$. Le noyau G est un opérateur potentiel possible pour la chaîne X ce que nous allons justifier de deux manières différentes.

(1.3) Neveu définit les fonctions spéciales comme les fonctions f bornées positives telles que $U_h f$ soit bornée pour une fonction h telle que $U_h \geq 1 \otimes m$ pour une mesure m positive non nulle ; les fonctions $U_h f$ sont alors bornées quelle que soit h . Le cône des fonctions spéciales est évidemment héréditaire à gauche, il est stable par les opérateurs U_h et donc en particulier par P ; Wf est borné pour toutes les fonctions spéciales.

Nous dirons que f est une charge si $|f|$ est spéciale, non négligeable et si $\langle \mu, f \rangle = 0$. On désignera par $\underline{\underline{N}}$ l'espace des charges. Le noyau G permet de résoudre l'équation de Poisson pour les charges.

PROPOSITION (Neveu).- Si $f \in \underline{\underline{N}}$, alors

$$(I-P)Gf = f$$

(1.4) D'autre part, pour $A \in \underline{\underline{E}}$, si on note P_A l'opérateur de balayage associé à A et G^A l'opérateur potentiel de la chaîne tuée à l'entrée dans A, on a entre G, G^A, P^A une relation semblable à celle du cas transient.

PROPOSITION.- Si A n'est pas négligeable, on a

$$P_A G = G - G^A + \frac{M_A c U_A(h_1)}{\mu(h_1)} \otimes \mu \quad .$$

Démonstration. Comme $P_A = M_A + M_A c U_A M_A$, on a

$$P_A G = P_A + P_A W = P_A + M_A W + M_A c\, U_A M_A W$$

et en utilisant l'équation résolvente (1.2)

$$P_A G = P_A + M_A W + M_A c\Big(W - U_A + \frac{1}{\mu(h_1)}\, U_A(h_1) \otimes \mu\Big) \; .$$

On a d'autre part

$$P_A + G^A = \sum_{n \geq 0} (M_A c\; P)^n = I + M_A c\Big(\sum_{n \geq 0} (M_A c P)^n\Big) = I + M_A c U_A$$

ce qui donne finalement

$$P_A G = M_A W + M_A c W + I - G^A + \frac{M_A c U_A(h_1)}{\mu(h_1)} \otimes \mu$$

$$= G - G^A + \frac{M_A c U_A(h_1)}{\mu(h_1)} \otimes \mu \quad .$$

On en déduit facilement

(1.5) THEOREME.- Le noyau G satisfait au principe semi-complet du maximum renforcé suivant : si $f \in \underline{\underline{N}}$, et $m \in \mathbb{R}$, l'inégalité

$$Gf \leq m \quad \text{sur } \{f > 0\}$$

entraîne $\quad Gf \leq m - f^- \quad$ partout.

Démonstration. L'ensemble $A=\{f>0\}$ n'est pas négligeable puisque f ne l'est pas. En appliquant à A la proposition précédente, on trouve que $Gf \leq m+G^A f$ partout et comme $G^A \geq M_A$ on a le résultat souhaité.

(1.6) Les résultats précédents permettent aussi d'obtenir des résultats pour les processus et les résolventes récurrentes. Soit (U^α_α) $\alpha \geq 0$ une résolvente de noyaux sous-markoviens sur E. Nous dirons que U_α est récurrente au sens de Harris si il existe une mesure invariante μ $(\mu U_1 = \mu)$ telle que pour $A \in \underline{\underline{E}}$ et $\mu(A)>0$, on aie

$$U^o(x,A) = \infty \quad \forall x \in E \ .$$

Cela entraîne que toutes les chaînes de Markov sur E de probabilité de transition αU_α sont récurrentes au sens de Harris.

Soit alors W l'opérateur défini par Neveu pour la chaîne de probabilité de transition U^1_1 ; on a

$$U_1 + U_1 W = W + \frac{1}{\mu(h_1)} \; U_1(h_1) \otimes \mu \ .$$

Si pour $\alpha > 0$ on calcule $U_\alpha W$, en utilisant l'équation résolvante on trouve

$$U_\alpha + \alpha U_\alpha W = W + \frac{1}{\mu(h_1)} \; U_\alpha(h_1) \otimes \mu \ .$$

L'opérateur $I+\alpha W$ est donc l'opérateur potentiel pour la chaîne de probabilité de transition αU_α et les espaces des fonctions spéciales et des charges ne dépendent pas de α.

THEOREME.- Le noyau W satisfait au principe semi complet du maximum suivant : si $f \in \underline{\underline{N}}$ et $m \in \mathbb{R}$, l'inégalité

$$Wf \leq m \quad \text{sur} \quad \{f>0\}$$

entraîne

$$Wf \leq m \quad \text{partout.}$$

Démonstration : D'après l'hypothèse quelle que soit α on a

$$(I+\alpha W)f \leq \alpha m + \|f\| \quad \text{sur} \quad \{f>0\}\ .$$

Donc d'après (1.5) on a

$$(I+\alpha W)f \leq \alpha m + \|f\| - f^- \quad \text{partout},$$

soit encore $\frac{f}{\alpha} + Wf \leq m + \frac{\|f\|-f^-}{\alpha}$ partout, et il ne reste plus qu'à faire tendre α vers l'infini pour obtenir le résultat.

(1.7) Terminons ce paragraphe par le cas particulier qui va vous occuper dans le suivant. Si nous supposons E localement compact à base dénombrable et U_α fortement fellenienne, la mesure μ est une mesure de Radon chargeant tous les ouverts et l'on a

PROPOSITION.- Les fonctions bornées à support compact sont spéciales. De plus pour tout compact K, l'opérateur W est un opérateur compact de l'espace $\underline{\underline{B}}_K$ des fonctions bornées à support dans K dans l'espace $\underline{\underline{C}}_b(E)$ des fonctions continues bornées.

Démonstration : Soit h_o une fonction spéciale non négligeable, alors d'après Neveu ([7] prop. IV.7) U_1h_o est une fonction spéciale strictement positive et continue. Les fonctions bornées à support compact sont majorées par un multiple de U_1h_o et sont donc spéciales.

Considérons maintenant l'ensemble des fonctions f de $\underline{\underline{B}}_K$ de norme inférieure ou égale 1 . On a $|Wf| \leq |W1_K| \leq M < \infty$ et donc d'après (1.2)

$$|Wf(x) - Wf(y)| \leq (1+M)\|U_1(x_1,.)-U_1(y,.)\| + \frac{\mu(K)}{\mu(h_1)}|U_1h_1(x)-U_1h_1(y)|.$$

comme d'après Mokobodzky ([6]) l'application $x \to \|U_1(x,.)\|$ est continue et que la fonction U_1h_1 est continue, on voit facilement que les restrictions à tout compact des fonctions Wf forment un ensemble équicontinu.

II. CONSTRUCTION DE RESOLVENTES RECURRENTES

(II.1) Il est naturel de se demander si les propriétés précédentes sont caractéristiques . Plus précisément soit $(E,\underline{\underline{E}})$ un espace mesurable, μ une mesure sur $\underline{\underline{E}}$, U un noyau propre sur $(E,\underline{\underline{E}})$ et $\underline{\underline{N}}$ une classe de fonctions bornées non négligeables telles que pour $f \in \underline{\underline{N}}$, la fonction $U(|f|)$ soit bornée et $\langle \mu, f \rangle = 0$.

DEFINITION.- On dit que U satisfait au principe semi-complet du maximum (resp. du maximum renforcé) pour les éléments de $\underline{\underline{N}}$ si pour $f \in \underline{\underline{N}}$ et $m \in \mathbb{R}$ l'inégalité

$$Uf \leq m \quad \text{sur} \quad \{f>0\} \ ,$$

entraîne

$$Uf \leq m \quad \text{partout (resp. } Uf \leq m - f^{-} \text{ partout).}$$

On abrégera le nom des principes en SCM et SCMR .

On a donc le problème suivant : si U satisfait à SCM ou SCMR est-ce le potentiel d'une résolvente ou d'une chaîne récurrente de mesure invariante μ ?

Ce problème n'a encore reçu que des réponses très partielles par Kondo ([4]) et Oshima ([9]) dans le cas d'un espace E dénombrable et dans [11] dans le cas où E est compact et U fortement fellerien.

Nous allons maintenant esquisser la méthode de Kondo en la transposant à un cadre plus général.

(II.2) Dans toute la suite nous considèrerons un espace E localement compact à base dénombrable, une mesure de Radon μ sur E chargeant tous les ouverts. On appelle $\underline{\underline{N}}$ l'espace des fonctions bornées à support compact non négligeables et d'intégrale nulle pour μ . Et l'on considère un noyau U positif propre sur $(E,\underline{\underline{E}})$ satisfaisant à SCM et compact de $\underline{\underline{B}}_K$ dans $\underline{\underline{C}}_B(E)$ pour tout compact non négligeable $K \subset E$.

On peut trouver une fonction h intégrable, strictement positive et bornée, telle que Uh soit une fonction continue bornée (par exemple si K_n est une suite croissante et exhaustive de compacts, en posant $h = \Sigma[(1_{K_n} - 1_{K_{n-1}}) / \mu(K_n - K_{n-1}).2^n.\|U(.,K_n)-U(.,K_{n-1})\|]$. Si l'on pose alors

$$\tilde{U} g = U(hg)$$

on définit ainsi un noyau compact de $b_{\underline{\underline{E}}}$ dans $\underline{\underline{C}}_b(E)$ et vérifiant SCM par rapport à la mesure bornée $h\mu$.

Nous allons d'abord étudier $\tilde{U}$ mais pour alléger l'écriture nous supposerons plutôt que c'est μ qui est bornée et que U a la propriété de compacité ci-dessus : on posera $G = I+U$.

LEMME.- <u>L'opérateur</u> $I+\alpha U$ <u>satisfait à</u> SCMR <u>quelque soit le nombre positif</u> α .

<u>Démonstration</u> : facile et utilise seulement le fait que U satisfait à SCM .

(II.3) LEMME.- <u>Si</u> $f \in \underline{\underline{N}}$, Gf <u>n'est pas constante sur</u> $\{f \neq 0\}$; <u>en particulier</u> G <u>est injectif sur</u> $\underline{\underline{N}}$.

<u>Démonstration</u> : Si $Gf = m$ sur $\{f \neq 0\}$, SCMR entraîne $Gf \leq m - f^-$ partout donc en particulier sur $\{f < 0\}$ ce qui entraîne $f^- = 0$ et par suite $f^+ = 0$ μ-ps et donc $f = 0$.

(II.4) Le lemme suivant est crucial et montre l'existence pour tout compact non négligeable K , d'une mesure de "co-équilibre" dans la théorie du potentiel liée à G .

LEMME.- <u>Pour tout compact non négligeable</u> K , <u>il existe une probabilité</u> λ^K <u>unique, portée par</u> K <u>et telle que</u>

i) $< \lambda^K, 1 > = 1$,

ii) $< \lambda^K, Gf > = 0 \qquad \forall f \in \underline{\underline{N}} \cap B_K$.

<u>Démonstration</u> : Soit $\underline{\underline{C}}_K$ l'espace des fonctions continues sur K , nulles hors de K . L'opérateur $f \to (Uf)1_K$ est d'après nos hypothèses un opérateur compact de $\underline{\underline{C}}_K$

dans $\underline{\underline{C}}_K$ donc aussi de $\underline{\underline{N}} \cap \underline{\underline{C}}_K$ dans $\underline{\underline{C}}_K$. Le sous-espace fermé $\underline{\underline{N}} \cap \underline{\underline{C}}_K$ est de codimension 1 dans $\underline{\underline{C}}_K$ donc I est un opérateur d'indice 1 de $\underline{\underline{N}} \cap \underline{\underline{C}}_K$ dans $\underline{\underline{C}}_K$; l'opérateur

$$f \to f+(Uf)1_K = (Gf)1_K$$

de $\underline{\underline{N}} \cap \underline{\underline{C}}_K$ dans $\underline{\underline{C}}_K$ est donc également d'indice 1 d'après le théorème de l'indice. Son image est donc de codimension 1, elle est donc fermée d'après un théorème de Banach et comme elle ne contient pas 1_K d'après le lemme précédent l'existence et l'unicité de λ^K en résultent immédiatement.

(II.5) L'idée de Kondo est d'utiliser λ^K pour construire les opérateurs de balayage de la chaîne que l'on cherche à construire. Ceci se fait de la façon suivante :

Soit $g \in b\underline{\underline{E}}$, on pose $h^K = (g - <\lambda^K, g>)1_K$. La fonction h^K est dans $\underline{\underline{B}}_K$ et vérifie $<\lambda^K, h^K> = 0$. Il existe donc d'après ce qui précède une fonction $f^K \in \underline{\underline{N}} \cap \underline{\underline{B}}_K$ telle que $h^K = (Gf^K)1_K$. On pose alors

$$P_K g = Gf^K + <\lambda^K, g> ,$$

$$\Pi_K g = Gf^K + <\lambda^K, g> - f^K = P_K g - f^K$$

$$= Uf^K + <\lambda^K, g> ;$$

on remarque que si $g \in \underline{\underline{B}}_K$, on a $P_K g = g$, que $\Pi_K g$ est une fonction continue On a aussi $P_K g = \Pi_K g$ sur K^c et $\Pi_K \geq 1 \otimes \lambda^K$.

Par une application répétée du principe SCMR pour G on montre alors exactement comme Kondo :

LEMME.- P_K <u>et</u> Π_K <u>sont définis par des noyaux markoviens portés par</u> K. <u>On a</u> $\mu 1_K \Pi_K = \mu 1_K$ <u>et</u>

$$(I-\Pi_K)Gf = f ,$$

<u>pour</u> $f \in \underline{\underline{N}} \cap \underline{\underline{B}}_K$.

Si H et K sont deux compacts et $H \subset K$ on a

$$P_K P_H g = P_H g \; , \; \Pi_K P_H g = \Pi_H g$$

et si $g \in \underline{\underline{B}}_H^+$, $\Pi_K g \leq \Pi_H g$.

(II.6) Ceci permet de démontrer le

THEOREME.- <u>Il existe une probabilité de transition unique</u> P <u>fortement fellerienne pour laquelle</u> μ <u>est invariante et telle que</u> $\forall f \in \underline{\underline{N}}$,

$$(I-P)Gf = f \; .$$

<u>Démonstration</u> : Soit $\{K_n\}_{n \in \mathbb{N}}$ une suite de compacts croissants vers E . Si g est une fonction bornée positive à support compact, d'après le lemme précédent, la suite des $\Pi_{K_n} g$ décroît à partir d'un certain rang. On pose

$$\begin{aligned} Pg(x) &= \lim_n \Pi_{K_n} g(x) \\ &= \lim_n \left(Uf^{K_n}(x) + \langle \lambda^{K_n}, f^{K_n} \rangle\right) \end{aligned}$$

Dès que K_n contient le support de g , on a $\Pi_{K_n} g = g - f^{K_n}$ et donc $\|f^{K_n}\| \leq 2\|g\|$. Par suite l'ensemble des fonctions Uf^{K_n} est équicontinu d'après l'hypothèse faite sur U , on peut en extraire une sous-suite convergeant uniformément sur tout compact et par suite la fonction P_g est continue.

D'autre part, comme $1_{K_n} \Pi_{K_n} g$ converge vers Pg et que $\langle \mu, 1_{K_n} \Pi_{K_n} g \rangle = \langle \mu, 1_{K_n} g \rangle$ on a en passant à la limite (μ est bornée) $\langle \mu, Pg \rangle = \langle \mu, g \rangle$ ce qui prouve que μ est invariante par P .

D'autre part si $f \in \underline{\underline{N}}$, en posant $g = Gf + \|Gf\| = f + Uf + \|Gf\|$ on a

$$Pg \leq \underline{\lim}\, \Pi_{K_n} g = Gf - f + \|Gf\|$$

d'après le lemme précédent, donc

$$PGf \leq Gf - f$$

et en appliquant ceci à $(-f)$ on trouve que

$$PGf = Gf - f \ .$$

L'unicité de P résulte du raisonnement suivant. Si $\widetilde{P}$ est une probabilité de transition pour laquelle μ est invariante, on a $\widetilde{P}(\cdot,E) = 1$ μ.ps

Si $\widetilde{P}(x,E) = 1$ et si g est bornée à support compact on a

$$\widetilde{P}_g(x) = \lim_n \widetilde{P}\, P_{K_n} g(x) = \lim_n \widetilde{P}(Gf^{K_n} + < \lambda^{K_n}, g >)(x)$$

$$= \lim_n (Gf^{K_n} - f^{K_n} + < \lambda^{K_n}, g >)(x) = \lim_n P\, P_{K_n} g(x) = Pg(x).$$

On a donc $\widetilde{P}g = Pg$ μ-ps et donc partout puisque ce sont des fonctions continues.

(II.7) Indiquons maintenant schématiquement comment construire une résolvente. Pour tout $\alpha > 0$ on peut faire avec l'opérateur $I+\alpha U$ ce que nous venons de faire avec l'opérateur $I+U$ et donc trouver une probabilité de transition fortement fellerienne P^{α} telle que $\mu P^{\alpha} = \mu$ et que pour $\forall f \in \underline{\underline{N}}$ on aie

$$(I-P^{\alpha})(I+\alpha U)f = f \ ,$$

soit en posant $U_{\alpha} = P^{\alpha}/\alpha$, $\mu \alpha U^{\alpha} = \mu$ et pour $f \in \underline{\underline{N}}$

$$Uf - U\alpha f - \alpha U_{\alpha} Uf = 0 \ .$$

Il n'est pas difficile de montrer que les noyaux U_{α} vérifient l'équation résolvante

Il faut maintenant revenir à l'opérateur U du début de (II.2). Pour cela il suffit de faire le "changement de temps" associé à la fonction $1/f$. On sait ([11]) que la résolvante ainsi obtenue sera encore fortement fellerienne, mais la mesure $\mu = (\frac{1}{f})\widetilde{\mu}$ n'est plus forcément invariante. Elle peut être excessive. La seule chose que l'on peut affirmer c'est que si μ est bornée, alors $1/f$ étant intégrable pour $\widetilde{\mu}$, μ sera encore invariante et la résolvante trouvée récurrente (cf [10] § 3) .

Dans le cas d'un espace discret Kondo construit à partir de la résolvante ainsi construite un processus de Ray, mais dont on ne peut affirmer qu'il est récurrent que si μ est bornée. Il existe d'ailleurs effectivement des processus transients dont l'opérateur potentiel vérifie SCM pour une mesure excessive convenable. On peut par exemple montrer

PROPOSITION.- Si X_t est un processus sur $\mathbb{R}$ à accroissements indépendants, transient et tel que X_1 soit P_o-intégrable (il existe une limite non nulle dans le théorème du renouvellement) alors le noyau potentiel satisfait à SCM pour la mesure de Lebesgue.

Il serait intéressant de caractériser les processus transients satisfaisant à SCM et de caractériser les noyaux potentiels des processus récurrents de mesure invariante infinie.

BIBLIOGRAPHIE

[1] HUNT G.A. — Markoff processes and potentials. Ill. J. Math. 1 (1957), p.44-93 ; 316-369. 2. 151-213.

[2] KEMENY J. et J.L. SNELL — Potentiel for denumerable Markov chains. J. Math. Anal. and Appl. 3 (1961), p. 196-260.

[3] KONDO R. — On weak potential operations for recurrent Markov chains with continuous parameters. Osaka J. Math. 4 (1967), p. 327-344.

[4] KONDO R. — On a construction of recurrent Markov chains. Osaka J. of Math. 6 (1969), p. 13-28.

[5] MEYER P.A. — Caractérisation des noyaux potentiels des semi-groupes discrets. Ann. Inst. Fourier 162 (1966), p. 225-240.

[6] MEYER P.A. — Les résolvantes fortement felleriennes d'après Mokobodsky. Séminaire de Probabilités II. Springer-Verlag 1968.

[7] NEVEU J. — Potentiel Markovien récurrent des chaînes de Harris. A Paraître.

[8] ORNSTEIN D.S. — Random Walks I . T.A.M.S. 138 (1969), p. 1-43 .

[9] OSHIMA Y. — A necessary and sufficient condition for a Kernel to be a weak potential kernel for a recurrent chain. Osaka J. of Math. 6 (1969), p. 29-37.

[10] REVUZ D. — Mesures associées aux fonctionnelles additives de Markov I. T.A.M.S. 148 (1970), p. 501-531.

[11] REVUZ D. — Sur la théorie du potentiel pour les processus de Markov récurrents. A Paraître.

[12] SPITZER F. — Principle of Random walks. Van Nostrand 1960 .

TRANSITION FUNCTIONS OF MARKOV PROCESSES

J. B. Walsh

The most logical way to define "Markov process" is to say that it is a stochastic process with the Markov property. This is the point of view taken by Doob in [3] . However for some of the more interesting applications - potential theory is an example - one wants to be able to talk about the process starting from any point x . One can always do this in the classical cases, but it is by no means clear that it is possible in general. Dynkin [4] suggested that one simply define a Markov process to be a family of stochastic processes, one for each possible initial distribution. This is generally accepted as the proper definition today, yet there are cases - in time reversal, for example - where one has processes which are Markovian in Doob's sense but not in Dynkin's.

The aim of this paper is to show that the two viewpoints are compatible : if one has a right continuous strong Markov process in Doob's sense, for example, one can always construct the family required by Dynkin. A theorem like this has been proved by Meyer in [8] for the reverse of a strong Markov process, and his methods may well extend to the general case. We use a different approach, which yields as a byproduct some information on the existence of 1-supermedian functions separating points.

Some of the material in the first three sections has been part of the folklore on the subject for several years. § 3, for instance, has often appeared in the form "We can suppose that the resolvent separates points; if not we can always reduce to a quotient space ..."

Let E be a Lusin space, that is a Borel subset of a compact metric space F . $\underline{\underline{E}}$ and $\underline{\underline{E}}_b$ will denote the Borel field of E and class of bounded $\underline{\underline{E}}$ -measurable functions. The space F appears below mainly as a furnisher of a "good" class of continuous functions on E. For example, a sequence ν_n of measures on E is said to converge vaguely to a measure ν on E if $\nu_n \to \nu$ vaguely in F.

We will abbreviate "right continuous with left limits" by r.c.l.l. and "left continuous with right limits" by l.c.r.l. The pronunciations may be a bit barbaric but this will save us a lot of writing. Throughout this paper X will represent either a r.c.l.l. strong Markov process or an l.c.r.l. moderate Markov process, that is, a Markov process in Doob's sense, with a given initial distribution. We will prove all theorems for both types of processes. When a statement differs for the two cases, we will write the statement for the moderate Markov process in parentheses, e.g. " X is a strong (resp.moderate) Markov process". We recall from [1] that $\{X_t, t \geq 0\}$ is a moderate Markov process relative to an increasing family of fields $(\underline{\underline{F}}_t)$ if for each $t > 0$ there exists a kernel P_t on E such that for each predictable time T and $f \in \underline{\underline{E}}_b$

$$(1) \qquad E\{f(X_{T+t}) \mid \underline{\underline{F}}_{T-}\} = P_t f(X_T) .$$

We say a family of kernels $(P_t)_{t \geq 0}$ on E is a transition function for a moderate Markov process X if

(T 1) $\quad \forall t \geq 0, \quad \forall x \in E : P_t(x, \cdot)$ is a probability measure on $\underline{\underline{E}}$.

(T 2) $\quad \forall A \in \underline{\underline{E}} : (t,x) \to P_t(x,A)$ is $\underline{\underline{B}} \times \underline{\underline{E}}$ -measurable.

(T 3) $\quad (P_t)$ satisfies (1) .

The definition of a transition function for a strong Markov process is analogous. There is no guarantee that the family of kernels in (1) satisfies (T 2) , but according to a slight modification of [1 Thm. 3.2] we can do even better :

PROPOSITION 1

Let X be a r.c.l.l. strong Markov process (resp. l.c.r.l. moderate Markov process). Then X admits a transition function (P_t) such that for all x, $t \to P_t(x,\cdot)$ is vaguely r.c.l.l. (resp. l.c.r.l.)

The following result is due to Meyer [6] in the strong Markov case and to Chung [2] for moderate Markov processes. It is usually proved for semi-groups, and full-fledged Markov processes, but the extension to our case poses no problems. We state it for further reference.

PROPOSITION 2

Suppose $\{X_t, t \geq 0\}$ is a r.c.l.l. (resp. l.c.r.l.) stochastic process and that for some set M of full Lebesgue measure in $\mathbb{R}^+$, $\{X_t, t \in M\}$ is a Markov process whose transition function (P_t) satisfies the conclusions of Proposition 1. A necessary and sufficient condition that $\{X_t, t \geq 0\}$ be a strong (resp. moderate) Markov process relative to (P_t) is that for $\forall f \in E_b$, $\forall p > 0$

$$t \longrightarrow R_p f(X_t) \quad \text{is a.s. r.c.l.l. on } [0,\infty),$$

$$\text{(resp. l.c.r.l. on } (0,\infty) \text{ and } 0 \in M) .$$

We say that a set $A \subset E$ is X -polar if $P\{T_A < \infty\} = 0$, where $T_A = \inf\{t > 0 : X_t \in A\}$. We will assume from now on that our transition function satisfies the conclusions of Prop. 1.

PROPOSITION 3

Let (P_t) be a transition function for X. Then for each fixed s and t, $P_{s+t} = P_s P_t$ except possibly on an X-polar set.

Proof : If X is strongly (resp. moderately) Markov and T is a stopping (resp. predictable) time and ν_T the distribution of X_T, then

(2) $$\int_E \nu_T(dx) f(x)\; P_s P_t(x,A) = \int_E \nu_T(dx) f(x) P_{s+t}(x,A) ;$$

which just expresses the fact that $X_{T+s+t} \in A$ iff both $X_{T+s} \in E$ and $X_{T+s+t} \in A$. Thus ν_T does not charge $\{P_{s+t} \neq P_s P_t\}$. But X , being r.c.l.l. (resp. l.c.r.l.), is well-measurable (resp. predictable [7, p. 148]) so by the section theorem [7, p. 149], the above set is X -polar.

Dynkin's definition of a Markov process implies that its transition function (P_t) satisfies the following hypothesis, which we state separately for strong and moderate Markov processes.

Hypothesis (Ds) .

For each $x \in E$ there exists a r.c.l.l. process $\{X_t^x, t \geq 0\}$ with initial distribution $\delta_x P_o$ which is strongly Markov relative to the transition function (P_t) .

Hypothesis (Dm) .

For each $x \in E$ there exists an l.c.r.l. process $\{X_t^x, t \geq 0\}$ with $X_o = x$ which is moderately Markov relative to the transition function (P_t) .

Notice that either (Ds) or (Dm) implies (P_t) is a semi-group. A transition function satisfying (Ds) (resp. (Dm)) will be called a strong (resp. moderate) Markov semi-group.

§ 2. RESOLVENTS

The resolvent $(R_p)_{p>0}$ of (P_t) is defined by

$$R_p(x,A) = \int_0^\infty e^{-pt} P_t(x,A)\, dt .$$

We define $b(x,\cdot) = \text{vague} \lim_{p\to\infty} p\, R_p(x,\cdot)$ (which exists since $P_t(x,\cdot)$ has a vague limit as $t \downarrow 0$.)

x is a <u>branching point</u> if $b(x,\cdot)\neq\delta_x(\cdot)$. The set of branching points is Borel measurable and is denoted by E_B . If X is r.c.l.l. and strongly Markov, E_B is X-polar. If X is l.c.r.l. and moderately Markov, E_B may not be X-polar, but the set $\{t:X_t\in E_B\}$ is a.s. countable, so in either case

(3) $$E\{\int_0^\infty e^{-t} I_{E_B}(X_t)\,dt\} = 0$$

PROPOSITION 4

$R_p - R_q = (q-p)R_pR_q \quad \forall p,\ q>0$, except possibly on an X-polar set.

<u>Proof</u> : $R_pR_qf(x) = \int_0^\infty\int_0^\infty e^{-ps-qt}\,P_sP_tf(x)\,ds\,dt$, which is for ν_T - a.e. x (by (2))

$$= \int_0^\infty\int_0^\infty e^{-ps-qt}P_{s+t}f(x)\,ds\,dt .$$ By elementary calculus this is, if $p<q$

$$= \int_0^\infty e^{(p-q)t}\,dt\int_0^\infty e^{-pv}\,P_vf(x)dv - \int_0^\infty e^{-pv}\,P_vf(x)dv \int_v^\infty e^{(p-q)t}\,dt$$

$$= \frac{1}{q-p}\,[R_pf(x) - R_qf(x)] .$$

Let f run thru a countable dense subset of $C(F)$ to see that the set where the resolvent equation does not hold for some rational p and q has ν_T-measure zero for any stopping (resp. predictable) time T , and is therefore X-polar.- q.e.d.

<u>Lemma 1</u>

Let D be a Borel set such that $E-D$ is X-polar. There exists a Borel set $C\subset D$ such that $E-C$ is X-polar and $R_p(x,E-C)=0$, $\forall x\in C$.

Proof : We can suppose $p=1$. Let $C_o=D$ and define by induction

$$C_n = \{x \in C_{n-1} : R_1(x,E-C_{n-1}) = 0\} .$$

For any finite stopping (resp. predictable) time T

$$\nu_T R_1(E-C_n) = \int_0^\infty e^{-s} \nu_{T+s}(E-C_{n-1})\, ds = 0 ,$$

where ν_T and ν_{T+s} are the laws of X_T and X_{T+s} . The desired set is $C=\cap C_n$.- q.e.d.

THEOREM 1

There exists a transition function (P'_t) for X whose resolvent (R'_p) satisfies the resolvent equation identically, and $R'_p(x,E_B)=0$, $\forall x$.

Proof : From (3) , if T is a stopping (resp. predictable) time, $R_1(X_T,E_B)=0$, hence the set $A=\{x:R_1(x,E_B)>0\}$ is X -polar. The set A' of x for which the resolvent equation fails is also X -polar. Take $D=E-(A\cup A')$ and let $C\subset D$ be the set guaranteed by Lemma 1. Then take

$$P'_t(x,\cdot) = \begin{cases} P_t(x,\cdot) & \text{if } x \in C \\ \delta_x(\cdot) & \text{if } x \in E-C. \end{cases}$$

q.e.d.

§ 3. THE QUOTIENT SPACE AND ITS COMPLETION

Many of the obstacles in our path stem from the fact that the resolvent may not separate points. One solution is to reduce to a quotient space which is separated by the resolvent.

X is still either a r.c.l.l. strong Markov process or an l.c.r.l. moderate Markov process, its transition function satisfies the conclusions of Proposition 1 and its resolvent satisfies the resolvent equation identically and puts no mass on E_B .

Let H be the smallest inf-**stable** cone which contains $R_1(C^+(F))$ and is closed under R_p , all $p>0$. A simple but important lemma of F . Knight [5] says that H is separable in the sup-norm. Let $\{f_n\}$ be dense in H and define a seminorm d on E by

$$(4) \qquad d(x,y) = \sum_n 2^{-n}|f_n(x)-f_n(y)|(\|f_n\|+1)^{-1} .$$

d induces an equivalence relation R on E by

$$(5) \qquad x\sim(R)\ y \iff d(x,y) = 0 \iff R_p(x,\cdot) = R_p(y,\cdot) \ \forall p>0 .$$

If $x \neq y$ are both in $E-E_B$, $d(x,y)>0$ since on $E-E_B$, $f=\lim_{p\to\infty} pR_pf \quad \forall f \in C(F)$.

Let E' be the quotient space E/R and h the natural homomorphism from E to E'. Since the f_n are Borel measurable, so is h . We provide E' with the metric d' :

$$d'(x,y) = d(h^{-1}(x),\, h^{-1}(y)) .$$

Let

$$X'_t = h(X_t)$$

and

$$R'_p(x,A) = R_p(h^{-1}(x),h^{-1}(A)) , \ A\subset E' .$$

One readily checks that (R'_p) satisfies the resolvent equation.

Let us compactify E' : let F' be the completion of E' in the bounded metric d' . Each $f\in H$ can be extended to a function $\bar{f}\in C(F')$ by continuity and the set of differences of these functions is dense in C(F') by Stone-Weierstrass. By an argument of Knight [5] it follows that there is a Ray resolvent $\bar{R}'_p$ on F' such that

(6) $$\bar{R}'_p(x,\cdot) = R'_p(x,\cdot) \qquad \forall p>0 \quad \text{if} \quad x \in E' .$$

THEOREM 2

There exists a compact metric space $F' \supset E'$ and a Ray resolvent $\bar{R}'_p$ on F' satisfying (6) . The process $X'=h(X)$ is a r.c.l.l. strong (resp. l.c.r.l. moderate) Markov process admitting $\bar{R}'_p$ as resolvent. Thus a fortiori X' admits a strong (resp. moderate) Markov semi-group on F' .

Proof : Let $M=\{t: P\{X_t \in E-E_B\}=1\}$. M has full Lebesgue measure in R^+ (E_B has potential 0 .) Then $\{X'_t, t \in M\}$ is Markovian (h is 1-1 on $E-E_B$) with resolvent R'_p . If $A \in \underline{\underline{E}}'$, $h^{-1}(A) \in \underline{\underline{E}}$ and $R_p(X_t, h^{-1}(A))=R'_p(X'_t, A)$. Thus $t \to R'_p(X'_t, A)$ is right (resp. left) continuous. By Prop. 2, X' is a r.c.l.l. strong (resp. l.c.r.l. moderate) Markov process on E' with resolvent R'_p ; and $R'_p=\bar{R}'_p$ on E' . The existence of the strong Markov semi-group is proved by Ray [9] , and that of the moderate Markov semi-group is shown in [10] .- q.e.d.

The obvious disadvantage of this theorem is that it concerns a process on F' , not on E , while E and F' are by no means homeomorphic. But let us use this to prove a theorem about the original process. Let the debut and first penetration times of $A \subset E$ be defined by :

$$D_A = \inf\{ t \geq 0 : X_t \in A \}$$

and

$$\pi_A = \inf\{ t \geq 0 : \int_0^t I_A(X_s)ds > 0 \}.$$

The corresponding quantities for $X'=h(X)$ will be denoted by D'_A and π'_A respectively.

PROPOSITION 5

Let $A \subset E$ be open. Then there exists a function $\phi_A \in \underline{\underline{E}}_b$ such that for any stopping (resp. predictable) time T

$$\phi_A(X_T) = E\{e^{-D_A \circ \theta_T} | \underline{\underline{F}}_T \text{ (resp. } \underline{\underline{F}}_{T-})\} \text{ a.s.}$$

Proof : Let $\overline{X}=(\overline{\Omega},\overline{\underline{\underline{F}}},\overline{\underline{\underline{F}}}_t,\overline{X}_t,\overline{P}^x)$ be a realization of the strong (resp. moderate) Markov Ray process on F' guaranteed by Theorem 1 .

Let $A'=h(A-E_B)$. Being the 1-1 Borel image of a Borel subset of a Lusin space, $A' \in \underline{\underline{E}}'$ [12]. Define

$$\phi'_{A'} = \overline{E}^x\{e^{-\pi_{A'}}\} .$$

This is 1 -excessive and Borel measurable [11,Prop.2.2] on F' . Let

$$\phi_A(x) = \begin{cases} \phi'_{A'}(\,h(x)\,) & \text{if } x \in E-(A \cap E_B) \\ 1 & \text{if } x \in A \cap E_B \,. \end{cases}$$

Since $R_p(x,E_B) = 0 \,, \forall x \,,$

$$p\, R_{p+1}\, \phi_A(x) = p\, \overline{R}'_{p+1}\, \phi'_{A'}(\,h(x)\,)$$

$$\leq \phi'_{A'}(\,h(x)\,) \leq \phi_A(x) \,.$$

As A is open, $D_A = \pi_A = \pi_{A-E_B}$ whenever $X_0 \notin A$. The same must then be true of $X'=h(X)$, i.e. $D'_{A'} = \pi'_{A'}$ if $X'_0 \notin A'$. Let T be a stopping (resp. predictable) time. On $\{X_T \notin A\}$,

$$\phi_A(X_T) = \phi'_{A'}(X'_T) = E\{e^{-\pi'_{A'} \circ \theta_T} | \underline{\underline{F}}_T \text{ (resp. } \underline{\underline{F}}_{T-})\} .$$

(The restriction $X_T \notin A$ is necessary only where X is l.c. r.l.)

Applying h^{-1} :

$$= E\{e^{-\pi_A \circ \theta_T} | \underline{\underline{F}}_T \quad (\text{resp. } \underline{\underline{F}}_{T-})\} \quad .$$

On the other hand, $\phi_A=1$ on A : this is clear on $A \cap E_B$, and on $A-E_B$, $pR_p(X_T,A) \to 1$ (A is open) $\Rightarrow p\bar{R}'_p(\,h(x),A') \to 1 \Rightarrow \pi'_{A'} \circ \theta_T=0$ a.s., so $\phi'_{A'}(x)=1$.
q.e.d.

Remark :

1. If $S \leq T$ are stopping (resp. predictable) times, $\{e^{-S}\phi_A(X_S),\ e^{-T}\phi_A(X_T)\}$ is supermartingale.

2. If X is r.c.l.l. and strongly Markov, $t \to \phi_A(X_T)$ is also r.c.l.l., for then E_B is X-polar, and ϕ_A is excessive on $E-E_B$.

Now let us consider the continuity properties of $\bar{X}$ with respect to the topology of E . We will look at the essential limit to avoid problems posed by the non-uniqueness of h . Let g be the 1-1 inverse of h defined on $h(E-E_B)$ by

$$g(x) = h^{-1}(x) \cap E-E_B \quad .$$

g is Borel measurable by Lusin's theorem. As in the proof of Proposition 5, $\bar{X}$ will denote the Ray process on F' .

Lemma 2

Let $D=\{x \in E' : \bar{P}^x\{\text{ess}\lim_{t \downarrow 0} g(\bar{X}_t) \text{ exists in } F\} = 1\}$.

Then D is Borel measurable and $E'-D$ is X'-polar, (where $X'=h(X)$). Hence the set $N=h^{-1}(E'-D)$ is X -polar.

Proof : Let $f\in C(F)$ and define

$$\Gamma_f = \{\text{ess}\lim_{t\downarrow 0}\sup f\circ g(\overline{X}_t) = \text{ess}\lim_{t\downarrow 0}\inf f\circ g(\overline{X}_t)\}$$

Then Γ_f is in the natural fields [11,Prop.2.2] hence $x\to\overline{P}^x\{\Gamma_f\}$ is Borel measurable on F'. Thus so is $D_f=\{x:\overline{P}^x\{\Gamma_f\}=1\}$. Now X' is well-measurable (resp. predictable) because X is. Let T be a finite stopping (resp. predictable) time. Then $P\{\text{ess}\lim_{t\downarrow T} f\circ g(X'_t)\,\text{exists}\}=1$. Then $E-D_f$ must be X'-polar by the section theorem [7]. The proof is completed by letting f range thru a countable dense subset of $C(F)$.- q.e.d.

Remark 3 :

It will useful to know later that if x and y are distinct points in $E-N$ such that $R_p(x,\cdot)=R_p(y,\cdot)$, there exists an open A for which

$$\phi_A(x) \neq \phi_A(y) .$$

Proof : One of the two – say x – must be in E_B since the resolvent separates $E-E_B$. Thus the branching measure $b(x,\cdot)=\text{vague}\lim_{p\to\infty} pR_p(x,\cdot)$ is not δ_x , and there exists an open neigborhood A of x such that $b(x,\overline{A})<1$. Thus $\overline{P}^y\{\pi_{h(A)}>0\}>0$ – here we use the fact that $y\notin N$ to assure ourselves that $\overline{P}^y\{\text{ess}\lim_{t\downarrow 0} g(\overline{X}_t)$ exists$\}=1$ – and $\phi_A(y)<1$. But $\phi_A(x)=1$ by construction.- q.e.d.

§ 4. EXISTENCE OF STRONG AND MODERATE MARKOV SEMI-GROUPS

One of the main tools for constructing semi-groups is Ray's theorem on resolvents over compact spaces. A key hypothesis in this theorem is the existence of enough 1-supermedian functions to separate points. Because of this, the following proposition and its corollary have an independent interest. As in the previous sections, X is a r.c.l.l. strong (resp. l.c.r.l. moderate) Markov process whose resolvent satisfies the resolvent equation and puts no mass on E_B. The sets $N \subset E$ and $D \subset E'$ appearing below are those defined in Lemma 2.

PROPOSITION 6

There exists a countable set J of Borel measurable 1-supermedian functions which separate points of E, such that $\forall g \in J : t \to g(X_t)$ is a.s. right (resp. left) continuous.

Proof : Suppose first that X is strongly Markov. Let $\{A_n\}$ be a countable open base for the topology of E, and let $\{f_n\}$ be dense in the positive unit ball of $C(F)$. Let $g_n = I_{A_n \cap E_B - N}$. Then J is the set of all functions

$$R_1 f_n \ , \ g_n \ , \ \phi_{A_n} \quad \text{(see Prop. 4)} \quad n=1,2,\ldots$$

Now $E_B - N$ is X-polar so $g_n(X_t) \equiv 0$ a.s. and $pR_{p+1} g_n \equiv 0 \leq g_n$. $R_1 f_n$ and ϕ_{A_n} are 1-supermedian and right continuous along the paths (Prop. 2 and Remark 2). It remains to see that they separate points.

Since $R_p(\underline{\underline{E}}_b)$ is independent of p, $\{R_1 f_n\}$ separates any pair x and y with $h(x) \neq h(y)$. If $h(x) = h(y) \in D$, there exists an n such that $\phi_{A_n}(x) \neq \phi_{A_n}(y)$ (Remark 3). Finally, $\{g_n\}$ separates any x and y for which $h(x) = h(y) \in E' - N$.

The proof for a l.c.r.l. moderate Markov process is similar except that we must replace the functions ϕ_{A_n} by the $\psi_{\overline{A}_n}$ defined below, where $\overline{A}$ is the closure of A. The following lemma completes the proof.

Lemma 3

Let X be a l.c.r.l. moderate Markov process. Let $K \subset E$ be closed and let A_n be a decreasing sequence of open neighborhoods of K such that $K = \bigcap \bar{A}_n$. Then the function

$$\psi_K = \lim \phi_{A_n}$$

is Borel measurable, 1 -supermedian, and $t \to \psi_K(X_t)$ is a.s. left continuous.

Proof : By decreasing convergence ψ_K is 1 -supermedian and Borel measurable. As X is predictable, so is $\psi_K(X_t)$, $e^{-t}\psi_K(X_t)$ is a supermartingale and has left and right limits along the rationals. To show it is left continuous, it is enough to show that for each sequence $T_n \uparrow\uparrow T_\infty < \infty$ of predictable times, $\psi_K(X_{T_n}) \to \psi_K(X_{T_\infty})$ a.s. [8,p.232]. From Remark 1

$$\{e^{-T_n}\psi_K(X_{T_n}) \ , \ n=1,2,\ldots,\infty\}$$

is a bounded supermartingale. Thus $\lim\psi_K(X_{T_n}) \geq \psi_K(X_{T_\infty})$ a.s. Conversely, for all m

$$\lim_{n\to\infty} e^{-T_n}\psi_K(X_{T_n}) \leq \lim_{n\to\infty} e^{-T_n}\phi_{A_m}(X_{T_n})$$
$$= \lim_{n\to\infty} E\{e^{-T_n + D_{A_m}\circ\theta_{T_n}} \mid \underline{\underline{F}}_{T_n-}\} \ .$$

If $X_{T_\infty} \notin \bar{A}_m$, then $X_{T_n} \notin \bar{A}_m$ for sufficiently large n so $T_n + D_{A_m}\circ\theta_{T_n} = T_\infty + D_{A_m}\circ\theta_{T_\infty}$, making the above limit

$$= e^{-T_\infty}\phi_{A_m}(X_{T_\infty}) \ .$$

It follows that $\lim\psi_K(X_{T_n}) \leq \psi_K(X_{T_\infty})$ a.s. on $\{X_{T_\infty} \notin K\}$. This is also true on $\{X_{T_\infty} \in K\}$ since $\psi_K = 1$ on K .- q.e.d.

If the transition function had already satisfied hypothesis (D_s) or (D_m) we would have defined ϕ_A directly : $\phi_A(x) = E^x\{e^{-D_A}\}$. The set N of Lemma 2 would be empty, and the functions $R_p f_n$ and ϕ_{A_n} , n=1,2,... would be sufficient to separate points, giving us :

COROLLARY

Suppose (P_t) satisfies hypothesis (D_s) (resp. (D_m)). Then there exists a countable family J of 1 -supermedian functions which separate points and satisfy

$$\forall g \in J \ , \ \forall x \in E : t \to g(X_t) \text{ is } P^x \text{ - a.s.}$$

right continuous on $[0,\infty)$ (resp. left continuous on $(0,\infty)$).

This brings us to the basic theorem of this paper.

THEOREM 3

Let $\{X_t, t \geq 0\}$ be a r.c.l.l. strong (resp. l.c.r.l. moderate) Markov process. Then X admits a transition semigroup which satisfies hypothesis (D_s) (resp. (D_m)).

Proof : Let $J \subset \underline{\underline{E}}_b$ be a countable set of 1 -supermedian functions which separate E and are right (resp. left) continuous along the paths of X . Let H be the smallest positive inf-stable cone which contains J and is closed under R_p for all p>0 . H is separable in the sup-norm by Knight's lemma [5] . Let $\{f_n\}$ be dense in H , and define a distance on E by

$$d(x,y) = \sum_n 2^{-n} |f_n(x) - f_n(y)| (\|f_n\|+1)^{-1} .$$

Let E* be the completion of E with respect to the bounded metric d . E* is compact and contains E as a subset, tho not necessarily as a subspace. R_p can be extended to a Ray resolvent R_p^* on E^*, where

$$R_p^*(x,\cdot) = R_p(x,\cdot) \quad \text{if} \quad x \in E .$$

The original topology of E may differ from that which it inherits from E^*, so we introduce the inclusion map i from E to E^* to keep them straight. i is Borel measurable and 1-1 so that $i(E)$, being the 1-1 Borel image of a Lusin space, is Borel in E^*. The process $i(X_t)$ is strongly (resp. moderately) Markov (i is 1-1) and because $g(X_t)$ is right (resp. left) continuous, $\forall g \in J$, $i(X_t)$ is also right (resp. left) continuous. Now (R_p^*) has two semi-groups, one strongly Markov and one moderately Markov (see [10, Thm. 1]). Let (P_t^*) be the strong (resp. moderate) Markov semi-group with resolvent R_p^*. (P_t^*) is then a transition function for $i(X)$.
To get the desired semi-group on E, it will be necessary to modify (P_t^*) slightly.
Let X^* be the canonical realization of (P_t^*). If $f \in C(F)$, let

$$f^*(x) = \begin{cases} f(i^{-1}(x)) & \text{if } x \in i(E) \\ 0 & \text{otherwise.} \end{cases}$$

Consider the sets

$$\Lambda_f = \{t \to f^*(X^*_t) \text{ is not r.c.l.l. (resp. l.c.r.l.) on } (0,\infty)\} .$$

$$\Gamma_f = \{\operatorname*{ess\,lim}_{t \downarrow 0} f^*(X^*_t) \neq f^*(X_0^*)\} .$$

The measurability of Λ_f can be proved in the standard way; e.g. in the r.c.l.l. case, $\Lambda_f = \{\lim_{n\to\infty} T_n^m = \infty \ \forall m\}$ where

$$T_0^m = 0 , \quad T_{n+1}^m = \inf\{t > T_n^m : |f^*(X^*_t) - f^*(X^*_{T_n^m})| > 1/m\} .$$

Let $k(x)=P^{*x}\{\Lambda_f\}$. This is readily seen to be P_t^* -excessive, hence nearly Borel on E^* . The function $\ell(x) = P^{*x}\{\Gamma_f\}$ is even Borel measurable since Γ_f is measurable ω.r.t the natural fields [11] . Thus let

$$A_f = \{x:k(x)>0 \quad \text{or} \quad \ell(x)>0\} .$$

Note that if $x \in E^*-A_f$, $P^{*x}\{X_t^* \in E^*-A_f \ \forall t\} = 1$. Furthermore, since $f^*(i(X_t))$ is r.c.l.l. (resp. l.c.r.l.) we conclude that A_f is $i(X)$ -polar. Thus the same is true for $A=\bigcup A_f$, where the union is over a countable dense subset of $C(F)$. If $x \in E^*-A$, then $i^{-1}(X_t^*)$ is P^{*x}- a.s. r.c.l.l. (resp. l.c.r.l.) in F .

Let $A'=\{x:P^{*x}\{\exists t>0:i^{-1}(X_t^*) \text{ or } i^{-1}(X_t^*)_- \in F-E\}>0\}$. Then A' is again a nearly Borel $i(X)$ -polar set.

We now have the exceptional set we want, except that it is only nearly Borel measurable while we would like it to be Borel measurable. We use an argument due to P.A. Meyer : there exists an $i(X)$ -polar Borel set $B_1 \supset A \cup A' \cup (F'-i(E))$. The set $C_1=\{x:P^{*x}\{T_{B_1}<\infty\}>0\}$ is nearly Borel, and also $i(X)$ -polar, so there exists a second $i(X)$ -polar Borel set $B_2 \supset C_1 \cup B_1$. We continue, defining B_n by induction. The set $B=\bigcup B_n$ is an $i(X)$ -polar Borel set, and $E-B$ is stable, i.e. $x \in E-B \Rightarrow P^{*x}\{T_B=\infty\}=1$. Further, for $x \in E-B$, the process $i^{-1}(X_t)$ is r.c.l.l. in E (not just in F) and strongly Markov. It follows that

$$P'_t(x,K) = \begin{cases} P_t^*(i(x),\, i(K)) & \text{if} \quad x \in i^{-1}(E^*-B) \\ \delta_x & \text{otherwise} \end{cases}$$

defines a transition semi-group for X which satisfies hypothesis (D_s) (resp. (D_m)) on the original space E .- q.e.d.

R E F E R E N C E S

[1] Chung, K.L. and Walsh, J.B.
To reverse a Markov process. Acta Math. 123, 225-251 (1969).

[2] Chung, K.L.
Several secret theorems (to appear).

[3] Doob, J.L.
Stochastic Processes. New York, Wiley, 1953.

[4] Dynkin, E.B.
Foundations of the Theory of Markov Processes, London, Pergamon Press, 1960.

[5] Knight, F.
Note on regularization of Markov processes.
Ill. J. Math. 9, 548-552 (1965).

[6] Meyer, P.A.
Processus de Markov. Lecture Notes in Math. 26, Springer-Verlag, 1967.

[7] Meyer, P.A.
Guide détaillée de la théorie "générale" des processus, Séminaire de probabilités II, Lecture Notes in Math., . 51, Springer-Verlag 1968.

[8] Meyer, P.A.
Retournement du temps, d'après Chung et Walsh, Séminaire de probabilités V, Lecture Notes in Math. 191, 213-236, Springer-Verlag 1971.

[9] Ray, D.
Resolvents, transition functions, and strongly Markovian processes. Ann. Math. 70, 43-72 (1959).

[10] Walsh, J.B.
Two footnotes to a theorem of Ray. Séminaire de probabilités V, Lecture Notes in Math. 191, 283-289, Springer-Verlag, 1971.

[11] Walsh, J.B.
Some topologies connected with Lebesgue measure, Séminaire de probabilités V, Lecture Notes in Math. 191, 290-310, Springer-Verlag, 1971.

[12] Bourbaki, N.
Topologie Générale, chap. IX, Paris Hermann.

THE PERFECTION OF MULTIPLICATIVE FUNCTIONALS

J. B. Walsh

Suppose M is a multiplicative functional of a Markov process. Then for each positive s and t

$$(1) \qquad M_{s+t}(\omega) = M_s(\omega)\, M_t(\theta_s \omega)$$

for all ω not in some null set N_{st}. If one can choose the exceptional null-set to be independent of s and t, M is called perfect. Now if M is right continuous, one can always eliminate the dependence on t (take the union of N_{st} over rational t) but the dependence on s remains. For additive functionals, it is known (see [1],[2],[3]) that one can often replace an imperfect functional by an equivalent perfect functional – in the case of Hunt processes satisfying hypothesis (L), C. Doléans has shown that one can always do so.

We would like to show that one can do this for exact multiplicative functionals, and that moreover one can entirely eliminate the exceptional set.

This final elimination doesn't appear too significant in itself, but let us note one consequence. If we know only that M satisfies (1) with an exceptional set independent of s and t – that is, if M is perfect in the usual sense – we can't deduce the identity

$$(2) \qquad M_{s+t}(\theta_u \omega) = M_s(\theta_u \omega)\, M_t(\theta_{u+s} \omega)$$

with an exceptional set independent of s, t, and u unless we know, for instance, that M never vanishes. On the other hand, if M satisfies (1) identically, (2) follows trivially. The class of functionals satisfying (2) with an exceptional null-set independent of s, t, and u seems somewhat more natural than that of perfect ones, but bearing in mind the logician's dictum that one cannot improve on perfection, we don't try to give them a new name.

Only the simplest properties of multiplicative functionals intervene in the following, and the underlying Markov process is used only implicitly, but we will need a number of facts about essential limits. The reader will find these discussed in [4] .

Let E be a Borel subset of a compact metric space and let $(\Omega, \underline{\underline{F}}, \underline{\underline{F}}_t, X_t, P^x, \theta_t)$ be a realization of a Markov semigroup (P_t) on E . We suppose that X has right continuous paths and that the fields $\underline{\underline{F}}$ and $\underline{\underline{F}}_t$ are the usual completions of the natural Borel fields $\underline{\underline{F}}^o$ and $\underline{\underline{F}}_t^o$.

We will consider only positive multiplicative functionals bounded by 1. We adopt the usual definition (e.g. [1, p. 97]) except we <u>do not</u> assume they are adapted to the fields $(\underline{\underline{F}}_t)$. Let M_t be a multiplicative functional. We can assume that $t \to M_t(\omega)$ is right continuous and decreasing for all ω .

Let μ be a probability measure on E . If we fix t and apply Fubini's theorem to (1), we see that for P^μ-a.e. ω

$$(3) \qquad M_t(\omega) = M_s(\omega)\, M_{t-s}(\theta_s \omega) \quad \text{for } m\text{ - a.e. } s \leq t ,$$

where m is Lebesgue measure. Thus the multiplicativity of M holds except for sets of zero Lebesgue measure. This leads us to consider using essential limits, which ignore sets of measure zero. Define a new functional $\overline{M}_t$ by

$$(4) \qquad \overline{M}_t = \operatorname{ess}\limsup_{s \downarrow 0} M_{t-s} \circ \theta_s \quad \text{if } t>0$$

$$M_0 = \operatorname{ess}\limsup_{s \downarrow 0} \overline{M}_s$$

$\overline{M}_t$ is decreasing in t since the same is true of M_t .

We needed to know something about the joint measurability of $M_t \circ \theta_s$ in s and t in order to have used Fubini's theorem above. The following lemma provides justification for this, and, combined with Prop. 2.1 of [4], shows that $\overline{M}$ is measurable.

Lemma 1

The functions $(s,t) \to M_t \circ \theta_s$ and $(s,t) \to M_{t-s} \circ \theta_s$ are $dm \times P^{\mu}$-measurable for each probability measure μ on $\underline{\underline{E}}$. (In the terminology of [4], they are nearly Lebesgue measurable.)

Proof : Since $s \to [f_1(X_{t_1}) \ldots f_n(X_{t_n})] \circ \theta_s$ is $dm \times \underline{\underline{F}}^{\circ}$-measurable, the monotone class theorem shows that for any $\underline{\underline{F}}^{\circ}$-measurable Z, $s \to Z \circ \theta_s$ is also $dm \times \underline{\underline{F}}^{\circ}$-measurable. If Z is only $\underline{\underline{F}}$-measurable, let μ be a probability measure on μ and let $\nu = \mu U_1$, where (U_p) is the resolvant of P_t. There exist $\underline{\underline{F}}^{\circ}$-measurable Z' and Z'' such that $Z' \leq Z \leq Z''$ and $P^{\nu}(Z'' > Z') = 0$. But $0 = P^{\nu}(Z'' > Z') = \int e^{-s} P^{\nu}\{Z'' \circ \theta_s > Z' \circ \theta_s\} ds$. By Fubini, the set $\{(s,\omega) : Z'' \circ \theta_s > Z'' \circ \theta_s\}$ has $dm \times P^{\mu}$-measure zero. If we take $Z = M_t$, this gives us the first assertion above, and the second follows because $t \to M_t$ is right continuous. q.e.d.

Remark :

This is the last time we will use the right continuity of X or even the fact that E is a topological space until we talk about strong Markov functionals. We say M is <u>exact</u> if for each $t > 0$, $x \in E$ and sequence $\varepsilon_n \downarrow 0$

(5) $$M_{t-\varepsilon_n} \circ \theta_{\varepsilon_n} \to M_t \qquad P^x \text{ - a.s.}$$

In general $\overline{M}_t \neq M_t$, but if M is exact, then (5) tells us that $M_t = \operatorname{ess\,lim}_{s \downarrow 0} M_{t-s} \circ \theta_s = \overline{M}_t$ P^x - a.s.

Theorem

Let M be a multiplicative functional. Then $\overline{M}$ (defined by (4)) is an exact perfect multiplicative functional (i.e. (2) holds). If M is exact, then M and $\overline{M}$ are equivalent.

<u>Proof</u> : Let $\Lambda=\{\omega:$ for m-a.e. $s, M_t(\omega)=M_s(\omega)M_{t-s}(\omega)\ \forall t\geq s\}$. As we remarked, $P^\mu(\Lambda)=1$ for all initial measures μ . Let $\mathcal{S}(\omega)$ be the set of s such that $M_t(\omega)=M_s(\omega)M_{t-s}(\theta_s\omega)$ $\forall\ t\geq s$. If $\omega\in\Lambda$, $\mathcal{S}(\omega)$ will have full Lebesgue measure. Fix an initial measure μ . Using the Markov property of X , $P^\mu\{\theta_s\omega\in\Lambda\}=P^\nu\{\Lambda\}=1$, where $\nu=\mu P_s$. Apply Fubini's theorem: for P^μ-a.e ω , $\theta_s\omega\in\Lambda$ for m - a.e. s . Thus if we define a set Γ by

(6) $$\Gamma = \{\omega:\theta_s\omega\in\Lambda \text{ for m-a.e. } s\geq 0\} ,$$

we have $P^\mu\{\Gamma\}=1$. It is immediate that

(7) $$\theta_t\Gamma\subset\Gamma \quad \text{all } t\geq 0 ,$$

and

(8) if $\theta_t\omega\in\Gamma$ for a sequence of $t\downarrow 0$, then $\omega\in\Gamma$.

Γ will turn out to be the promised "good" set for $\overline{M}$. The key to the proof is the following lemma.

<u>Lemma 2</u>

If $\omega\in\Gamma$ then

(i) $s \to \overline{M}_{t-s}(\theta_s\omega)$ is right continuous and increasing on $[0,t)$;

(ii) $\overline{M}_{t-s}(\theta_s\omega) = M_{t-s}(\theta_s\omega)$ for a.e. $s<t$;

(iii) $t \to \overline{M}_t(\omega)$ is right continuous.

Let us admit this lemma for the minute and see how the proof of Theorem 1 follows.

Let $\omega\in\Gamma$ and $t>0$. Then for a.e. $s\leq t$ we have

(a) $$M_{t-s}(\theta_s\omega) = \overline{M}_{t-s}(\theta_s\omega)$$

(b) For a.e. $\varepsilon<s$ both $M_{s-\varepsilon}(\theta_\varepsilon\omega) = \overline{M}_{s-\varepsilon}(\theta_\varepsilon\omega)$ and $s\in\mathcal{S}(\theta_\varepsilon\omega)$ (so multiplicativity holds).

(a) follows from (ii) and (b) follows from Fubini's theorem and the fact that for a.e. ε the set $\mathcal{S}(\theta_\varepsilon\omega)$ has full Lebesgue measure. If s satisfies (a) and (b) we can write for a.e. $\varepsilon<s$

$$M_{t-\varepsilon}(\theta_\varepsilon\omega) = M_{s-\varepsilon}(\theta_\varepsilon\omega)\, M_{t-s}(\theta_s\omega)$$

$$= \overline{M}_{s-\varepsilon}(\theta_\varepsilon\omega)\, \overline{M}_{t-s}(\theta_s\omega).$$

Take the essential limit as $\varepsilon\downarrow 0$, and use the lemma. We get

$$\overline{M}_t(\omega) = \overline{M}_s(\omega)\, \overline{M}_{t-s}(\theta_s\omega) \qquad \text{for a.e. } s. \tag{9}$$

But both sides of (9) are right continuous in s so it is in fact true for all s. Now use the fact that $\theta_u\Gamma\subset\Gamma$ to get (2). The exactness of $\overline{M}$ follows from Lemma 2 (i).

Finally, if M is exact, $M_t=\overline{M}_t$ P^μ-a.e. for each fixed t, hence for all rational t. By right continuity, they must be equivalent.-q.e.d.

It remains to prove the lemma.

Proof (of Lemma 2). For any $t>0$

$$\overline{M}_{t-s}\circ\theta_s = \operatorname{ess\,lim\,sup}_{u\downarrow s} M_{t-u}\circ\theta_u = \operatorname{ess\,lim\,sup}_{u\downarrow s} \overline{M}_{t-u}\circ\theta_u \tag{10}$$

where the last equality is just a property of the lim sup. Fix an $\omega\in\Gamma$. If $\theta_s\omega\in\Lambda$, then $u-s\in\mathcal{S}(\theta_s\omega)$ for a.e. $u>s$ so that

$$M_{t-s}(\theta_s\omega) \leq M_{t-u}(\theta_u\omega)$$

(for $M_{u-s}(\theta_s\omega)\leq 1$). It is not hard to see from this that $M_{t-s}(\theta_s\omega)$ is essentially increasing in s, hence that it has essential right limits at all points. Combined with (10), this implies (i) . (ii) is a consequence of (i) and Lebesgue's density theorem, for if $f(t)$ is any measurable function having essential right limits everywhere, then f equals its right continuous regularization a.e.

Now consider $\overline{M}_t(\omega)$. Since $\overline{M}_t$ decreases, if $\overline{M}_t=0$ for some t , it is identically zero - hence right continuous - on $[t,\infty)$. Thus suppose $\overline{M}_t>0$. By (i) and (ii) , for a.e. small enough s both $\theta_s\omega\in\Lambda$ and $M_{t-s}(\omega)=\overline{M}_{t-s}(\omega)>0$. For such an s we can write

$$\text{(11)} \qquad \overline{M}_{t+\varepsilon-s} = \operatorname*{ess\,lim}_{u\downarrow s} M_{t+\varepsilon-u}(\theta_u\omega)$$

$$= \operatorname*{ess\,lim}_{u\downarrow s} M_{t-u}(\theta_u\omega)\frac{M_{t+\varepsilon-u}(\theta_u\omega)}{M_{t-u}(\theta_u\omega)}$$

where the denominator is strictly positive for a.e. small enough $u>s$. But the ratio on the right is independent of u for a.e. u : if $\theta_u\omega\in\Lambda$ and $u_o-u\in\mathcal{S}(\theta_u\omega)$, then

$$M_{t-u}(\theta_u\omega) = M_{u_o-u}(\theta_u\omega)M_{t-u_o}(\theta_{u_o}\omega) \quad ;$$

The same equation holds with t replaced by $t+\varepsilon$. Taking the essential limit, (11) becomes

$$= \overline{M}_{t-s}(\theta_s\omega) \; \frac{M_{t+\varepsilon-u_o}(\theta_{u_o}\omega)}{M_{t-u_o}(\theta_{u_o}\omega)}$$

The ratio tends to 1 as $\varepsilon\downarrow 0$ by right continuity, and we are done.

<u>Corollary</u>.

Let M be an exact multiplicative functional. Then M is equivalent to a perfect multiplicative functional whose exceptional set is empty.

Proof : Let $\overline{M}$ be the regularization of M given by Theorem 1 , and let Γ be the set defined in (6) . Define

$$T(\omega) = \inf \{t\geq 0 : \theta_t\omega\in\Gamma\}$$

and define $\hat{M}$ by

$$\hat{M}_t(\omega) = 1 \quad \text{if} \quad 0\leq t<T(\omega)$$

and

$$\hat{M}_{T(\omega)+t}(\omega) = \overline{M}_t(\theta_{T(\omega)}\omega) .$$

Note that $\hat{M}.=\overline{M}.$ on Γ ; since $\Gamma-\Omega$ is a null set, $\hat{M}$ and $\overline{M}$ are equivalent, hence $\hat{M}$ and M are equivalent. If $\omega\in\Gamma$

$$\text{(12)} \qquad \hat{M}_{s+t}(\omega) = \hat{M}_s(\omega)\ \hat{M}_t(\theta_s\omega)$$

since $\overline{M}.(\omega)=\hat{M}.(\omega)$ and $\hat{M}.(\theta_s\omega)=\overline{M}.(\theta_s\omega)$ (for $\theta_s\omega\in\Gamma$ by (7)). It is easily verified that (12) holds on $\Omega-\Gamma$ as well once we notice that by (8), $\theta_{T(\omega)}\omega\in\Gamma$.

STRONG MARKOV FUNCTIONALS

So far only the ordinary Markov property has come into play and the multiplicative functionals have not necessarily been adapted. Now we will suppose that X is a right continuous strong Markov process on E and that M is a multiplicative functional adapted to the fields $\underline{\underline{F}}_t$.

An exact multiplicative functional is known to be strongly Markov. In fact, as P.A. Meyer remarked to us, any multiplicative functional M of a strong Markov process which is equivalent to a perfect multiplicative functional $\hat{M}$ must be strongly Markov itself. For, if T is a stopping time, then P^x-a.s.

$$M_{T(\omega)+s}(\omega) = \hat{M}_{T(\omega)+s}(\omega)$$
$$= \hat{M}_{T(\omega)}(\omega)\ \hat{M}_s(\theta_{T(\omega)}\omega)$$
$$= M_{T(\omega)}(\omega)\ M_s(\theta_{T(\omega)}\omega) \quad ,$$

where the first equality comes from equivalence, the second from perfection of $\hat{M}$, and the third from equivalence and the strong Markov property of X. (This is true whether or not M is adapted.)

Let E_M denote the set of permanent points of M, i.e. those x for which $P^x\{M=1\}=1$. If the set E_M is nearly Borel measurable, then the converse is also true : if M is strongly Markov, then M is equivalent to a perfect multiplicative functional with empty exceptional set. This is an immediate consequence of the following proposition.

Proposition

Let M be an adapted strong Markov multiplicative functional such that E_M is nearly Borel. Then M is equivalent to a multiplicative functional of the form $\bar{M}N$, where $\bar{M}$ is defined by (4) and $N_t=I_{\{t<D_K\}}$, D_K being the debut of a thin nearly Borel set.

Proof : Let D_{K_1} be the debut of $K_1=E-E_M$. Note that $M_t\leq I_{\{t<D_{K_1}\}}$ a.s., for by Meyer's section theorem there is a sequence of stopping times $T_n\downarrow D_K$ such that $P\{X_{T_n}\in K_1\}\to P\{D_{K_1}<\infty\}$. The strong Markov property of M implies that $M_{T_n}=0$ a.e. on $\{X_{T_n}\in K_1\}$, hence $M.$ vanishes on $[D_K,\infty)$. $\bar{M}$ is exact, hence $E_{\bar{M}}$ is nearly Borel [1 p. 126]. The same argument shows that $\bar{M}\leq I_{\{t<D_{K_2}\}}$, where $K_2=E-E_{\bar{M}}$. Now set $K=K_1-K_2$. Then we have $M_t\leq\bar{M}I_{\{t<D_K\}}$. Equality is clear if

the process starts from an $x \in K_1$, for then both functionals vanish. If it starts from $x \in E-K_1$, then $M_0=0$ and for any $t>0$ and $\varepsilon<t$

$$M_t = M_\varepsilon M_{t-\varepsilon} \circ \theta_\varepsilon \qquad P^x\text{-a.s.}$$

Let $\varepsilon \downarrow 0$ thru any sequence; $M_\varepsilon \to 1$ and so $M_{t-\varepsilon} \circ \theta_\varepsilon \to M_t$. But this implies that

$$\bar{M}_t = \operatorname*{ess\,lim}_{s \downarrow 0} M_{t-s} = M_t \qquad P^x\text{-a.s} ,$$

and we deduce that $M_t = \bar{M}_t I_{\{t<D_K\}}$ P^x-a.s. for all t .

To see that K is thin, it suffices to remark that if x is regular for $K_1 \supset K$, then $M_{t-\varepsilon} \circ \theta_\varepsilon \to 0$ as $\varepsilon \to 0$ thru any sequence, hence $\bar{M}_t=0$ P^x-a.s., hence $x \in K_2$.- q.e.d.

Our results have two immediate applications : the perfection of terminal times and the perfection of cooptional times. The two applications are similar, but as the second has the novelty of involving non-adapted multiplicative functionals, we will give it and leave the question of terminal times to the reader.

A positive random variable L is <u>cooptional</u> if for each $t \geq 0$ one has

(13) $\qquad L \circ \theta_t = (L-t)^+ \quad P^x$ - a.s. $\quad \forall x \in E$.

Set $M_t = I_{\{L>t\}}$. Then M is an exact, tho non-adapted, multiplicative functional and is hence equivalent to a perfect multiplicative functional $\hat{M}$. Define $\hat{L}(\omega)=\inf\{t \geq 0 : \hat{M}_t=0\}$. $\hat{L}$ is a perfect cooptional time – i.e. (13) holds for all t simultaneously – and is indistinguishable from L . If we choose $\hat{M}$ as in the proof of the corollary, $\hat{L}$ even satisfies (13) identically in t and ω .

REFERENCES

[1] R. Blumenthal and R. Getoor. Markov Processes and Potential Theory. Academic Press, 1968.

[2] C. Dellacherie. Une application aux fonctionnelles additives d'un théorème de Mokobodzki. Séminaire de Probabilités III, Université de Strasbourg. Lecture Notes in Math. 88, Springer-Verlag, 1969.

[3] C. Doléans. Fonctionnelles additives parfaites. Séminaire de Probabilités II, Université de Strasbourg. Lecture Notes in Math. 51, Springer-Verlag, 1968.

[4] J.B. Walsh. Some topologies connected with Lebesgue measure. Séminaire de Probabilités V, Université de Strasbourg. Lecture Notes in Math. 191, Springer-Verlag.

Université de Strasbourg
Séminaire de Probabilité 1970/71

LA PERFECTION EN PROBABILITÉ

exposé de P.A.Meyer

Sous ce titre (dû à Michel WEIL) on trouvera quelques variations sur le thème de l'exposé précédent, de J.WALSH. En voici l'idée : considérons un processus (M_t) à valeurs dans $[0,1]$, satisfaisant à la relation de multiplicativité $M_{s+t}=M_s.M_t\circ\theta_s$ p.s. , l'ensemble de mesure nulle dépendant de (s,t) . Posons alors $\overline{M}_t = \lim\sup\text{ess } M_{t-s}\circ\theta_s$ pour $s\rightarrow 0$. Alors $(\overline{M}_t)$ est devenu "parfait" , i.e. l'ensemble exceptionnel ne dépend plus de (s,t). L'exposé cherche à délayer ce résultat, qui présenté de cette manière n'est pas très compréhensible, en le rapprochant d'autres résultats analogues : temps d'arrêt, temps de retour, processus cooptionnels, et pour finir fonctionnelles non nécessairement ≤ 1. Mais il faut bien dire que ce n'est là que de la pédagogie, et que tout est dans l' idée de WALSH.

NOTATIONS. CAS DES TEMPS D'ARRET

E est un sous-espace borélien d'un espace métrique compact ; (P_t) un semi-groupe sous-markovien sur E, que l'on rend markovien au moyen d'un point ∂ de la manière usuelle. On suppose qu'il satisfait aux hypothèses droites, et on désigne sa réalisation continue à droite canonique (à durée de vie) par $(\Omega,\underline{\underline{F}},\ldots X_t\ldots)$ comme d'habitude. Nous la pourvoirons aussi des opérateurs de meurtre

$$X_s(k_t\omega) = X_s(\omega) \text{ si } s<t \ , \quad \partial \text{ si } s\geq t$$

Rappelons que $\underline{\underline{F}}^\circ$, $\underline{\underline{F}}^\circ_t$ sont engendrées sans complétion par les X_s ($s\in\mathbb{R}$, ou $s\leq t$) , $E\cup\{\partial\}$ étant muni de la tribu borélienne ; nous désignerons par $\underline{\underline{F}}^\times, \underline{\underline{F}}^\times_t$ les tribus analogues relatives à la tribu universellement mesurable sur l'espace d'états. On désigne par $\underline{\underline{F}}^\mu$ la P^μ-complétion de $\underline{\underline{F}}^\circ$, par $\underline{\underline{F}}^\mu_t$ la tribu engendrée par $\underline{\underline{F}}^\circ_t$ et les ensembles P^μ-négligeables dans $\underline{\underline{F}}^\mu$, enfin par $\underline{\underline{F}}$, $\underline{\underline{F}}_t$ les tribus intersections des $\underline{\underline{F}}^\mu$, $\underline{\underline{F}}^\mu_t$; ces familles de tribus sont continues à droite.

On rappelle un résultat classique :

LEMME 1. Tout temps d'arrêt T de la famille $(\underline{\underline{F}}^\mu_t)$ est égal P^μ-p.s. à un temps d'arrêt $\tilde{T}$ de la famille $(\underline{\underline{F}}^\circ_{t+})$

Ce lemme anodin est à sa manière un résultat de perfection : en effet supposons $T\leq\zeta$; nous pouvons supposer aussi $\tilde{T}\leq\zeta$, et $\tilde{T}$ satisfait alors à l'identité

(1) $$\tilde{T}\circ k_t = \tilde{T}\wedge t$$

Ce lemme se laisse un peu améliorer de la façon suivante :

LEMME 2. <u>Soit</u> T <u>un temps d'arrêt de la famille</u> $(\underline{\underline{F}}_t)$; <u>il existe un même temps d'arrêt</u> $\tilde{T}$ <u>de la famille</u> $(\underline{\underline{F}}^x_{t+})$ <u>tel que</u> $T=\tilde{T}$ P^μ-<u>p.s. pour toute loi</u> μ.

DEMONSTRATION . Il suffit de démontrer cela lorsque T est de la forme $T=t$ sur $A\in\underline{\underline{F}}_t$, $T=+\infty$ sur A^c. Tout revient alors à trouver $\tilde{A}\in\underline{\underline{F}}^x_{t+}$ tel que $A=\tilde{A}$ P^μ-p.s. pour tout μ. C'est facile. On considère les mesures $Q^x = I_A.P^x$ sur la tribu séparable $\underline{\underline{F}}^o_t$, et grâce à un théorème de DOOB on construit une densité $Q^x(d\omega)/P^x(d\omega) = a(x,\omega)$ qui est $\underline{\underline{B}}_u\times\underline{\underline{F}}^o_t$-mesurable. Comme A est $\underline{\underline{F}}_t$-mesurable on a $I_A=a(x,.)$ P^x-p.s. pour tout x. Puis on pose $\tilde{a}(\omega)=a(X_0(\omega),\omega)$, et enfin $\tilde{A}=\{\tilde{a}=1\}$.

<u>TEMPS DE RETOUR</u>

Rappelons la définition d'un <u>temps de retour</u> : c'est une variable aléatoire $\underline{\underline{F}}$-mesurable L sur Ω, telle que $0\leq L\leq\zeta$, et que pour tout t on ait

(2) $$L\circ\theta_t = (L-t)^+ \quad P^\mu\text{-p.s.} ,$$

l'ensemble exceptionnel pouvant dépendre de t . S'il peut être pris indépendamment de t, nous dirons que L est parfait. Nous allons montrer que tout temps de retour est indistinguable d'un temps de retour parfait.

Nous voudrions montrer que ce résultat est tout à fait intuitif, même trivial : par retournement du temps, c'est tout simplement le lemme 2 sur les temps d'arrêt ! Malheureusement, le retournement du temps suppose une durée de vie finie. Nous commencerons donc par supposer la durée de vie finie puis, plutôt que d'adapter la démonstration au cas général, nous donnerons une démonstration "non intuitive" à la WALSH.

Nous désignons donc maintenant par Ω l'ensemble des trajectoires continues à droite <u>à durée de vie finie</u>, et nous supposons que le semi-groupe est réalisable sur cet espace. Nous construisons le processus retourné $(\hat{X}_t)_{t>0}$, continu à gauche

$$\hat{X}_t(\omega) = X_{\zeta(\omega)-t}(\omega) \text{ si } 0<t\leq \zeta(\omega)$$
$$= \partial \text{ si } t>\zeta(\omega)$$

et sa famille de tribus naturelle

$$\hat{\underline{\underline{F}}}^o_t = \underline{\underline{T}}(\hat{X}_s \, , \, 0<s\leq t)$$

Noter que les $\hat{X}_t$ sont $\underline{\underline{F}}^o$-mesurables, et que $\hat{\underline{\underline{F}}}^o_\infty = \underline{\underline{F}}^o$.

PROPOSITION 1 (durée de vie finie !) . <u>ζ-L est égal P^{μ}-p.s. à un temps d'arrêt $\hat{T}$ de la famille ($\hat{\underline{\underline{F}}}^{o}_{t+}$) tel que $\hat{T}\leq\zeta$, et $\zeta-\hat{T}=L'$ est un temps de retour parfait, égal à L P^{μ}-p.s.</u>.

DEMONSTRATION. Nous posons $\lambda=\mu+\mu U_1$, et nous encadrons L entre deux variables aléatoires M et M', $\underline{\underline{F}}^{o}$-mesurables et égales P^{λ}-p.s.. Nous pouvons les supposer $\leq\zeta$. D'après le théorème de Fubini, il existe un ensemble mesurable H portant P^{μ} tel que pour $\omega\in H$ on ait

$$L(\omega)=M(\omega)=M'(\omega)$$

$$L(\theta_u\omega)=M(\theta_u\omega)=M'(\theta_u\omega) \quad \text{pour presque tout } u$$

L'ensemble (plein pour la mesure de Lebesgue) des u possédant cette propriété sera noté C(ω).

Quitte à diminuer un peu H, nous pouvons supposer que c'est une réunion dénombrable de compacts de Ω (pour l'une des métriques compatibles avec la structure mesurable de ($\Omega,\underline{\underline{F}}^{o}$)). Alors H est un espace de BLACKWELL.

Soit $A=\{\zeta-L\leq t\}$; nous voulons montrer que A appartient à la tribu $\hat{\underline{\underline{F}}}^{o}_{t+r}$, aux ensembles P^{μ}-négligeables près, pour tout r>0. Or $A\cap H$ appartient à la tribu-trace $\hat{\underline{\underline{F}}}^{o}|H$, qui est une tribu de BLACKWELL ; la tribu trace $\hat{\underline{\underline{F}}}^{o}_{t+r}|H$ est aussi une tribu de BLACKWELL. Il nous suffit donc de montrer que $A\cap H$ est réunion d'atomes de $\hat{\underline{\underline{F}}}^{o}_{t+r}$. Autrement dit, tout revient à montrer que si $\omega\in A\cap H$, si $\omega'\in H$ appartient au même atome de $\hat{\underline{\underline{F}}}^{o}_{t+r}$ que ω, alors $\zeta(\omega')-L(\omega')\leq t$.

D'abord, si $\zeta(\omega)\leq t$, l'ensemble $\{\zeta\leq t\}$ appartient à $\hat{\underline{\underline{F}}}^{o}_{t+r}$ et contient ω, donc ω' ; on a de même $\hat{X}_s(\omega)=\hat{X}_s(\omega')$ pour $s\leq t+r$, et il en résulte que $\omega=\omega'$: il n'y a rien à démontrer.

Ensuite, supposons $\zeta(\omega)>t$, donc aussi $\zeta(\omega')>t$. Choisissons un nombre u tel que $t<u<t+r$, $u<\zeta(\omega)$, $u<\zeta(\omega')$, $\zeta(\omega)-u\in C(\omega)$, $\zeta(\omega')-u\in C(\omega')$ (il en existe, car l'intersection de deux ensembles pleins est dense). Posons $\zeta(\omega)=v$, $\zeta(\omega')=v'$. Comme $u<t+r$, nous avons

$$\theta_{v-u}\omega = \theta_{v'-u}\omega'$$

(faire un dessin). D'autre part, $v-L(\omega)\leq t$; comme $v-u\in C(\omega)$, nous avons $L(\theta_{v-u}\omega)= (L(\omega)-v+u)^{+}= L(\omega)-v+u$ (puisque $u>t$) $\geq u-t$. Donc aussi $L(\theta_{v'-u}\omega')\geq u-t$, et comme $v'-u\in C(\omega')$ on peut revenir à $v'-L(\omega')\leq t$, le résultat cherché.

Pour construire $\hat{T}$, on applique alors le lemme 1 . Rien n'empêche de tronquer $\hat{T}$ à ζ.

La vérification du fait que L' est un temps de retour parfait sera laissée au lecteur. Noter que si $A\in\hat{\underline{\underline{F}}}^{o}_{t+}$ on a identiquement

$$A\cap\{\zeta>u+t\} = \theta_u^{-1}(A)\cap\{\zeta>u+t\}$$

En fait, L' satisfait à (2) sans aucun ensemble exceptionnel.

La proposition 1 n'est pas tout à fait satisfaisante : en effet, L' dépend de μ. Nous ferons deux remarques à ce sujet.

1) D'abord, si l'hypothèse de continuité absolue est satisfaite, prenons pour μ une mesure de référence : la fonction excessive $P^{\cdot}\{L\neq L'\}$ est nulle μ-p.p., donc partout, et le temps de retour parfait L' est P^{λ} indistinguable de L, quelle que soit la loi λ.

2) Dans le cas général, soit $\lambda=\mu+\mu U_1$, et soit L' un temps de retour parfait P^{λ}-indistinguable de L. Nous avons alors pour presque tout ω

$$L\circ\theta_t(\omega) = L'\circ\theta_t(\omega) \equiv (L'(\omega)-t)^+ \text{ presque partout}$$

Faisons tendre t vers u, il vient

$$L'\circ\theta_u(\omega) = \lim_{t\downarrow\downarrow u} \text{ess } L\circ\theta_t(\omega) \qquad (\ t\downarrow\downarrow u \text{ signifie que } u \text{ est exclu }\ )$$

Mais ceci ne fait plus intervenir μ . Autrement dit, posons pour tout $\omega\in\Omega$

$$\overline{L}(\omega) = \lim_{t\downarrow\downarrow 0} \sup \text{ess } L\circ\theta_t(\omega)$$

alors les processus $(\overline{L}\circ\theta_s)$ et $(L'\circ\theta_s)$ sont P^{μ}-indistinguables quelle que soit μ . Autrement dit , $\overline{L}$ est un temps de retour parfait. Ceci suggère une démonstration à la WALSH :

PROPOSITION 1'(durée de vie quelconque). Tout temps de retour L est indistinguable d'un temps de retour parfait L' (même, on peut supprimer complètement l'ensemble exceptionnel).

DEMONSTRATION. Nous définissons

$$\overline{L}(\omega) = \lim_{t\downarrow\downarrow 0} \sup \text{ess } L\circ\theta_t(\omega)$$

de sorte que nous avons pour tout u, en appliquant cela à $\theta_u\omega$

$$\overline{L}(\theta_u\omega) = \lim_{t\downarrow\downarrow u} \sup \text{ess } L\circ\theta_t(\omega)$$

Soit U l'ensemble des ω tels que pour presque tout $u\in\mathbb{R}_+$ on ait $(L\circ\theta_u(\omega))=(L(\omega)-u)^+$; d'après le théorème de Fubini, U est P^{μ}-plein quelle que soit μ , donc $\underline{\underline{F}}$-mesurable. Si $\omega\in U$, on a pour tout u

$$\overline{L}(\theta_u\omega) = \lim_{t\downarrow\downarrow u} \sup \text{ess } (L(\omega)-t)^+ = (L(\omega)-u)^+$$

en particulier, pour $u=0$ il vient $\overline{L}(\omega)=L(\omega)$ - donc $L=\overline{L}$ p.s. - et ensuite $\overline{L}(\theta_u\omega)= (\overline{L}(\omega)-u)^+$ identiquement. Le tour est joué.

Pour se débarrasser de tout ensemble exceptionnel, il suffit de faire ainsi. Soit V l'ensemble des ω tels que $\overline{L}(\theta_t\omega)\equiv(\overline{L}(\omega)-t)^+$: il est P^{μ}-plein quel que soit μ, et $\omega\in V \Rightarrow \theta_u\omega\in V$. Posons pour tout ω

$$L'(\omega) = u+\overline{L}(\theta_u\omega) \text{ s'il existe un } u \text{ tel que } \theta_u\omega\in V,\ \overline{L}(\theta_u\omega)>0$$

$$= 0 \text{ sinon}$$

Cette définition a un sens, car à la première ligne $u+\overline{L}(\theta_u\omega)$ ne dépend pas du u choisi.

Dans le premier cas, soit u_0 la borne inférieure des u tels que

$\Theta_u\omega\in V$. Le graphe de la fonction $u\to\overline{L}(\Theta_u\omega)$ pour $u\geqq u_0$ se présente ainsi :

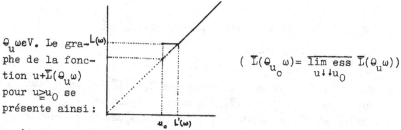

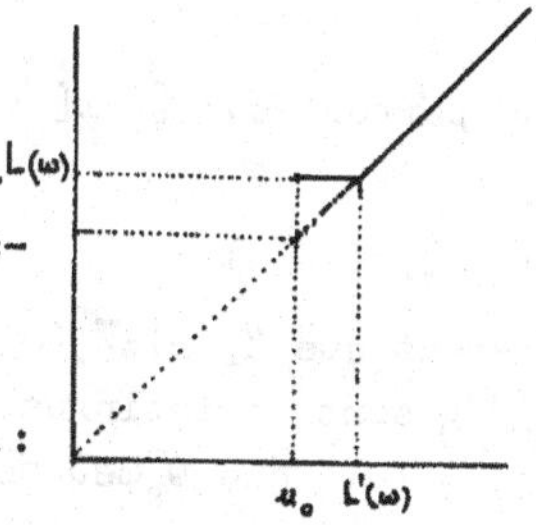

$$(\ \overline{L}(\Theta_{u_0}\omega)=\overline{\lim\ ess}_{u\downarrow\downarrow u_0}\ \overline{L}(\Theta_u\omega))$$

d'où une autre définition : $L'(\omega)=\sup\ \{\ v\ :\ \Theta_u\omega\in V,\ \overline{L}\circ\Theta_u(\omega)>0\}$. Il est facile de voir que L' satisfait à l'énoncé.

PROCESSUS CO-OPTIONNELS

La classe de ces processus a été introduite par AZEMA [*]. Elle correspond par retournement du temps, lorsque la durée de vie est finie, à la classe des processus bien-mesurables (on dit aussi "optionnels") pour la famille de tribus $(\hat{\underline{\underline{F}}}^{\mu}_{t+})$ du processus retourné.

Nous commençons par considérer un processus $(Z_t)_{t>0}$ qui possède les propriétés suivantes :

1) Z_t est $\underline{\underline{F}}_t$-mesurable pour tout $t>0$

2) pour toute mesure μ, et P^{μ}-presque tout ω, l'application $Z_{\bullet}(\omega)$ est continue à gauche sur $]0,\infty[$

3) pour toute mesure μ, tout $s\geqq 0$, les processus $(Z_{s+t})_{t>0}$ et $(Z_t\circ\Theta_s)_{t>0}$ sont P^{μ}-indistinguables.

Nous allons associer à $(Z_t)_{t>0}$ un second processus $(\overline{Z}_t)_{t>0}$ qui en sera P^{μ}-indistinguable pour toute loi μ, et possédera une propriété meilleure que 3). Posons pour tout ω

$$\overline{Z}_t(\omega)=\lim_{s\downarrow\downarrow 0}\ \sup\ ess\ \ Z_{t-s}(\Theta_s\omega)$$

Nous avons alors identiquement

$$\overline{Z}_{t-u}(\Theta_u\omega)=\lim_{s\downarrow\downarrow u}\ \sup\ ess\ Z_{t-s}(\Theta_s\omega)=\lim_{s\downarrow\downarrow u}\ \sup\ ess\ \overline{Z}_{t-s}(\Theta_s\omega)$$

(la dernière égalité est purement topologique : la régularisée scs d'une régularisée scs est égale à celle-ci).

Montrons ensuite que pour t fixé, la fonction $(s,\omega)\mapsto Z_{t-s}(\Theta_s\omega)$ est mesurable pour la mesure produit $ds\otimes dP^{\mu}(\omega)$ sur $[0,t[$; par continuité à gauche on se ramène à $Z_{t-s^n}(\Theta_s\omega)$ où s^n est la n-ième approximation dyadique de s , et alors on se ramène à vérifier que pour tout u fixe $(s,\omega)\mapsto Z_u\circ\Theta_s\omega$ est $ds\otimes dP^{\mu}(\omega)$-mesurable, ce qui est facile.

Ceci étant établi, soit U_t l'ensemble des ω tels que

$$Z_t(\omega)=Z_{t-s}(\Theta_s\omega)\ \text{pour presque tout}\ s\in[0,t[$$

Le théorème de Fubini et la propriété 3) montrent que U_t est P^{μ}-plein pour toute loi μ - donc U_t est $\underline{\underline{F}}$-mesurable. Soit U l'intersection des U_t pour t rationnel ; par continuité à gauche, il vient que

* Dans ce volume.

si $\omega \in U$ on a pour <u>tout</u> $t \in \mathbb{R}_+^*$

$$Z_t(\omega) = Z_{t-s}(\Theta_s\omega) \text{ presque partout sur } [0,t[$$

Mais alors, si $\omega \in U$, on a aussi

(*) pour <u>tout</u> t et <u>tout</u> $s<t$ $\quad Z_t(\omega) = \overline{Z}_{t-s}(\Theta_s\omega)$

En particulier en prenant $s=0$, il vient que $Z_t(\omega)=\overline{Z}_t(\omega)$ pour tout t, donc les processus $(Z_t)_{t>0}$ et $(\overline{Z}_t)_{t>0}$ sont indistinguables.

Soit maintenant V l'ensemble des ω tels que $\Theta_\varepsilon\omega \in U$ pour presque tout $\varepsilon>0$; comme U est plein pour toute loi P^μ, il en est de même de V (Fubini). Soit $\omega \in V$, et soit $\varepsilon<t$ tel que $\Theta_\varepsilon\omega \in U$; appliquons (*) à $t-\varepsilon$, $s-\varepsilon$ et $\Theta_\varepsilon\omega$, il vient

$$Z_{t-\varepsilon}(\Theta_\varepsilon\omega) = \overline{Z}_{t-s}(\Theta_s\omega)$$

Faisons tendre ε vers 0 (limite essentielle), il vient

$$\omega \in V \Rightarrow \overline{Z}_t(\omega) = \overline{Z}_{t-s}(\Theta_s\omega) \text{ pour tout } t \text{ et tout } s<t \text{ .}$$

Soit W l'ensemble des ω possédant cette propriété ; W est plein, et $\omega \in W \Rightarrow \Theta_u\omega \in W$. En procédant comme à la fin de la proposition 1', on construit un processus Z' qui coincide avec $\overline{Z}$ sur W et satisfait identiquement à 3).

On appelle <u>processus co-optionnels</u> les processus mesurables par rapport à la tribu engendrée, sur $]0,\infty[\times\Omega$, par les $(Z_t)_{t>0}$ satisfaisant à (1),(2),(3). On a établi :

PROPOSITION 2. <u>Tout processus co-optionnel est indistinguable d'un processus</u> (co-optionnel) <u>parfait</u> (<u>et même</u>, <u>satisfaisant identiquement à</u> (3)).

Lorsque la durée de vie est finie, la tribu co-optionnelle est engendrée par les intervalles stochastiques $]0,L]$, où L est un temps de retour. La proposition 2 apparaît alors comme une conséquence immédiate de la proposition 1-1' (qu'elle entraîne, d'ailleurs, sans aucune difficulté).

TEMPS TERMINAUX

Un temps terminal R est une variable aléatoire positive $\underline{\underline{F}}$-mesurable, qui est un temps d'arrêt de la famille $(\underline{\underline{F}}_t)$, et qui satisfait en outre à

(3) $\qquad R\circ\Theta_t = R-t \quad \text{sur } \{t<R\} \quad P^\mu\text{-p.s.}$

quelle que soit la loi μ . L'ensemble exceptionnel dépend de t en général ; s'il n'en dépend pas, le temps terminal est dit parfait.

Il n'est pas vrai que tout temps terminal soit indistinguable d'un temps terminal parfait, mais nous allons voir que cette propriété a lieu pour les temps terminaux <u>exacts</u> , qu'on va définir à présent.

Nous remarquons d'abord que si $t<R$ on a (p.s.) $t+R\circ\theta_t=R$, tandis que si $t\geq R$ on a $t+R\circ\theta_t\geq t\geq R$. Ainsi, $t+R\circ\theta_t \geq R$ (p.s.) dans tous les cas. Il en résulte que $s<t$ entraîne $s+R\circ\theta_s \leq t+R\circ\theta_t$ p.s..

Soit D un ensemble dénombrable dense quelconque ; la fonction $s+R\circ\theta_s$ sur D est p.s. croissante. Si l'on a

$$\lim_{s\downarrow\downarrow 0,\ s\in D} s+R\circ\theta_s = R \text{ p.s.}$$

R est dit <u>exact</u> . Cette propriété ne dépend pas de l'ensemble D, et peut être remplacée par $\lim_{s\downarrow\downarrow 0} \text{ess } s+R\circ\theta_s = R$ p.s.

Le résultat que nous allons établir sur la perfection des temps terminaux pourrait se raccrocher à la proposition 2 de la manière suivante, très facile à comprendre : on considère l'ensemble de tous les graphes de temps d'arrêt $s+R\circ\theta_s$ ($s\in D$), et son adhérence A ; A est un ensemble à la fois co-optionnel et optionnel, et R est le début de A ; on remplace A par un co-optionnel parfait indistinguable, et le début de cet ensemble est le temps terminal parfait cherché.

Mais nous n'allons pas faire ainsi : nous travaillons à la WALSH :

PROPOSITION 3. <u>Il existe un temps terminal</u> R' <u>indistinguable de</u> R <u>et satisfaisant à</u> (3) <u>sans aucun ensemble exceptionnel</u>.

DEMONSTRATION. Nous posons

$$\overline{R}(\omega) = \limsup_{s\downarrow\downarrow 0} \text{ess } s+R\circ\theta_s(\omega)$$

on a alors par translation

$$u+\overline{R}(\theta_u\omega) = \limsup_{s\downarrow\downarrow u} \text{ess } s+R(\theta_s\omega) = \limsup_{s\downarrow\downarrow u} \text{ess } s+\overline{R}(\theta_s\omega)$$

Soit U l'ensemble des ω tels que l'ensemble

$$C(\omega) = \{ s : s<R(\omega) \ ,\ s+R(\theta_s\omega)=R(\omega)\}$$

soit plein dans $[0,R(\omega)[$. Si $\omega\in U$ et $R(\omega)>0$ on a $\overline{R}(\omega)=R(\omega)$ et $s+\overline{R}(\theta_s\omega) =\overline{R}(\omega)$ pour $s\in[0,\overline{R}(\omega)[$. D'autre part, U est plein dans Ω. Nous avons vu d'autre part (R étant exact) que R et $\overline{R}$ sont indistinguables. Si $N=\{R\neq\overline{R}\}\cup U^c$, on a pour $\omega\notin N$, $s<\overline{R}(\omega)$ $s+\overline{R}(\theta_s\omega)=\overline{R}(\omega)$, et $\overline{R}$ est parfait.

Mais on peut faire un peu mieux. Soit V l'ensemble des ω tels que $\theta_u\omega\in U$ pour presque tout u ; V est plein dans Ω. Soit $\omega\in V$, et soit $u>0$. Supposons $s<\overline{R}(\theta_u\omega)$; on a $s+u<u+\overline{R}(\theta_u\omega)$; cette fonction étant scs à droite pour la topologie essentielle, l'ensemble des $v>u$ tels que $\theta_v\omega\in U$ et que $s+v<v+\overline{R}(\theta_v\omega)$, forme un voisinage essentiel droit (épointé) de u. Mais pour ceux là on a $s<\overline{R}(\theta_v\omega)$, donc $s+v+\overline{R}(\theta_s\theta_v\omega)=v+\overline{R}(\theta_v\omega)$ puisque $\theta_v\omega\in U$, et par passage à la lim inf ess lorsque $v\downarrow\downarrow u$, il vient que

$$\omega\in V \Rightarrow \left(\text{pour tout u et tout } s<\overline{R}(\theta_u\omega),\ s+\overline{R}(\theta_{u+s}\omega)=\overline{R}(\theta_u\omega)\right)$$

Soit W l'ensemble des ω satisfaisant à cette propriété ; $\omega\in W \Rightarrow \theta_u\omega\in W$. D'autre part, on peut vérifier que $\theta_\varepsilon\omega\in W$ pour tout $\varepsilon>0 \Rightarrow \omega\in W$. Si maintenant on définit

$$R'(\omega)= R(\omega) \text{ si } \omega\in W$$
$$= 0 \text{ sinon}$$

R' satisfait à (3) sans aucun ensemble exceptionnel. D'autre part, la fonction $s \mapsto R'(\theta_s\omega)$ est croissante et continue à droite pour tout ω, et sa limite lorsque $s \to 0$ est $R'(\omega)$ (" R' est parfaitement exact").

FONCTIONNELLES MULTIPLICATIVES

Une fonctionnelle multiplicative $(M_t)_{t\geq 0}$ est un processus réel positif continu à droite, adapté à la famille $(\underline{\underline{F}}_t)$, tel que

(4) $\forall s, \forall t$, $M_{s+t}=M_s.M_t\circ\theta_s$ P^μ-p.s.

quelle que soit la loi μ . L'ensemble exceptionnel de (4) peut dépendre de s et t ; s'il n'en dépend pas, la fonctionnelle est dite parfaite.

On rencontre le plus souvent des fonctionnelles ≤ 1, qui ont été étudiées par WALSH : celui-ci montre que toute fonctionnelle exacte de ce type est indistinguable d'une fonctionnelle qui satisfait à (4) sans aucun ensemble exceptionnel. Nous allons plutôt diriger l'étude ci-dessous vers les fonctionnelles non nécessairement ≤ 1, pour lesquelles $M_0=1$ P^μ-p.s. quelle que soit μ : ces fonctionnelles correspondent aux fonctionnelles additives (non nécessairement ≥ 0). Les résultats ne sont sans doute pas définitifs.

Nous commençons par quelques calculs. Définissons pour $t>0$

(4.1) $\overline{M}_t(\omega) = \limsup_{s\downarrow\downarrow 0} \text{ess } M_{t-s}(\theta_s\omega)$

en appliquant cela à $\theta_u\omega$, et en utilisant un argument déjà connu, nous obtenons , pour $u<t$

(4.2) $\overline{M}_{t-u}(\theta_u\omega)= \limsup_{s\downarrow\downarrow u} \text{ess } M_{t-s}(\theta_s\omega) = \limsup_{s\downarrow\downarrow u} \text{ess } \overline{M}_{t-s}(\theta_s\omega)$

Soit U_t l'ensemble des ω tels que $M_t(\omega)=M_s(\omega)M_{t-s}(\theta_s\omega)$ p.p. sur $[0,t[$: le théorème de Fubini entraîne que U_t est plein pour chaque t, et il en est donc de même pour $U=\bigcap_t U_t$, intersection pour t rationnel. Mais il vient par continuité à droite que

$$\omega\in U , t>0 \Rightarrow M_s(\omega)M_{t-s}(\theta_s\omega)=M_t(\omega) \text{ p.p. sur } [0,t[$$

Par conséquent, en passant à la limite essentielle lorsque $s\downarrow\downarrow u$, nous obtenons que , si $M_u(\omega)>0$

(4.3) $\omega\in U \Rightarrow M_t(\omega)=M_u(\omega)\overline{M}_{t-u}(\theta_u\omega)$

Nous avons besoin que cette relation ait lieu identiquement. Aussi ferons nous l'hypothèse que pour presque tout ω , l'ensemble $\{t:M_t(\omega)=0\}$ est un intervalle $[R(\omega),\infty[$. Au prix d'une modification triviale de (M_t), on peut d'ailleurs supposer que cette propriété a lieu identiquement. Noter aussi que c'est une condition nécessaire pour que (M_t) puisse être indistinguable d'une fonctionnelle parfaite !

Dans ce cas, la relation (4.3) est une identité, à condition de permettre à $\overline{M}_{t-u}(\theta_u\omega)$ la valeur $+\infty$, auquel cas $M_u(\omega)=0$, $M_t(\omega)=0$, et on convient que $0.\infty=0$.

Désignons maintenant par V l'ensemble des $\omega\in\Omega$ tels que $\theta_r\omega\in U$ pour presque tout r : noter que $\omega\in U \Rightarrow \theta_s\omega\in V$ pour tout s. Soit $\omega\in V$, et soit r tel que $\theta_r\omega\in U$. La formule (4.3) s'écrit

(4.4) $$M_{t-r}(\theta_r\omega) = M_{u-r}(\theta_r\omega).\overline{M}_{t-u}(\theta_u\omega)$$

Nous faisons maintenant tendre r vers 0 au sens essentiel, en distinguant trois cas :

1) si $0<\overline{M}_{t-u}(\theta_u\omega)<\infty$, il n'y a aucune difficulté ; nous obtenons la formule $\overline{M}_t(\omega)=\overline{M}_u(\omega).\overline{M}_{t-u}(\theta_u\omega)$, où les deux membres peuvent d'ailleurs valoir $+\infty$.

2) si $\overline{M}_{t-u}(\theta_u\omega)=0$, les deux membres de la formule (4.4) sont nuls, et il vient à la limite $\overline{M}_t(\omega)=\overline{M}_u(\omega).\overline{M}_{t-u}(\theta_u\omega)$, l'égalité pouvant avoir la signification $0=\infty.0$.

3) Si $\infty=\overline{M}_{t-u}(\theta_u)$, nous avons vu que la formule (4.4) ne peut avoir qu'un seul sens : $M_{u-r}(\theta_r\omega)$ et $M_{t-r}(\theta_r\omega)$, et le passage à la limite nous donne encore $\overline{M}_t(\omega)=\overline{M}_u(\omega)\overline{M}_{t-u}(\theta_u\omega)$, signifiant $0=0.\infty$. Ainsi

(4.5) $\omega\in V \Rightarrow \overline{M}_t(\omega)=\overline{M}_u(\omega).\overline{M}_{t-u}(\theta_u\omega)$ pour $0<u<t$

si le dernier facteur vaut $+\infty$, les deux autres sont nuls.

Noter que rien n'est dit pour t=0 : $\overline{M}_0$ n'est pas même définie.

Nous faisons maintenant notre hypothèse que $M_0=1$ p.s.. Au prix d'une modification triviale de (M_t), <u>nous pouvons supposer que</u> $M_0\equiv 1$.

La relation (4.3) nous donne, lorsque $u\to 0$

(4.6) $$\omega\in U \Rightarrow M_t(\omega) = \overline{M}_t(\omega)$$

Cela montre que les processus (M_t) et $(\overline{M}_t)$ sont indistinguables.

Construisons par récurrence transfinie les temps d'arrêt $R_0=0$,

$R_\alpha = \sup_{\beta<\alpha} R_\beta$ si α est un ordinal limite

$R_{\alpha+1} = R_\alpha + R\circ\theta_{R_\alpha}$ ($R = \inf\{t : M_t=0\}$)

D'après un raisonnement familier, il existe un ordinal dénombrable γ tel que $R_\gamma = \sup R_\alpha$ P^μ-p.s.. L'ensemble des ω tels que $\theta_{R_\alpha}(\omega)\in U$ pour tout $\alpha\leq\gamma$ tel que $R_\alpha(\omega)<\infty$ est alors P^μ-plein (propriété de Markov forte). Mais $R_\gamma(\omega)<\infty$, $\theta_{R_\gamma}\omega\in U \Rightarrow R_{\gamma+1}(\omega)>R_\gamma(\omega)$, et par conséquent $R_\gamma(\omega)=+\infty$, P^μ-p.s..

Supposons que ω possède ces propriétés , et en outre que ω appartienne à V. Soit $u\in\mathbb{R}_+$; si u=0, la relation $\omega\in U$ entraîne que $\overline{M}$ (ω) est continue à droite, et $\overline{M}_{0+}(\omega)=1$. Supposons $u>0$; alors u appartient à l'un des intervalles $[R_\alpha, R_{\alpha+1}[$, ce qui signifie que si nous posons $v=R_\alpha(\omega)$ nous avons $u-v<R(\theta_v\omega)$. La relation

$$\overline{M}_{t-v}(\theta_v\omega) = \overline{M}_{u-v}(\theta_v\omega)\overline{M}_{t-u}(\theta_u\omega)$$

nous donne, pour $t\downarrow u$, que $\overline{M}_{0+}(\theta_u\omega)=1$ pour tout u. De plus, on a $\theta_v\omega\in U$, de sorte que la fonction $\overline{M}_{.}(\theta_v\omega)=M_{.}(\theta_v\omega)$ est finie et continue à droite. Mais alors la relation précédente nous donne le même résultat pour $\overline{M}_{.}(\theta_u\omega)$.

En définitive, nous avons montré que l'ensemble W des ω possédant les propriétés suivantes est P^μ-plein pour toute mesure μ :

a) Pour tout $u\geqq 0$, $\overline{M}_{.}(\theta_u\omega)$ est finie et continue à droite, et $\overline{M}_{0+}(\theta_u\omega)=1$.

b) Pour tout $u\geqq 0$, $\overline{M}_t(\theta_u\omega)=\overline{M}_s(\theta_u\omega).\overline{M}_{t-s}(\theta_{u+s}\omega)$ si $s<t$.

[c) Pour presque tout u , $\theta_u\omega\in U$: mais ceci est peu important]

Noter que $u\in W \Rightarrow \theta_u\omega\in W$ pour tout u. Si nous voulons avoir une fonctionnelle M' sans aucun ensemble exceptionnel, nous poserons

$M'_t(\omega)=0$ si $\omega\notin W$

$M'_t(\omega)=\overline{M}_t(\omega)$ si $\omega\in W$.

Noter qu'on n'est pas arrivé tout à fait à obtenir que $M'_{0+}=1$. Mais il semble que WALSH n'y soit pas arrivé[1] même dans le cas où la fonctionnelle est $\leqq 1$. De toute façon, on a bien plus qu'on n'espérait au départ !

[1] WALSH m'a fait remarquer qu'il n'a jamais essayé de parvenir à cette identité, et que cela ne présenterait aucun intérêt spécial. Par exemple, si f est une fonction positive non bornée, la fonctionnelle parfaite $M_t=\exp[-\int_0^t f\circ X_s ds]$ présente tout naturellement, même si f a un potentiel borné, des trajectoires pour lesquelles $M_{0}=0$. La remarque ci-dessus est donc déplacée.

ERRATUM

Dans l'exposé " processus de Poisson ponctuels, d'après Ito " , paru dans le Séminaire de Probabilités V, la définition fondamentale est insuffisante : il faut exiger que, quels que soient $s<t$, $B_1,\dots,B_n \in \underline{\underline{U}}$, le vecteur aléatoire ($N_{]s,t]\times B_1},\dots,N_{]s,t]\times B_n}$) soit indépendant de $\underline{\underline{F}}_s$, et non pas se borner à un seul ensemble B. L'indépendance du vecteur tout entier et de $\underline{\underline{F}}_s$ est utilisée p.179, ligne 16.